普通高等院校机械类专业"十四五"规划教材

金工实训

（第2版）

主　编◎张海筹　刘　凯　张亚勤

副主编◎唐志英　秦洪艳　秦　勇　宁　佶

 华中科技大学出版社
http://press.hust.edu.cn
中国·武汉

内 容 提 要

本书是根据应用型本科院校的教学需求和教学实际编写而成的,主要内容包括:金工实训基础知识,铸造,锻造,焊接,热处理,钳工,车工,铣削、刨削和磨削,数控加工,以及电火花加工技术。"金工实训"是一门实践性很强的课程,为了配合实践教学的顺利开展,本书注重对学生动手能力的培养,详细描述了具体实践环节中的操作方法以及注意事项。本书内容较为全面,涵盖了学生在金工实训过程中的所有实践项目,能够为学生进行金工实训提供有效的指导。

本书既可作为高校机械类、近机械类专业教学的教材,也可以作为相关工程基础训练的辅助参考书。

图书在版编目(CIP)数据

金工实训/张海筹,刘凯,张亚勤主编.—2版.—武汉:华中科技大学出版社,2024.5
ISBN 978-7-5772-0518-2

Ⅰ.①金… Ⅱ.①张… ②刘… ③张… Ⅲ.①金属加工-实习 Ⅳ.①TG-45

中国国家版本馆 CIP 数据核字(2024)第 038485 号

金工实训(第 2 版)   张海筹 刘 凯 张亚勤 主编
Jingong Shixun(Di-er Ban)

策划编辑:聂亚文
责任编辑:刘 静
封面设计:抱 子
责任监印:周治超
出版发行:华中科技大学出版社(中国·武汉)   电话:(027)81321913
         武汉市东湖新技术开发区华工科技园   邮编:430223
录   排:华中科技大学惠友文印中心
印   刷:武汉市洪林印务有限公司
开   本:787mm×1092mm 1/16
印   张:15.5
字   数:395 千字
版   次:2024 年 5 月第 2 版第 1 次印刷
定   价:48.00 元

"金工实训"是机械类各专业学生学习"工程材料""机械制造基础"等课程必不可少的一门必修课,是非机类有关专业教学计划中重要的实践教学环节。本书是根据应用型本科院校的教学需求和教学实际编写而成的,主要内容包括:金工实训基础知识,铸造,锻造,焊接,热处理,钳工,车工,铣削、刨削和磨削,数控加工,以及电火花加工技术。

通过对本书的学习,学生应熟悉机械制造中基本的毛坯成形方法、零件加工方法及其所用的设备、工具、量具、材料等,初步了解常用零件的结构工艺性和加工工艺;能够进行简单的金属切削加工操作,具有独立完成简单零件制造的基本操作技能,对焊工、铣工等工种具有初步的操作体会;了解数控加工、特种加工等的新技术、新工艺,具有初步操作数控机床和特种加工机床的技能。

本书由湖南人文科技学院张海筹、三江学院刘凯、无锡太湖学院张亚勤担任主编,由娄底潇湘职业学院唐志英、三江学院秦洪艳、南京埃斯顿自动化股份有限公司秦勇、三江学院宁估担任副主编。

由于编者水平有限,书中不足或不妥之处在所难免,敬请读者批评指正。

编　者
2023 年 11 月

金工实训基础知识

◀ **职业能力目标**

通过本模块的学习,学生要能了解本行业基础知识,具有参与到具体项目流程中的能力,并能对项目做出合理的计划和分析。

◀ **课程思政目标**

通过本模块的学习,学生要树立求真务实的工作态度,认识到对每一项技能的掌握都需要付出巨大的努力,养成严谨科学的工作习惯,提高劳动意识,培养和强化吃苦耐劳的工作精神,终始注意安全生产的工作要求。

◀ 1.1 机械产品制造的相关知识 ▶

1.1.1 机械产品的制造过程

把原材料变成产品的全过程称为制造。机械产品的制造过程主要包括工艺设计、零件加工、检验、装配和入库等环节。

1. 工艺设计

工艺设计的基本任务是保证生产的产品能达到设计要求,制定成本低、产出高的机械制造工艺规程文件。机械产品严格按机械制造工艺规程文件制造。

2. 零件加工

零件加工的任务是根据零件的材料、结构、形状、尺寸和使用性能等,选用合理的零件加工方法(包括毛坯生产、切削加工、热处理、特种加工、无屑加工),生产出合格的零件。

(1)毛坯的生产方法主要有铸造、锻造和焊接等。

(2)常用的机械加工方法有车削加工、铣削加工、磨削加工、钻削加工、镗削加工、钳工加工、数控加工等。

(3)常用的热处理方法有正火、退火、淬火、回火、表面淬火、化学热处理等。

(4)特种加工方法有电火花成形加工、电火花线切割加工、电解加工、激光加工、超声波加工等。

3. 检验

检验是指采用测量器具对产品各阶段的尺寸精度、形状精度、位置精度进行检测,并对产品进行机械性能试验和金相组织测定。

4. 装配

任何机械产品都是由若干个零件、构件、机构和部件组装而成的。装配是指根据规定的技术要求,将零件和部件等进行必要的配合和连接,构成半成品或成品的过程。装配是机械产品制造过程中的最后一个生产环节。

5.入库

入库是指为了防止成品、半成品和各种物料遗失或损坏,将其放入仓库进行保管的过程。

1.1.2 零件的成形方法

在零件的制造过程中,零件的成形方法分为材料成形方法、材料去除方法和材料累加方法。

1.材料成形方法

材料成形方法是指将原材料加热成液体、半液体并使之在特定模具中冷却成形、变形或将粉末状的原材料在特定型腔中加热、加压成形的方法。由于材料在成形前后没有质量的变化,因此材料成形方法又称为质量不变方法。常用的材料成形方法主要有铸造、锻造、冲压、粉末冶金等。

材料成形方法生产率较高,加工精度较低,常用来制造毛坯或形状复杂但精度要求不太高的零件。

1)铸造

铸造是指把熔炼好的液态金属浇注到具有与零件形状相当的铸型空腔中,待液态金属冷却凝固后,获得零件或毛坯的一种金属成形方法。铸造是生产毛坯的主要方法之一,尤其是对于某些脆性金属或合金材料(如各种铸铁、有色合金等)的毛坯来说,铸造几乎是唯一的加工方法。

2)锻造

锻造是指将金属加热到一定温度,利用冲击力或压力使其产生塑性变形,从而获得具有一定几何尺寸、形状和质量的锻件的加工方法。金属在外力的作用下产生塑性变形的能力称为塑性,塑性成形正是利用金属的塑性实现的。锻造主要用来生产零件或毛坯。

3)冲压

冲压是指利用冲床和专用模具使金属板料产生塑性变形或分离,从而获得零件或者制品的加工方法。冲压件具有质量轻、刚性好等优点。冲压主要用来生产零件或半成品。各种机械中的板料成形件及电器、仪表和生活用品中的金属制品,绝大多数是冲压件。

4)粉末冶金

粉末冶金是指以金属粉末或非金属粉末的混合物为原料,通过模具压制、烧结等工序,制造某些金属制品或金属材料的工艺方法。粉末冶金材料利用率高、生产率高、制品精度高,适用于制造有特殊要求的材料和形状复杂的中小型零件。

2.材料去除方法

材料去除方法是指利用机械能、热能、光能、化学能等能量去除毛坯上的多余材料,获得所需形状、尺寸的零件的加工方法。与毛坯相比,零件因材料的去除而质量减少,故材料去除方法又称为质量减少方法。

1)切削加工

切削加工是指利用刀具将坯料或工件上多余的材料切除,以获得几何形状、尺寸精度和表面质量完全符合图样要求的零件的加工方法。切削加工包括机械加工(如车削加工、铣削加工、刨削加工、磨削加工等)和钳工加工两大类。

2)特种加工

特种加工是指直接利用各种能量,如电能、光能、声能、化学能、热能、机械能等进行加工的方法。常用的特种加工方法有电火花加工、电解加工、激光加工、超声波加工、水喷射加工、电子束加工、离子束加工等。

3. 材料累加方法

材料累加方法是指将分离的原材料通过加热、加压或其他手段结合成零件的方法。由于材料之间的累加使质量增加,因此材料累加方法又称为质量增加方法。材料累加方法包括连接与装配、附着加工和快速成形制造。

1)连接与装配

连接与装配可以通过不可拆卸的连接方法,如焊接、粘接(胶接)、铆接和过盈配合等,使物料结合成一个整体,形成零件或部件;也可以通过各种装配方法,如螺纹连接等,将若干零件装配连接成组件、部件或产品。

2)附着加工

附着加工是指在工件表面覆盖一层材料的加工方法,包括电镀、电铸、喷镀和涂装等。

3)快速成形制造

快速成形制造是由 CAD 模型直接驱动的快速制造任意复杂三维实体的技术总称。它的核心是将零件(或产品)的三维实体按一定厚度分层,以平面制造方式将材料层层堆叠,并使每个薄层自动粘接成形,形成完整的零件或产品。它是一个材料堆积累加的过程,故又称为材料生长制造。

1.1.3 金属切削加工概述

车床是切削加工的主要技术装备,能完成的切削加工任务很多,因此在机械制造中,车削加工是一种应用较为广泛的加工方法。机床是制造机器的机器。切削加工时,机床必须通过刀具与工件之间的相对运动,将工件上多余的金属材料切除,以获得满足零件图纸中的尺寸精度、形状精度、位置精度和表面质量要求的零件。

1. 切削运动

切削运动是指在刀具和工件相互作用的过程中,刀具相对于工件的运动。按照在切削加工过程中的作用不同,切削运动可分为主运动和进给运动。现以外圆车削加工时的情况来分析切削运动。外圆车削加工时的切削运动如图 1.1 所示。

1)主运动

主运动是指直接切除工件上的切削层,使之变为切屑,形成工件新表面的运动。车削加工外圆时,工件的旋转运动是主运动。通常主运动速度较高,消耗的切削功率较大。

2)进给运动

进给运动是指配合主运动保持切除多余金属的状态,以便形成已加工表面的运动。车削加工外圆时,车刀的纵向或横向连续直线运动就是进给运动。进给运动速度通常较低,消耗的切削功率也较小。进给运动分为横向进给运动和纵向进给运动两种。

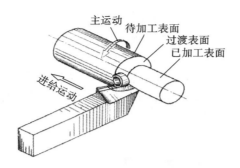

图 1.1 外圆车削加工时的切削运动

2. 工件加工表面与切削用量

1）工件加工表面

在切削加工过程中，工件上有三个不断变化的表面，如图 1.2 所示。

（1）已加工表面：已经切去多余金属而形成的新表面。

（2）待加工表面：即将被切去金属层的表面。

（3）过渡表面：车刀切削刃正在切削的表面，是已加工表面和待加工表面之间的过渡表面。

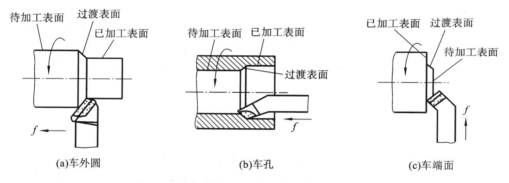

(a)车外圆   (b)车孔   (c)车端面

图 1.2 在切削加工过程中工件上的三个表面

2）切削用量

切削用量是衡量切削加工过程中主运动和进给运动大小、工件吃刀量大小的参数。切削用量包括切削速度、进给量和背吃刀量。切削速度、进给量和背吃刀量也称为切削三要素。

（1）切削速度(v_c)。

切削速度是衡量主运动大小的参数，是指在进行切削加工时，刀具切削刃上的某一点相对于待加工表面在主运动方向上的瞬时速度，单位为 m/min。

切削速度 v_c 的计算公式为

$$v_c = \frac{\pi d_w n}{1\,000}$$

式中：d_w——工件待加工表面直径(mm)；

n——机床主轴转速(r/min)。

在实际生产中，通常先根据加工条件选择好切削速度，再确定机床主轴转速，所以切削速度的计算公式常换成下式：

$$n = \frac{1\,000v_c}{\pi d_w} = \frac{318v_c}{d_w}$$

若计算所得的机床主轴转速与机床铭牌上的转速有出入，应取和机床铭牌上的转速接近的转速。

（2）进给量 f。

进给量是衡量进给运动大小的参数，是指工件每转一周，刀具沿进给运动方向移动的距离，单位为 mm/r。进给速度 v_f 是指单位时间里的进给量，单位为 mm/min。

车削加工时，进给速度为

$$v_f = nf$$

式中：n——车床主轴速度（r/min）。

（3）背吃刀量 a_p（又称为切削深度或吃刀深度）。

背吃刀量是衡量工件吃刀量大小的参数，是指工件上已加工表面和待加工表面间的垂直距离，也就是每次进给时车刀切入工件的深度，单位为 mm。

外圆车削加工时，背吃刀量的计算公式为

$$a_p = \frac{d_w - d_m}{2}$$

式中：d_w——工件待加工表面直径（mm）；

d_m——工件已加工表面直径（mm）。

◀ 1.2 金属材料基本知识 ▶

1.2.1 金属材料常识

1. 金属材料的力学性能

零件在使用过程中，受到各种形式的外力的作用，这就要求金属材料必须具有一定的承受机械载荷且不超过许可变形或不被破坏的能力。这种能力就是金属材料的力学性能。金属材料常用的力学性能指标有强度、塑性、硬度、冲击韧性和疲劳极限等。

1）强度

强度是指金属材料在机械载荷作用下抵抗变形和断裂的能力，一般用单位面积所承受的载荷表示，用 R 表示，单位为 MPa。工程上常用的静拉压强度指标有弹性极限、屈服极限和抗拉强度等。

（1）弹性极限。

在弹性阶段内，卸力后不产生塑性变形的最大压力为金属材料的弹性伸长压力，通常称为弹性极限，用 R_e 表示，单位为 MPa。

$$R_e = \frac{F_e}{S_o}$$

式中：F_e——试样产生完全弹性变形时的最大拉伸力（N）；

S_o——试样原始横截面积（mm^2）。

（2）屈服极限。

在拉伸过程中，在力保持恒定的情况下，试样仍能继续伸长时的应力称为屈服极限或屈服强度。屈服极限分为上屈服极限和下屈服极限两种。上屈服极限 R_{eH} 是试样产生屈服而力首次下降前的最大应力，下屈服极限 R_{eL} 是指屈服期间的最小应力。

$$R_{eH} = \frac{F_{eH}}{S_o}, \quad R_{eL} = \frac{F_{eL}}{S_o}$$

式中：F_{eH}——试样发生屈服而力首次下降前的最大拉伸力（N）；

F_{eL}——试样发生屈服时的最小拉伸力（N）；

S_o——试样原始横截面积（mm^2）。

2）塑性

所谓塑性，是指固体金属在外力作用下能稳定地产生永久变形而不破坏完整性的能力。塑性反映了材料产生塑性变形的能力。

用拉伸试验法可测出固体金属破断时的最大延伸率（A）和断面收缩率（Z）。A 和 Z 的计算公式分别为

$$A = \frac{L_u - L_o}{L_o} \times 100\%$$

$$Z = \frac{S_o - S_u}{S_o} \times 100\%$$

式中：L_o——拉伸试样原始标距长度；

L_u——拉伸试样破断后标距间的长度；

S_o——拉伸试样原始横截面积；

S_u——拉伸试样破断处的横截面积。

材料在弹性范围内应力 R 与应变 ε 成正比，比值 $E = R/\varepsilon$ 称为弹性模量。弹性模量标志着材料抵抗弹性变形的能力，用以表示材料的刚度。

3）硬度

硬度是指金属材料在一个小的或很小的体积范围内抵抗弹性变形、塑性变形或抵抗破裂的一种能力。硬度能够反映金属材料在化学成分、金相组织和热处理状态上的差异，硬度试验是检验产品质量、确定合理的加工工艺所不可缺少的性能检测之一，也是金属力学性能试验中最简便、最迅速的一种方法。常用的硬度试验方法有金属材料布氏硬度试验方法、金属材料洛氏硬度试验方法和金属材料维氏硬度试验方法三种。

4）冲击韧性

金属材料抵抗冲击载荷而不被破坏的能力称为冲击韧度，也叫冲击韧性。

冲击韧性常用一次摆锤冲击弯曲试验来测定，即把被测材料做成标准试样，用摆锤一次冲断，测出冲击试样所消耗的冲击功 A_k，然后用试样缺口处单位截面积 S 上所消耗的冲击功 a_k 表示冲击韧性。

a_k 值越大，金属材料的冲击韧性越好；反之，金属材料越脆。a_k 值高的金属材料叫韧性材料，如制造齿轮、连杆等承受大冲击载荷的零件所用的材料。铸铁的 a_k 值很低，不能用来制造承受冲击载荷的零件。

5）疲劳极限

许多零件（如轴、齿轮等）和工程结构都是在循环应力或交变应力的作用下工作的，它们在工作时所承受的应力通常都低于材料的屈服极限。材料在循环应力或应变作用下，在一处或几处产生局部永久性累积损伤，经一定循环次数后产生裂纹或突然发生完全断裂的过程称为材料的疲劳。

疲劳失效与静载荷下的失效不同。发生疲劳失效时，零件在断裂前没有产生明显的塑性变形，发生断裂也较突然。这种断裂具有很大的危险性，常常造成严重的事故。影响疲劳极限的因素很多，主要有应力、温度、材料的化学成分和显微组织、表面质量、残余应力。

除正常条件下的疲劳问题外，特殊条件下的疲劳问题，如腐蚀疲劳、接触疲劳、高温疲劳、热疲劳等也值得高度重视。疲劳断裂通常在零件最薄弱的部位或缺陷所造成的应力集中处发生。为了提高零件的疲劳抗力，防止疲劳断裂事故的发生，在进行零件设计和成形加工时，应选择合理的结构形状，防止零件表面损伤，避免应力集中。

2. 金属材料的工艺性能

金属材料的工艺性能是指金属材料在制造零件和工具的过程中，采用某种加工方法制成成品的难易程度，包括铸造性能、锻造性能、焊接性能、热处理性能和切削加工性能等。金属材料工艺性能的好坏会直接影响制造零件的工艺方法、质量和制造成本。

金属材料切削加工性能就是指金属材料在切削加工时的难易程度。它与金属材料的种类、成分、硬度、韧性、导热性和内部组织等许多因素有关。切削加工性能好的金属材料切削容易，对刀具磨损小，加工表面比较光洁。就金属材料的种类而言，铸铁、铜合金、铝合金和一般碳钢的切削加工性能较好。

1.2.2　常用的钢铁材料

1. 碳钢

碳钢是含碳量为 0.021 8%～2.11% 的铁碳合金，也叫碳素钢。碳钢一般还含有少量的硅、锰、硫、磷。一般含碳量越高，碳钢的硬度越大，强度越高，但塑性降低。

1）常见杂质元素对碳钢性能的影响

碳钢中锰的含量为 0.25%～0.80%。锰对碳钢起到固溶强化的作用。它还清除 FeO，降低碳钢的脆性；与硫化合成 MnS，减轻硫的有害作用。

碳钢中硅的含量为 0.10%～0.40%。硅对碳钢起到固溶强化的作用。它还可消除 FeO 对碳钢质量的不良影响，是有益元素。

硫与铁形成低熔点共晶体（熔点为 985 ℃），导致在 1 000～1 250 ℃温度范围内热加工时碳钢因变脆而开裂（发生"热脆"），所以硫是有害元素。

磷可使碳钢的强度、硬度提高，但使塑性和韧性降低，使碳钢易发生"冷脆"，是有害元素。

2）碳钢的分类

（1）按用途分，碳钢分为碳素结构钢、碳素工具钢和易切削结构钢三类。其中碳素结构钢又分为工程构建钢和机器制造结构钢两种。

（2）按冶炼方法分，碳钢分为平炉钢、转炉钢。

（3）按脱氧方法分，碳钢分为沸腾钢（F）、镇静钢（Z）、半镇静钢（B）和特殊镇静钢（TZ）。

（4）按含碳量分,碳钢分为低碳钢($\omega(C) \leqslant 0.25\%$)、中碳钢($0.25\% < \omega(C) \leqslant 0.6\%$)和高碳钢($\omega(C) > 0.6\%$)。

（5）按钢的质量分,碳钢分为普通碳素钢（含磷、硫较高）、优质碳素钢（含磷、硫较低）、高级优质钢（含磷、硫更低）和特级优质钢。

3）碳钢的牌号和应用

（1）碳素结构钢。

①牌号:如 Q235-A・F,表示 $\sigma_s = 235$ MPa。

②特点:价格低廉,工艺性能（如焊接性能和冷成形性能）优良。

③应用:用于制造一般工程结构和普通机械零件。例如,Q235 可制造螺栓、螺母、销、吊钩和其他不太重要的零件以及建筑结构中的螺纹钢、型钢等。

（2）优质碳素结构钢。

①牌号:如 45、65Mn、08F。

②应用:是制造重要零件的非合金钢。用优质碳素结构钢制造的零件一般都要经过热处理才能使用。

③常用钢种和用途如下。

a.08F:碳的质量分数低,塑性好,强度低,用于制造冲压件,如汽车和仪表的外壳。

b.20:塑性和焊接性能好,用于制造强度要求不高的零件和渗碳零件,如机罩、焊接容器、小轴、螺母、垫圈和渗碳齿轮等。

c.45、40Mn:经调质后综合力学性能良好,用于制造受力较大的零件,如齿轮、连杆、机床主轴等。

d.60、65Mn:具有较高的强度,用于制造各种弹簧、机车轮缘、低速车轮。

（3）碳素工具钢。

①牌号:如 T12 钢,表示 $\omega(C) = 1.2\%$ 的碳素工具钢。

②特点:属共析钢和过共析钢,强度、硬度较高,耐磨性好,适用于制造各种低速切削刀具。

③常用钢种和用途如下。

a.T7、T8:用于制造承受一定冲击且要求有韧性的零件,如大锤、冲头、凿子、木工工具、剪刀。

b.T9、T10、T11:用于制造冲击较小而要求高硬度、高耐磨性的工具,如丝锥、小钻头、冲模、手锯条。

c.T12、T13:用于制造不受冲击的工具,如锉刀、刮刀、剃刀、量具。

（4）铸造碳钢。

①牌号:如 ZG200-400,表示 $\sigma_s = 200$ MPa,$\sigma_b = 400$ MPa 的铸钢。

②性能:铸造性能比铸铁差,但力学性能比铸铁好。

③应用:主要用于制造形状复杂、力学性能要求高,而在工艺上又很难用锻压等方法成形的比较重要的零件,如汽车的变速箱壳、机车车辆的车钩和联轴器等。

2. 合金钢

含有一种或多种适量元素而具有某些特殊性能的铁碳合金称为合金钢。通过添加不同的元素,并采取适当的加工工艺,可获得具有高强度、高韧性、耐磨、耐腐蚀、耐低温、耐高温或无磁性等特殊性能的合金钢。

1) 合金钢的分类

(1) 按合金元素的含量分,合金钢分为低合金钢、中合金钢和高合金钢。

①低合金钢:合金元素总含量小于或等于 5%。

②中合金钢:合金元素总含量大于 5% 且小于 10%。

③高合金钢:合金元素总含量大于或等于 10%。

(2) 按合金元素的种类分,合金钢分为铬钢、锰钢、铬锰钢、铬镍钢、铬镍钼钢、硅锰钼钒钢等。

(3) 按主要用途分,合金钢分为结构钢、工具钢和特殊性能钢。

2) 合金钢的牌号和用途

合金钢的含碳量、所含合金元素及其含量均应在牌号中体现出来。例如,合金弹簧钢 60Si2Mn,含碳量小于 0.6%,硅含量小于 2%,锰含量小于 1%。

(1) 低合金结构钢。

①性能特点:具有较高的强度、足够的塑性和韧性、良好的焊接性能,广泛应用于建筑、桥梁等中。

②化学成分特点:是低碳钢(含碳量不大于 0.2%),主要合金元素为 Mn(含量为 1.25% ～1.5%)。

③热处理特点:一般不进行热处理。

④常用钢种:16Mn、15MnTi 等。

(2) 合金渗碳钢。

①性能特点:具有良好的渗碳能力和淬透性;用于制造表面硬且耐磨、芯部韧性好且耐冲击的零件,如齿轮、凸轮等。

②化学成分特点:是低碳钢(含碳量为 0.1%～0.25%),主要合金元素有 Cr、Mn、Ti、V 等,可提高钢的淬透性和防止过热。

③热处理特点:预先热处理为正火,渗碳后为淬火＋低温回火。以用 20CrMnTi 生产汽车变速箱齿轮为例,工艺路线为锻造—正火—加工齿形—局部镀铜—渗碳—预冷淬火,低温回火—喷丸—磨齿。

④常用钢种:20Cr、20CrMnTi。

(3) 合金工具钢。

合金工具钢的特点:含碳量高(0.75%～1.5%);为了提高淬透性和回火稳定性,加入了 Cr、Mn、Si、V、W 等合金元素;预处理为球化退火,最终热处理为淬火＋低温回火。

低速合金工具钢常用钢种有 9SiCr、9Mn2V,高速合金工具钢典型钢种有 W18Cr4V、W6Mo5Cr4V2。

(4) 合金弹簧钢。

①性能特点:具有高的弹性极限、高的屈强比、高的疲劳强度以及足够的韧性;用于制造各种弹性元件,如圈簧、板簧等。

②化学成分特点:含碳量为 0.5%～0.7%;合金元素主要有 Mn、Si、Cr、V、Mo 等,主要作用是提高淬透性和回火稳定性,防止回火脆性。

③热处理特点:热成形弹簧(尺寸≥8 mm 的大型弹簧)的生产工艺为下料—加热(A_{c3}＋～100 ℃)—成形—余热淬火—中温回火(～430 ℃)—产品;冷成形弹簧(尺寸<8 mm 的小型弹簧)的生产工艺为下料—冷拔钢丝,冷卷成形—低温退火—产品。

④常用钢种:60Si2Mn。

（5）滚动轴承钢。

①性能特点:具有很高的强度和硬度、很高的弹性极限和接触疲劳强度、足够的韧性和淬透性、很高的耐磨性,而且具有一定的抗腐蚀能力。

②化学成分特点:高碳($0.95\% < \omega(C) < 1.1\%$);加入的合金元素主要是 Cr,Cr 的作用是提高钢的淬透性和耐磨性。

③热处理特点:预先热处理为球化退火,最终热处理为淬火＋低温回火。

滚动轴承的生产工艺为轧制—锻造—球化退火—机械加工—淬火＋低温回火—磨削加工—成品,金相组织为针状回火 M＋粒状碳化物＋少量残余 A。

④常用钢种:GCr15、GCr15SiMn(注意 Cr、C 的含量)。

3. 铸铁

铸铁是指由铁、碳和硅组成的合金的总称。

铸铁是含碳量在 2%以上的铁碳合金。工业用铸铁含碳量一般为 2.5%～3.5%。碳在铸铁中多以石墨形态存在,有时也以渗碳体形态存在。除碳外,铸铁中还含有 1%～3%的硅,以及锰、磷、硫等元素。合金铸铁还含有镍、铬、钼、铝、铜、硼、钒等元素。碳、硅是影响铸铁显微组织和性能的主要元素。铸铁可分为以下几种。

1）灰口铸铁

灰口铸铁含碳量较高(2.7%～4.0%),碳主要以片状石墨形态存在,断口呈灰色,简称灰铁。灰口铸铁熔点低(1 145～1 250 ℃),凝固时收缩量小,抗压强度和硬度接近碳素钢,减振性好。由于片状石墨的存在,灰口铸铁的耐磨性、铸造性能和切削加工性能较好,适用于制造机床床身、气缸、箱体等结构件。灰口铸铁牌号以"HT"后面附两组数字表示,如 HT20-40,第一组数字表示最低抗拉强度,第二组数字表示最低抗弯强度。

2）白口铸铁

白口铸铁碳、硅含量较低,碳主要以渗碳体形态存在,断口呈银白色。白口铸铁凝固时收缩大,易产生缩孔、裂纹。白口铸铁硬度高,脆性大,不能承受冲击载荷,多用于制造可锻铸铁坯件和制造耐磨损的零部件。

3）可锻铸铁

可锻铸铁由白口铸铁经退火处理后获得,石墨呈团絮状分布,简称韧铁。可锻铸铁组织性能均匀,耐磨损,有良好的塑性和韧性,适用于制造形状复杂、能承受强动载荷的零件。

4）球墨铸铁

球墨铸铁是将灰口铸铁铁水经球化处理后获得的,石墨呈球状,简称球铁。球墨铸铁中的碳全部或大部分以自由状态的球状石墨存在。球墨铸铁断口呈银灰色,强度比普通灰口铸铁的强度高,韧性和塑性比普通灰口铸铁的韧性和塑性好。球墨铸铁的牌号以"QT"后面附两组数字表示,如 QT45-5,第一组数字表示最低抗拉强度,第二组数字表示最低延伸率。球墨铸铁适用于制造内燃机、汽车的零部件及农机具等。

5）蠕墨铸铁

蠕墨铸铁是将灰口铸铁铁水经蠕化处理后获得的,石墨呈蠕虫状,力学性能与球墨铸铁相近,铸造性能介于灰口铸铁与球墨铸铁之间,适用于制造汽车的零部件。

6）合金铸铁

合金铸铁是在普通铸铁中加入适量合金元素（如硅、锰、磷、镍、铬、钼、铜、铝、硼、钒、锡等）获得的。合金元素使铸铁的基体组织发生变化，从而使铸铁具有相应的耐热、耐磨、耐蚀、耐低温或无磁性等特性。合金铸铁适用于制造矿山机械、化工机械、仪器和仪表等的零部件。

1.3 安全生产基本知识

"金工实训"是一门实践性技术基础课，是实训人员了解机械加工生产过程、培养实践动手能力和工程素质的必修课程。金工实训旨在通过对实训人员进行工程实践技能的训练，引导实训人员学习机械制造工艺知识，提高动手能力；促使实训人员养成勤于思考、勇于实践的良好作风和习惯；鼓励并着重培养实训人员的创新意识和创新能力；培养实训人员的工程意识、产品意识、质量意识，提高实训人员的工程素质。

在金工实训的过程中，始终要强调安全第一的观点，实训人员在实训前必须接受工厂生产安全教育，充分认识安全生产的重要性，严格遵守劳动纪律，自觉按照各生产设备安全操作规程开展金工实训。

金工实训安全制度如下。

（1）进入实训场所实训前，必须认真学习工厂安全制度，并通过必要的安全生产知识考核。

（2）自觉遵守生产企业劳保规范，实训时必须按工种要求穿戴好防护用品，不准穿拖鞋、背心、短裤或裙子参加实习，女同学必须戴工作帽。

（3）操作设备时必须集中精力，不准与别人闲谈，不准做其他影响工作的事情。

（4）保持车间生产秩序，不准在车间追逐、打闹、喧哗。

（5）必须按实训内容要求在规定设备上操作，严禁随意操作车间内除实训用设备以外的任何设备，防止意外发生。

（6）现场参观时，必须服从组织安排，注意听讲，不得随意走动。

（7）实训过程中如果发生事故，应立即按下机床急停按钮或拉下电闸，报告实训指导老师，查找原因并排除故障后方可继续进行实训。

（8）实训期间必须严格遵守制度和各工种的安全操作规程，服从实训指导老师的安排，确保安全文明实习。

思 考 题

1. 什么是机械制造？机械制造的主要方法有哪些？它们各有什么特点？

2. 什么是金属材料的力学性能和工艺性能？它们各包括哪些内容？

3. 常用钢铁材料有哪几种？它们各有什么特点？

4. 安全生产应注意哪些方面的要求？

铸造

◀ **模块导入**

    铸造是制造图 2.1 所示轴套类零件毛坯的主要工艺方法之一。砂型铸造是最常见的铸造工艺。砂型铸造的主要工序包括制造模型和芯盒、制备型砂和芯砂、造型、制芯、合箱、熔炼和浇注、落砂、清理和检验等,如图 2.2 所示。

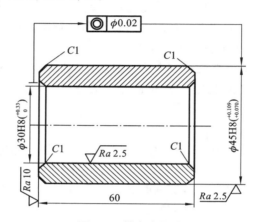

图 2.1　轴套类零件

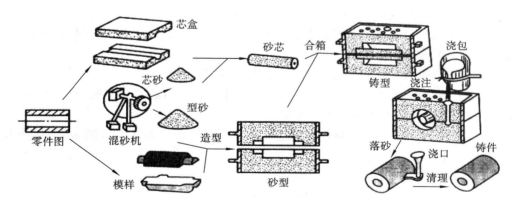

图 2.2　套筒铸件砂型铸造工艺过程

◀ **问题探讨**

    1. 什么是铸造?

    2. 铸型由哪几部分组成?

    3. 型砂的主要成分有哪些?型砂应具备什么性能?

    4. 砂型铸造和特种铸造各自有哪些特点?

◀ **学习目标**

1．了解铸造工艺过程，型砂的主要成分、性能要求和制备方法，各种铸造方法的优缺点和应用范围，以及砂型铸造常见的缺陷和防止措施。

2．掌握湿型铸造手工造型方法和制芯方法。

◀ **职业能力目标**

通过本模块的学习，学生要能针对项目中的铸造件完成工件的设计、铸造工艺的选择、铸件的铸造、铸件质量的检验和分析等工作，了解铸造加工的安全规范。

◀ **课程思政目标**

在本模块的学习中，学生要认识到：铸造技术在我国历史久远，铸造工艺包含古老的中国智慧；通过学习铸造工艺能够知道青铜器的加工流程，激发对中国传统文化的兴趣；积极研究和探索各种铸造方法的应用和创新，掌握好铸造工艺是中国文华的传承和创新。

◀ 2.1　铸造基本知识 ▶

2.1.1　铸造的概念

铸造是指把熔炼好的液态金属(或合金)浇注到具有与零件形状相当的铸型空腔中，待其冷却凝固后，获得零件或毛坯的一种金属成形方法。用于铸造的金属统称为铸造合金。常用的铸造合金有铸铁、铸钢和铸造有色金属。

2.1.2　铸造的特点、分类和应用

1. 铸造的特点

(1) 铸造可以生产各种形状复杂的零件和毛坯，尤其适用于生产具有复杂内腔的零件和毛坯，如箱体、机床床身、叶轮等。

(2) 铸造的适用性很广，可以不受铸件的材料、尺寸和质量的限制。铸件材料可以是铸铁、铸钢、铸造有色合金和各种特殊材料。

(3) 铸造所用的原材料来源广泛，价格低廉。铸造可直接利用报废的机件、废钢和切屑。

(4) 铸件的形状和尺寸可以与零件很接近，因此铸造可节省金属材料，减少切削加工工作量。

(5) 铸造工艺灵活，生产率高，既可以采用手工生产形式，也可以进行机械化生产。

(6) 铸造生产也存在一些缺点：一是采用同一金属材料制成的铸件和锻件相比较，铸件的力学性能较差；二是铸造工序多，而且一些工艺过程还难以精确控制，容易使铸件质量不够稳定，废品率较高。

2. 铸造的分类和应用

根据所用造型材料的不同，铸型可以用砂型，也可用金属型。

砂型主要用于铸铁、铸钢铸造，金属型主要用于铸造有色金属铸造。目前砂型铸造应用最

为广泛,本模块重点介绍铸件的砂型铸造工艺方法。

铸造的分类和比较具体如表2.1所示。

表2.1 铸造的分类和比较

比较项目	铸造方法				
	砂型铸造	熔模铸造	金属型铸造	压力铸造	离心铸造
适用金属	不限	不限,但以铸钢为主	以铸造有色金属为主	铝合金、锌合金等低熔点合金	黑色金属、铜合金等
铸件的大小和质量	不限	一般小于25 kg	中小型铸件	一般为10 kg以下小铸件	不限
生产批量	不限	成批大量,也可单件生产	大批、大量	大批、大量	成批、大量
铸件尺寸精度	IT9	IT4	IT6	IT4	—
铸件表面粗糙度 Ra/μm	较粗糙	12.5～1.6	12.5～6.3	3.2～0.8	内孔粗糙
铸件内部晶粒大小	粗	粗	细	细	细
铸件机械加工余量	最大	较小	较大	较小	内孔加工余量大
生产率与机械化程度	手工造型低,机械造型高	中	中、高	高	中、高
设备费用	手工造型低,机械造型高	较高	较低	较高	中等
应用举例	各种铸件	刀具、叶片、自行车零件、机床零件、刀杆等	铝活塞、水暖器材、水轮机叶片、一般有色合金铸件等	汽车化油器、喇叭、电气仪表和照相机零件等	各种铁管、套管、环、辊、叶轮、滑动轴承等

2.2 砂型铸造

砂型铸造是用型砂造型的铸造方法。砂型铸造生产工序很多,其中主要的工序为模型制造、配砂、造型、制芯、合箱、熔化、浇注、落砂、清理和检验。套筒铸件砂型铸造工艺过程如图2.2所示。

铸型一般由上砂型、下砂型、砂芯和浇注系统等几个部分组成。上、下砂箱通常要用定位销定位。铸型的组成如图2.3所示。

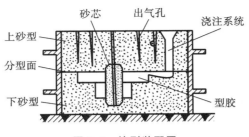

砂芯　　出气孔　　浇注系统

上砂型

分型面

下砂型

型胶

图 2.3　铸型装配图

2.2.1　造型材料

1. 对型砂性能的要求

砂型铸造砂型是由型砂做成的。型砂的质量直接影响着铸件的质量。型砂质量不好会使铸件产生气孔、砂眼、粘砂、夹砂等缺陷,这些缺陷造成的废品占铸件总废品的 50% 以上。为了保证砂型在造型、合箱和浇注时经受得住外力的作用以及高温液态金属的冲刷和烘烤作用,便于造型、修型和取模,对型砂的基本性能提出以下要求。

(1) 具有一定的湿压强度。潮模型砂在外力的作用下不变形、不破坏的能力称为湿压强度。

(2) 具有一定的透气性。型砂通过气体的能力称为透气性。

(3) 具有一定的耐火度。型砂在高温液态金属的作用下不熔融、不烧结的性能称为耐火度。

(4) 具有一定的退让性。当铸件凝固后继续冷却时,型砂能被压溃而不阻碍铸件收缩的性能称为退让性。

(5) 具有一定的流动性。在外力或本身重力的作用下,型砂砂粒间相互移动的能力称为流动性。

(6) 具有一定的可塑性。型砂在外力的作用下变形,当去除外力后,保持变形的能力称为可塑性。

型砂的性能由型砂的组成、原材料的性质和配砂工艺操作等因素决定。

2. 型砂的组成

型砂主要由砂子、膨润土、煤粉和水等材料组成。型砂的结构示意图如图 2.4 所示。

砂子是型砂的主体,主要成分是 SiO_2,是耐高温的物质。膨润土是黏土的一种,用作黏结剂,和水混合后形成均匀的黏土膜,黏土膜包在砂粒表面,把单个的砂粒黏起来,使砂粒具有一定的湿压强度。煤粉是附加物质,可使铸件表面更加光洁。

在生产中,为了节约原材料、合理使用型砂,往往把型砂分成面砂和背砂。与铸件接触的那一层型砂称为面砂,一般对它的强度、耐火度等要求较高,所以需专门配制。不与铸件接触,只作为填充用的型砂称为背砂。背砂一般使用旧砂。常用的型砂配方如下。

(1) 面砂:旧砂 70%～95%,新砂 5%～30%;膨润土 4%～6%,煤粉 4%～7%,水 5%～7%。

(2) 背砂:旧砂 100%,加适量的水。

在大量生产中,为了提高生产率、简化操作,往往不区分面砂和背砂,而只用一种砂。

3. 型砂的制备

型砂的混制是在混砂机（见图2.5）中进行的。在碾轮的碾压和搓揉作用下，各种原材料混合均匀并形成图2.4所示的型砂结构。

型砂的制备过程是：按比例加入新砂、旧砂、膨润土和煤粉等材料；先干混2～3分钟，再加水湿混5～12分钟，性能符合要求后，从出砂口卸砂；将混好的型砂堆放4～5小时，使黏土膜中水分均匀（这一过程称为调匀）。型砂在使用前还要过筛或用松砂机进行处理，以便使型砂松散好用。

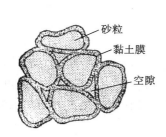

图2.4 型砂的结构示意图

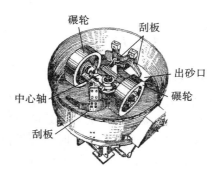

图2.5 混砂机

2.2.2 造型和制芯

1. 造型

按造型的手段，造型可分为手工造型和机器造型两大类。

1）手工造型

手工造型的方法很多，应根据铸件的形状、大小和生产批量进行选择。常用的手工造型方法有以下几种。

（1）整模造型。

整模造型的模型是一个整体，造型时模型全部放在一个砂箱内，分型面（上砂型和下砂型的接触面）是平面。采用整模造型的零件的最大截面一般在端部，而且是一个平面。整模造型过程如图2.6所示。整模造型操作简便，适用于生产各种批量、形状简单的铸件。

（2）分模造型。

分模造型的模型是分成两半的，分别在上、下砂箱内造型，分型面是平面。采用分模造型的零件的最大截面不在端部，如果采用整模造型，铸件就会取不出来。套筒分模造型过程如图2.7所示。分模造型的分模面（分开模型的平面）也是分型面。分模造型操作简便，适用于生产各种批量的套筒、管子、阀体，以及形状较复杂的铸件。这种造型方法的应用较为广泛。

（3）挖砂造型和假箱造型。

有些铸件，如手轮等，最大的截面不在一端，模型又不允许分成两半（模型太薄或制造分模很费事），可以将模型做成一个整体，采用挖砂造型方法。手轮的分型面是曲面，它的挖砂造型过程如图2.8所示。

挖修分型面时应注意：一定要挖到模型的最大断面A—A（见图2.8(b)）处；分型面应平整、光滑，坡度应尽量小，以免上砂箱的吊砂过陡；不阻碍取模的砂子不必挖掉。

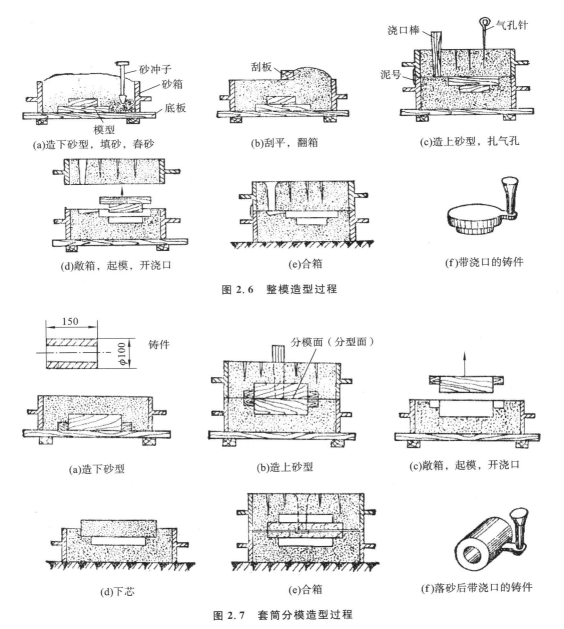

图 2.6 整模造型过程

图 2.7 套筒分模造型过程

生产数量较多时,可采用假箱造型。手轮假箱造型过程如图 2.9 所示。假箱造型是指用一个假箱代替底板,在假箱上造下砂型。采用假箱造型方法,不必挖砂就可以使模型露出最大的截面。

（4）活块造型。

在图 2.10 中,模型上的凸台在取模时不能和模型主体同时取出,凸台必须做成活动的,称为活块。起模时,先取出模型主体,再单独取出活块。在用钉子连接的活块造型中应注意:在活块四周的型砂塞紧后要拔出钉子,否则模型取不出;舂砂时不要使活块移动,钉子不要过早拔出,以免活块错位。

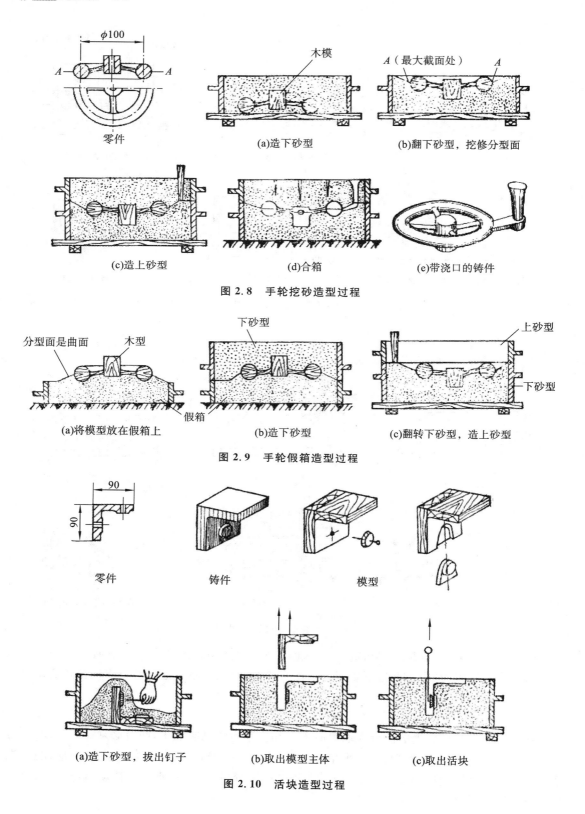

图 2.8　手轮挖砂造型过程

图 2.9　手轮假箱造型过程

图 2.10　活块造型过程

从图 2.10 中可以看出,凸台的厚度应小于凸台处模型壁厚的二分之一,否则活块会取不出来。如果活块厚度过大,可以用一个外砂芯做出凸台,如图 2.11 所示。

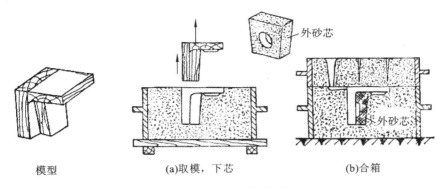

模型   (a)取模,下芯   (b)合箱

图 2.11 用外砂芯做活块

活块造型对工人的操作技术水平要求较高,而且生产率较低,仅适用于单件小批生产。当产量较大时,也可采用用外砂芯做出活块的方法。

(5)刮板造型。

有些尺寸大于 500 mm 的旋转体铸件,如带轮、飞轮、大齿轮等,由于生产数量很少,为了节省模型材料和费用、缩短加工时间,可以采用刮板造型。刮板是一块和铸件断面形状相适应的木板。造型时,将刮板绕着固定的中心轴旋转,在砂型中制出所需的型腔。带轮刮板造型过程如图 2.12 所示。

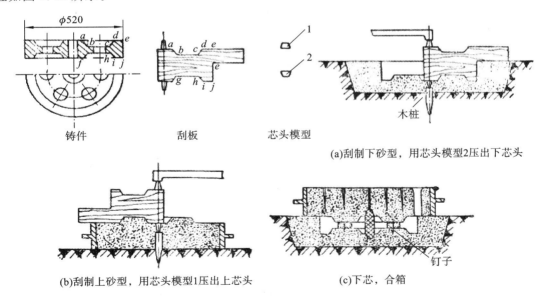

铸件   刮板   芯头模型

(a)刮制下砂型,用芯头模型2压出下芯头

(b)刮制上砂型,用芯头模型1压出上芯头

(c)下芯,合箱

图 2.12 带轮刮板造型过程

刮板装好后,应当用水平仪校正,以保证刮板轴与分型面垂直。上、下砂型刮制好后,在分型面上分别做出通过轴心的两条互相垂直的直线,将直线引至箱边做上记号,作为合箱的定位线。

刮板造型可以在砂箱内进行,下砂型也可利用地面进行刮制。在地面上做下砂型,可以省掉下砂箱和降低砂型的高度、便于浇注。这种方法称为地坑造型。其他的大型铸件在单件生产时,也可用地坑造型的方法。

2)机器造型

机器造型是现代化铸造车间成批大量生产铸件的主要造型方法。与手工造型相比,机器造型生产效率高,铸件尺寸精度高、表面粗糙度低、质量稳定,便于组织自动化生产,减轻了劳动强度,改善了劳动条件,但设备和工艺装备费用高,生产准备时间长,适用于铸造大量和成批生产的铸件。

机器造型按型砂紧实的方法分为压实造型、振实造型、振压造型、微振压造型、高压造型、抛砂造型等。这里只介绍最基本的振压造型。振压造型过程如图2.13所示。

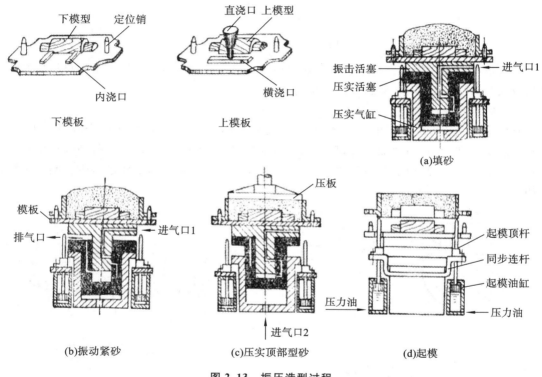

图2.13 振压造型过程

(1)放砂箱,填砂。

(2)振动紧砂。

先使压缩空气从进气口1进入振击活塞底部,顶起振击活塞、模板、砂箱等,并将进气口过道关闭。当活塞上升到排气口以上时,压缩空气被排出。由于底部压力下降,振击活塞等自由下落,与压实活塞(即压实气缸)顶面发生一次撞击。如此反复多次,将砂型逐渐紧实。振动紧实后的砂型上松下紧,还需要将上部型砂压实。

(3)压实。

将压缩空气由进气口2通入压实活塞的底部,顶起压实活塞、振击活塞、模板和砂型,使砂型压在已经移到振压造型机正上方的压板上面,将上部型砂压实;然后转动控制阀,进行排气,使砂型下降。

（4）起模。

压缩空气推动压力油（机油）进入下面的两个起模油缸内，使四根起模顶杆平稳上升，顶起砂型，同时振动器产生振动，使模型易于与砂型分离。为了使顶杆同步上升，两侧的顶杆是由同步连杆连接在一起的。

机器造型使用模板进行造型。固定着模型、浇口的底板称为模板。模板上有定位销，用以固定砂箱的位置。通常使用两台振压造型机分别造出上、下砂型，再进行合箱。

为了克服振压造型机振动、噪声大的缺点，逐渐出现了低压微振造型机、高压造型机、射压造型机等先进的造型设备及相应的铸造生产自动线。

2. 制芯

砂芯主要用来形成铸件的内腔。由于砂芯四面被高温金属液包围，受到的冲刷及烘烤比砂型厉害，因此砂芯必须具有比砂型更高的强度、透气性、耐火性和退让性等性能。这主要依靠配制合格的芯砂和采取正确的造芯工艺来保证。

1）芯砂

一般砂芯可以用黏土芯砂，但黏土加入量要比型砂高。形状复杂、要求强度较高的砂芯要用桐油砂、合脂油砂或树脂砂等。为了保证足够的耐火度、透气性，芯砂中应多加新砂或全部用新砂。对于复杂的砂芯，往往要加入锯末等，以增加退让性。常用的芯砂配方如下。

（1）黏土芯砂：旧砂 70%～80%，新砂 20%～30%；黏土 3%～14%，膨润土 0%～4%，水 7%～10%。

（2）合脂砂：新砂 100%，合脂 2%～5.5%，膨润土 1.5%～5%，水 1%～3%。

2）制芯工艺特点

在制芯工艺中，应采取下列措施，以保证砂芯能满足上述各项性能的要求。

（1）放芯骨。

砂芯中应放入芯骨以提高强度。小砂芯的芯骨可用铁丝制作，如图 2.14（a）所示；中、大砂芯的芯骨要用铸铁浇成，如图 2.14（b）所示。为了吊运砂芯方便，往往在芯骨上做出吊环，如图 2.14（c）所示。

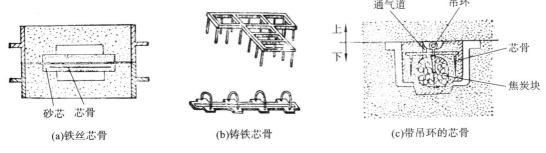

(a)铁丝芯骨　　　(b)铸铁芯骨　　　(c)带吊环的芯骨

图 2.14　芯骨和通气道

（2）开通气道。

砂芯中必须做出连贯的通气道，以提高砂芯的透气性。砂芯通气道一定要与砂型出气孔接通，大砂芯内部常放入焦炭块以便于排气。

（3）刷涂料。

大部分砂芯表面要刷一层涂料，以提高耐火度，防止铸件粘砂。铸铁件多用石墨粉作涂料。

（4）烘干。

砂芯烘干后强度和透气性都有所提高，烘干温度如下：黏土砂芯为250～350 ℃，油砂芯为180～240 ℃。保温3～6 h后，使砂芯缓慢冷却。

3）制芯方法

砂芯一般是用芯盒制成的，芯盒的空腔形状和铸件的内腔相适应。

（1）在芯盒中制芯。

根据芯盒的结构，制芯方法可以分为整体式芯盒制芯、对开式芯盒制芯和可拆式芯盒制芯三种，如图2.15所示。

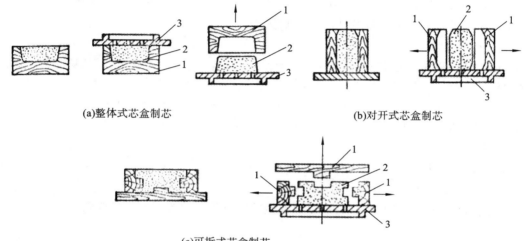

(a)整体式芯盒制芯　　　　　　　　　　(b)对开式芯盒制芯

(c)可拆式芯盒制芯

图2.15　芯盒的形成与制芯

1—芯盒；2—砂芯；3—烘干板

①整体式芯盒制芯：用于形状简单的中、小砂芯。

②对开式芯盒制芯：适用于圆形截面的较复杂的砂芯。

③可拆式芯盒制芯：对于形状复杂的中、大砂芯，当用整体式芯盒无法取芯时，可将芯盒分成几块，分别拆去芯盒取出砂芯；芯盒的某些部分还可以做成活块。

对于内径大于200 mm的弯管，可用刮板制芯，如图2.16所示。

（2）制芯的一般过程。

制芯前，首先应了解工艺要求（如芯头位置和砂芯固定方法等）和砂芯的形状特点，做好芯骨、吊环等，并确定通气道的形式。

制芯的一般过程为填砂、春砂、放芯骨、刮去芯盒上多余的芯砂、扎通气道、把芯盒放在烘干板上、取下芯盒、烘干砂芯。

由于油砂芯的湿压强度较低，烘干前易变形和下塌，因此制造较高的圆柱砂芯时，最好先做成半个砂芯，烘干后再粘合成整体。

对一些底面不平的砂芯，为了防止变形和压坏，可采用成形烘干板，如图2.17（a）所示。产量小时，可用培砂框充填型砂做成成形砂托来代替成形烘干板，如图2.17(b)所示。

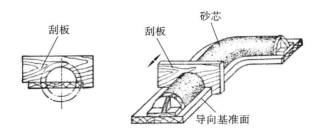

图 2.16　刮板制芯

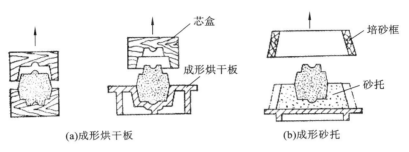

(a)成形烘干板　　　　　　　(b)成形砂托

图 2.17　底面不平的砂芯的放置方法

烘干后的砂芯在下芯前都要经过修整、去毛边和尺寸检验。

4）砂芯的固定

砂芯在铸型中的定位主要靠芯头。芯头必须有足够的尺寸和合适的形状,使砂芯牢固地固定在铸型中,以免砂芯在浇注时飘浮、偏斜和移动。

芯头按固定方式可分为垂直式、水平式和特殊式(如悬臂芯头、吊芯头等)三种,如图 2.18所示。其中垂直式芯头和水平式芯头的定位方式方便可靠,应用最多。

当铸件的形状特殊,单靠芯头不能使砂芯牢固定位时,可以采用用钢、铸铁等金属材料制成的芯撑(见图 2.18(c))加以固定。芯撑在浇注时,可以和液态金属熔焊在一起,但是致密性差。所以,要求承压的铸件或密封性好的铸件,在生产中不允许采用芯撑。常用芯撑的形状如图 2.19 所示。

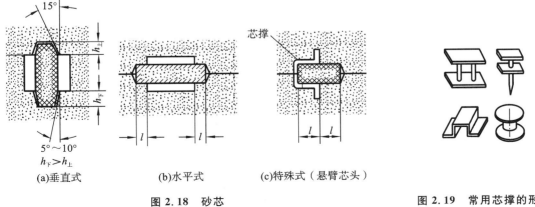

(a)垂直式　　　　(b)水平式　　　　(c)特殊式（悬臂芯头）

图 2.18　砂芯　　　　　　　　　　　图 2.19　常用芯撑的形状

3. 铸件缺陷分析

由于铸造生产的工序繁多,因此铸件产生缺陷的原因相当复杂。表 2.2 只列出一些常见铸件缺陷的名称、特征和产生的主要原因。

表 2.2　常见铸件缺陷的名称、特征和产生的主要原因

名　称		特　征	产生的主要原因
形状类缺陷	错型	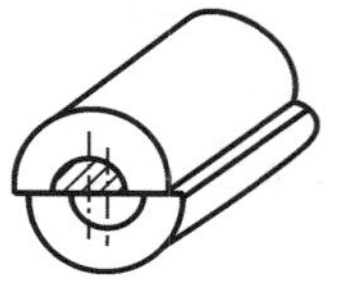 铸件在分型面处有错移	①合型时上、下砂箱未对准; ②上、下砂箱未夹紧; ③上、下半模有错移
	偏型	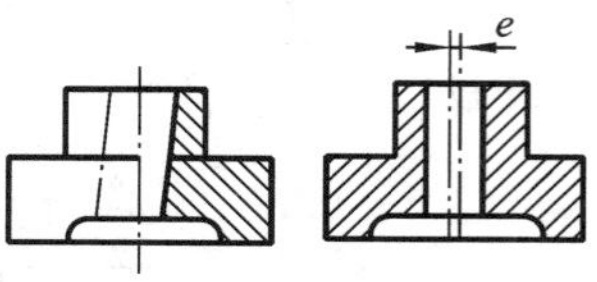 铸件上孔偏斜或轴心线偏移	①型芯放置偏斜或变形; ②浇口位置不对,液态金属冲歪了型芯; ③合型时碰歪了型芯; ④制模样时,芯头偏心
	变形	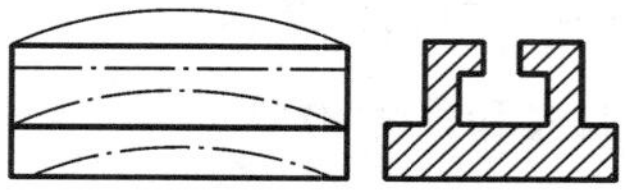 铸件向上、向下或向其他方向弯曲或扭曲	①铸件结构设计不合理,壁厚不均匀; ②铸件冷却不当,收缩不均匀
	浇不足	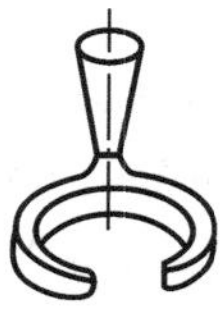 液态金属未充满铸型,铸件形状不完整	①铸件壁太薄,铸件散热太快; ②金属流动性不好或浇注温度太低; ③浇口太小,排气不畅; ④浇注速度太慢; ⑤浇包内液态金属不够
	冷隔	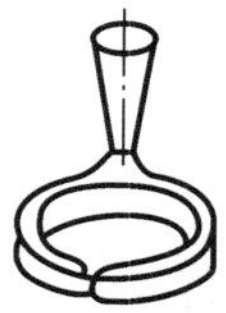 铸件表面似乎熔合,实际未熔透,有浇坑或接缝	①铸件结构设计不合理,壁太薄; ②金属流动性差; ③浇注温度太低,浇注速度太慢; ④浇口太小或布置不当,浇注中断
孔洞类缺陷	缩孔	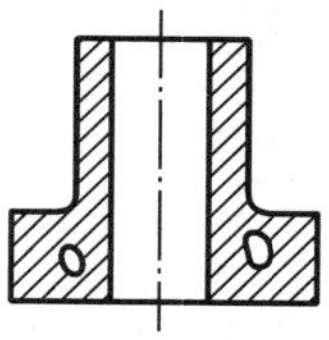 铸件的厚大部分有不规则的粗糙孔形	①铸件结构设计不合理,壁厚不均匀,局部过厚; ②浇口、冒口位置不当,冒口尺寸太小; ③浇注温度太高

续表

名　称		特　征	产生的主要原因
孔洞类缺陷	气孔	析出气孔多而分散,尺寸较小,位于铸件各断面上;侵入气孔数量较少,尺寸较大,存在于局部地方	①熔炼工艺不合理、金属液吸收了较多的气体; ②铸型中的气体侵入金属液; ③起模时刷水过多、型芯未干; ④铸型透气性差; ⑤浇注温度偏低; ⑥浇包等工具未烘干
夹杂类缺陷	砂眼	铸件表面或内部有型砂充填的小凹坑	①型砂、芯砂强度不够,较松散,合型时松落或被液态金属冲垮; ②型腔或浇口内散砂未吹净; ③铸件结构不合理,无圆角或圆角太小
	夹渣	铸件表面上有不规则并含有熔渣的孔眼	①浇注时挡渣不良; ②浇注温度太低,熔渣不易上浮; ③浇注时断流或未充满浇口,熔渣和液态金属一起流入型腔
裂纹缺陷	裂纹	在夹角处或厚薄交接处的表面或内层产生裂纹	①铸件厚薄不均,冷缩不一致; ②浇注温度太高; ③型砂、芯砂的退让性差; ④合金内含硫、磷较高
表面缺陷	粘砂	铸件表面粘砂	①浇注温度太高; ②型砂选用不当,耐火度差; ③未刷涂料或涂料太薄

◀ 2.3　特　种　铸　造 ▶

除砂型铸造以外的铸造方法统称为特种铸造。特种铸造方法很多,而且各种新的方法在不断出现。下面主要介绍四种较常用的特种铸造方法。

2.3.1　金属型铸造

把液态金属浇入用金属制成的铸型而获得铸件的方法称为金属型铸造。一般金属型用铸铁或耐热钢做成,结构如图2.20所示。

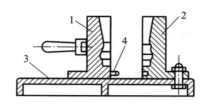

图 2.20　金属型的结构

1—活动半型;2—固定半型;3—底座;4—定位销

1. 金属型铸造的优点

(1) 一型多铸,一个金属型可以铸造几百个甚至几万个铸件。

(2) 铸件表面光洁,尺寸精度高,可以减少机械加工余量。

(3) 由于冷却速度较快,因此铸件组织致密、力学性能较好。

(4) 生产率高,适用于大批、大量生产。

2. 金属型铸造的缺点

(1) 金属型成本高,加工费用高。

(2) 金属型几乎没有退让性,不宜生产形状复杂的铸件。

(3) 金属型冷却快,铸件易产生裂纹。

金属型铸造常用于生产有色金属铸件,如铝合金铸件、镁合金铸件、铜合金铸件;也可用于浇注铸铁件。

2.3.2　压力铸造

压力铸造是将液态金属在高压下注入铸型,经冷却凝固后,获得铸件的方法。压铸型材料一般采用耐热合金钢。用于压力铸造的机器称为压铸机。压铸机按压室结构和布置方式分为卧式和立式两种。立式压铸机工作过程示意图如图2.21所示。

1. 压力铸造的优点

(1) 由于液态金属在高压下成形,因此压力铸造可以铸造出壁很薄、形状很复杂的铸件。

(2) 压铸件是在高压下结晶凝固形成的,组织致密,力学性能比砂型铸造铸件性能高20%~40%。

(3) 压铸件表面光洁,尺寸精度高,一般不需要再进行机械加工。

(4) 压力铸造生产率很高,易于实现半自动化、自动化生产。

2. 压力铸造的缺点

(1) 压铸型结构复杂,必须用昂贵和难加工的合金工具钢来制造,而且加工精度要求很高,因此压铸型成本很高。

(2) 压铸型不适于浇铸铁、铸钢等金属,而且由于浇注温度高,压铸型的寿命很短。

(3) 压铸件虽然表面质量好,但内部易产生小气孔和缩松。若进行机械加工,这些缺陷就

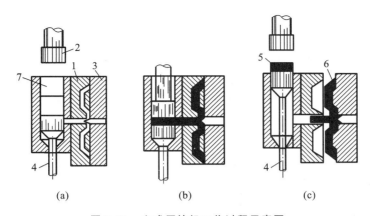

(a)　　　　　　　　(b)　　　　　　　　(c)

图 2.21　立式压铸机工作过程示意图

1—定型；2—压射活塞；3—动型；4—下活塞；5—余料；6—压铸件；7—压室

会暴露出来,而且不能用热处理方法来提高压铸件的力学性能。

　　压力铸造适用于有色合金薄壁小件的大量生产,在航空、汽车、电器和仪表工业中应用广泛。

2.3.3　离心铸造

　　离心铸造的特点是浇注时铸型旋转,金属在离心力的作用下结晶凝固。离心铸造原理如图 2.22 所示。

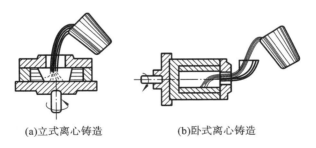

(a)立式离心铸造　　　　　　　(b)卧式离心铸造

图 2.22　离心铸造原理

　　离心铸造一般都是在离心机上进行的。铸型多采用金属型,既可以绕垂直轴旋转,也可以绕水平轴旋转。

1. 离心铸造的优点

　　(1)铸件在离心力的作用下结晶凝固,所以组织细密,无缩孔、气孔、渣眼等缺陷,力学性能较好。

　　(2)铸造圆形中空的铸件可不用砂芯。

　　(3)不需要浇注系统,提高了液态金属的利用率。

2. 离心铸造的缺点

　　(1)靠离心力铸出的内孔尺寸不精确,而且非金属夹杂物较多,增加了内孔的机械加工余量。

　　(2)成分易偏析的合金不适宜采用离心铸造方法。

2.3.4 熔模精密铸造

熔模精密铸造又称失蜡铸造。熔模精密铸造的工艺过程是：先做一个和铸件形状相同的蜡模；把蜡模焊到浇注系统上组成蜡树；在蜡树上涂挂几层涂料和石英砂，并使其结成硬壳；把蜡模熔化出来后，得到中空的硬壳型；把硬壳型烘干、焙烧并去掉杂质，最后浇注液态金属，如图 2.23 所示。

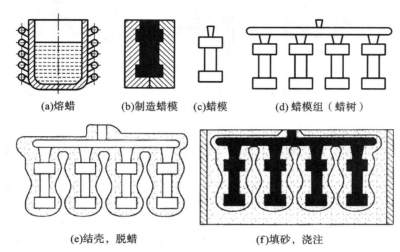

(a)熔蜡 (b)制造蜡模 (c)蜡模 (d) 蜡模组（蜡树）

(e)结壳，脱蜡 (f)填砂，浇注

图 2.23 熔模精密铸造的工艺过程示意图

1. 熔模精密铸造的优点

熔模精密铸造也属于一次型，它的优点如下。

（1）铸件精度高，表面光洁，因此采用熔模精密铸造生产的铸件可以不进行机械加工。

（2）适用于各种铸造合金。对于形状复杂的耐热合金铸件来说，它几乎是目前唯一的铸造方法，因为型壳材料可选用耐高温的材料。

（3）由于是用熔化方法取出蜡模，因此可做出形状很复杂、难以进行机械加工的铸件，如汽轮机叶片等。

2. 熔模精密铸造的缺点

（1）工艺过程复杂，生产成本高。

（2）不能用于铸造大型的铸件。

熔模精密铸造广泛用于航空、电器和仪器等领域。

◀ 2.4 铸造车间安全规程 ▶

铸造车间有其自身的特点，实训学生在铸造实训过程中要严格遵守铸造车间安全规程。

（1）要做好一切防护措施，按规定穿戴劳保用品。

（2）造型时不要用嘴吹型砂，以免砂粒进入眼睛中。

（3）空箱应放在指定的地方，堆放要稳定可靠，不能堆放太高。

（4）造型工具应放置在工具箱内，不要随便堆放。

（5）吊运砂箱时，链条安放必须平稳可靠，以防脱落伤人，大砂型必须用钢丝绳吊运。

（6）起吊时四周必须受力均匀，吊物的重量不能超出吊车的起重能力。

（7）吊运物件时，人必须离开物件，不得在吊运物的下方工作。如果有必要，应将物件牢固支承后再吊运。

（8）用喷火器烘烤砂型、砂芯时，气压不得过大，能喷出火舌即可，防止气压过大爆炸伤人。

（9）用过的模型和附属工装应在指定地点堆放整齐，不用的模型应入库存放。

（10）工作完毕后，应做好工具清洁保养工作，并清扫、整理工作场地。

思 考 题

1. 什么是铸造？铸造包括哪些主要工序？

2. 铸件的造型方法应根据哪些条件来选择？

3. 熔化的铁液应达到哪些质量要求？

4. 试确定图 2.24 所示各灰铸铁零件的浇注位置和分型面（批量生产、砂型铸造、手工造型）。

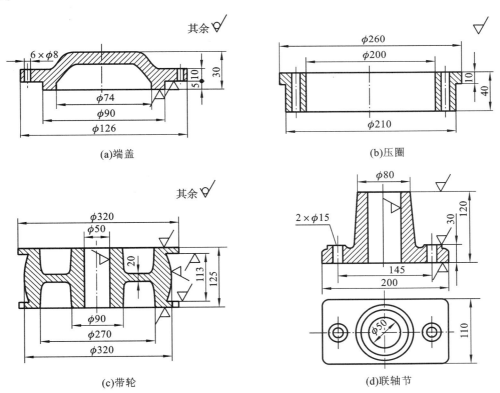

图 2.24　模块 2 思考题 4 图

模块 3

锻造

◀ 模块导入

图 3.1 所示为连杆结构示意图。它主要由连杆体、螺栓、螺母、连杆盖 4 个零件组装而成，如图 3.1(a)所示。连杆体毛坯一般是一个完整的锻件，如图 3.1(b)所示。连杆体毛坯锻造工艺过程为下料—加热—自由锻—模锻—热处理。

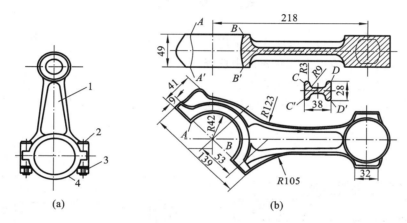

图 3.1 连杆结构示意图

1—连杆体；2—螺栓；3—螺母；4—连杆盖

◀ 问题探讨

1. 什么是锻造？

2. 锻造在机械制造过程中的地位是怎样的？

3. 常用的锻造工艺有哪几种？

4. 与铸造相比，锻造的特点有哪些？

◀ 学习目标

1. 掌握简单自由锻件的成形原理和锻压生产安全技术，了解锻压安全生产的重要性和锻压劳动保护常识。

2. 掌握自由锻、模锻的工艺内容、特点和应用范围，了解各类锻造设备的应用特点。

◀ 职业能力目标

通过本模块的学习，学生要能针对项目中的锻造件完成工件的设计、锻造工艺的选择、锻件的锻造、锻件质量的检验和分析等工作。

◀ 课程思政目标

在本模块的学习中，学生要认识到：古代的兵器就是最早的锻件，"宝剑锋从磨砺来"；锻造的过程就是金属材料不断优化的过程;锻造过程中不断的高温和高压处理使得锻造出的工件不但可以获得理想的外观形状,还可以获得优质的物理性能;人生也需要锻造,只有经历了烈火的炙烤和不断的磨炼才能成为一块"好钢",一定要用一颗坚韧不拔的心去勇敢面对生活中的各种困难。

◀ 3.1 锻造基本知识 ▶

锻造的目的是使金属坯料成形并控制金属坯料的内部组织性能,获得所需几何形状、尺寸和品质的锻件。锻造可制造出尺寸稳定的锻件,材料利用率高,所以普遍用于汽车、拖拉机、飞机和手工工具等行业。汽车有 80% 以上的零件都采用锻造工艺制造。在工具行业中,模锻件数量很大,占工具行业锻件总重量的 90%。钳子、扳手等日用五金工具均采用锻造工艺制造。

3.1.1 锻造的概念

锻造是一种利用锻压机械对金属坯料施加压力,使金属坯料产生塑性变形,从而获得具有一定的机械性能、形状和尺寸的锻件的加工方法。锻造能消除金属在冶炼过程中产生的铸态疏松等缺陷,优化微观组织结构。另外,由于保存了完整的金属流线,锻件的机械性能一般优于同样材料的铸件。机械中负载重、工作条件严峻的重要零件,除形状较简单的可用轧制的板材件、型材件或焊接件外,多采用锻件。

3.1.2 锻造的特点、分类和应用

1. 锻造的特点

与铸造相比,锻造具有以下特点。

(1)材料利用率高。

(2)锻件力学性能好,具有纤维流线。

(3)尺寸精度高,可达到少切削加工、无切削加工、净成形和近净成形的要求,如齿轮精锻、冷挤压花键等。

(4)生产效率高,适用于大批量生产场合。

锻造在机械、航空航天、军工船舶、仪器、仪表和日用五金品等工业领域得到广泛应用。

2. 锻造的分类和应用

按所用的工具不同,锻造可分为自由锻和模锻两大类。自由锻利用简单的通用性工具,或铸造设备上的上砧、下砧直接使金属坯料成形;模锻利用模具使金属坯料成形。自由锻件的大部分金属变为切屑。用钢锭生产的自由锻件,有 25%~33% 的金属被切除。模锻件有机械加工余量、毛边工艺辅料,以及加热火耗等,材料利用率一般在 50% 左右。

模锻流程是指生产一个锻件所经过的模锻生产过程,一般为:备料—加热—模锻—切边,冲孔—热处理—酸洗,清理—校正。模锻件所占锻件的比重说明了一个国家生产水平、生产率、材料利用率、生产成本和产品质量在国际竞争中的地位。

锻造过程中除自由锻和各种模锻的基本方法以外,还有其他特殊成形方法,如电镦、冷挤压、温挤压、旋转锻造、辗环、楔形模横轧、辊锻、辊弯、旋压、摆辗等。

◀ 3.2 自 由 锻 ▶

自由锻是指利用简单的通用性工具,或在锻造设备上的上砧、下砧之间直接对金属坯料施加外力,使金属坯料产生变形,从而获得所需的几何形状和内部质量的锻件的加工方法。采用自由锻生产的锻件称为自由锻件。自由锻以生产批量不大的锻件为主,采用锻锤、液压机等锻造设备对金属坯料进行成形加工,获得合格锻件。自由锻的主要工序包括镦粗、拔长、冲孔、扩孔、弯曲等。

3.2.1 自由锻的特点和工序

1. 自由锻的特点

(1) 所用工具简单、通用性强、灵活性大,适合单件和小批量锻件的生产。

(2) 所用工具与金属坯料部分接触,使金属坯料逐步变形,所需设备功率比模锻小得多,可锻造大型锻件,也可锻造多种多样、变形程度相差很大的锻件。

(3) 靠人工操作控制锻件的形状和尺寸,锻件尺寸精度差,生产率低,劳动强度大。

2. 自由锻的工序

根据变形性质和变形程度,自由锻工序分为三类,如表3.1所示。

(1) 基本工序。基本工序是指能够较大幅度地改变金属坯料形状和尺寸的工序,也是自由锻过程中主要的变形工序。基本工序包括镦粗、拔长、冲孔、芯轴扩孔、芯轴拔长、弯曲、切割、错移、扭转、锻接等。

(2) 辅助工序。辅助工序是指在金属坯料进行基本工序前预先采用的变形工序。辅助工序包括预压夹钳把、钢锭倒棱、阶梯轴分段压痕等。

(3) 修整工序。修整工序是指用来修整锻件的尺寸和形状,使其完全达到锻件图要求的工序,一般是在某一基本工序完成后进行。修整工序包括拔长后校正和弯曲校直、镦粗后的鼓形滚圆和截面滚圆、端面平整等。

表 3.1　自由锻工序的分类

基 本 工 序		
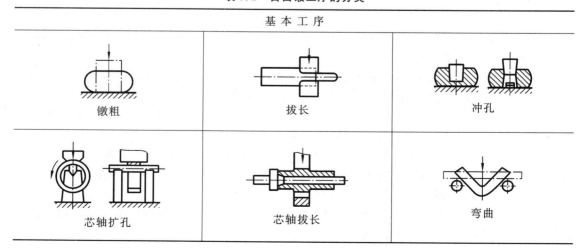		
镦粗	拔长	冲孔
芯轴扩孔	芯轴拔长	弯曲

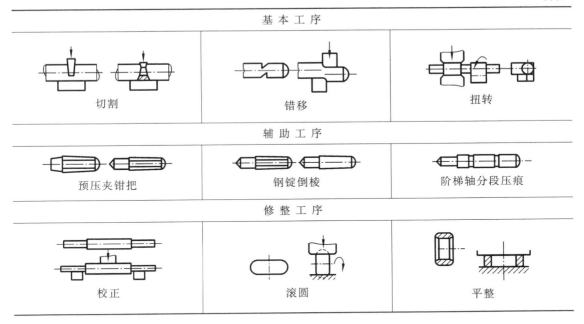

基 本 工 序		
切割	错移	扭转
辅 助 工 序		
预压夹钳把	钢锭倒棱	阶梯轴分段压痕
修 整 工 序		
校正	滚圆	平整

3.2.2　镦粗

使金属坯料高度减小而横截面积增大的锻造工序称为镦粗。镦粗是自由锻中最常见的工序之一。镦粗一般可分为平砧镦粗、垫环镦粗和局部镦粗三类。这里主要讲述平砧镦粗。

1. 平砧镦粗变形分析

完全在上平砧、下平砧间或镦粗平板间进行的金属坯料镦粗称为平砧镦粗，如图 3.2 所示。

平砧镦粗的变形程度常用压下量 ΔH（$\Delta H = H_0 - H$）、镦粗比 K_h 来表示。镦粗比 K_h 就是金属坯料镦粗前、后的高度之比，即

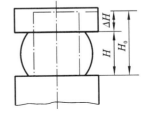

$$K_h = \frac{H_0}{H}$$

图 3.2　平砧镦粗

式中：H、H_0——金属坯料镦粗前、后的高度（mm）。

2. 平砧镦粗品质分析

金属坯料镦粗时不同区域的变形不均匀，使得金属坯料内部的组织变形不均匀，从而导致锻件性能不均匀，如图 3.3 所示。在难变形区（Ⅰ区），金属坯料上下两端出现粗大的铸造组织。在大变形区（Ⅱ区），由于金属坯料受三向压应力的作用，金属坯料内部的某些缺陷易锻焊消除。小变形区（Ⅲ区）的侧表面出现鼓形，由于受到切向应力的作用易产生纵向开裂。随着鼓形的增大，小变形区的侧表面纵向开裂的倾向增强。镦粗时，不同高径比（H_0/D_0）尺寸的金属坯料的鼓形特征和内部变形分布不同。

3. 减少平砧镦粗缺陷的工艺措施

为了减小平砧镦粗时的鼓形，提高金属坯料的变形均匀性，可以采取以下工艺措施。

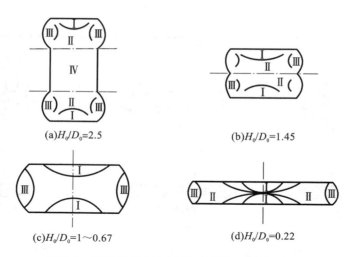

(a)$H_0/D_0=2.5$ (b)$H_0/D_0=1.45$

(c)$H_0/D_0=1\sim0.67$ (d)$H_0/D_0=0.22$

图 3.3   不同高径比的金属坯料镦粗时的变形情况

Ⅰ—难变形区;Ⅱ—大变形区;Ⅲ—小变形区;Ⅳ—均匀变形区

1)预热模具,使用润滑剂

预热模具可以减小模具与金属坯料之间的温度差,有助于减小金属坯料的变形阻力。使用润滑剂可减少金属坯料与模具之间的摩擦,减少鼓形缺陷。

2)侧面压凹金属坯料镦粗

采用侧面压凹的金属坯料镦粗,在侧凹面上产生径向压力分量,可以减小鼓形,使金属坯料变形均匀,避免金属坯料侧表面纵向开裂。侧面压凹金属坯料镦粗过程如图 3.4 所示。

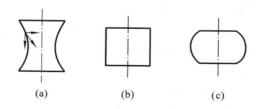

(a)   (b)   (c)

图 3.4   侧面压凹金属坯料镦粗过程

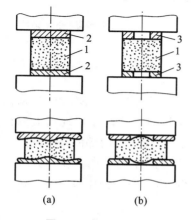

(a)   (b)

图 3.5   软金属垫镦粗

1—金属坯料;2—板状软金属垫;3—环状软金属垫

3)软金属垫镦粗

软金属垫镦粗是指将金属坯料置于两个软金属垫之间进行镦粗,如图 3.5 所示。软金属垫易于变形流动,对金属坯料产生向外的主动摩擦力,使金属坯料端部在变形过程中不易形成难变形区,从而使金属坯料变形均匀。

4)叠料镦粗

叠料镦粗主要用于扁平的法兰类锻件。可将两个金属坯料叠起来镦粗,直到出现鼓形后,把金属坯料翻转180°对叠,再继续镦粗,获得较大的变形量。叠料镦粗过程如图 3.6 所示。

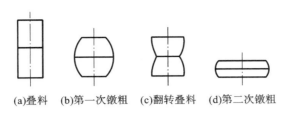

(a)叠料　(b)第一次镦粗　(c)翻转叠料　(d)第二次镦粗

图 3.6　叠料镦粗过程

5）套环内镦粗

套环内镦粗是指在金属坯料外圈加一个碳钢套圈进行镦粗,如图 3.7 所示。它以碳钢套圈的径向压应力来减小金属坯料由于变形不均匀而引起的表面附加拉应力,镦粗后将碳钢套圈去掉。套环内镦粗主要用于镦粗低塑性的高合金钢坯料等。

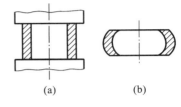

（a）　　　　（b）

图 3.7　套环内镦粗

3.2.3　拔长

使金属坯料的横截面积减小而长度增大的锻造工序称为拔长。拔长也是自由锻中最常见的工序,常用于大型锻件的锻造。它有以下作用。

（1）由横截面积较大的金属坯料得到横截面积较小而轴向伸长的轴类锻件。

（2）反复拔长和镦粗可以提高锻造比,使合金钢中的碳化物破碎,达到均匀分布,从而提高锻件的品质。

根据金属坯料横截面不同,拔长分为矩形截面金属坯料拔长、圆截面金属坯料拔长、空心金属件拔长。这里以矩形截面金属坯料拔长和圆截面金属坯料拔长为例进行讲述。

1. 变形程度表示

设金属坯料拔长前变形区的长、宽、高分别为 l_0、b_0、h_0,拔长后变形区的长、宽、高分别为 l、b、h,送进量为 l_0,相对送进量为 l_0/h_0,压下量(也称相对压缩程度)为 $\Delta h = h_0 - h$,展宽量为 $\Delta b = b - b_0$,拔长量为 $\Delta l = l - l_0$,如图 3.8 所示。拔长的变形程度以金属坯料拔长前、后的横截面积之比——锻造比 K_L 表示,即

$$K_L = \frac{A_0}{A}$$

式中:A_0——拔长前金属坯料横截面积(mm^2);

　　　A——拔长后金属坯料横截面积(mm^2)。

2. 拔长工序分析

由于拔长是通过逐次送进和反复转动金属坯料进行压缩变形,因此它是锻造生产中耗费工时最多的一种锻造工序。因此,在保证锻件品质的前提下,应尽可能提高拔长效率。

1）拔长效率

在变形过程中,金属流动始终受最小阻力定律支配。在平砧间拔长矩形截面金属坯料时,拔长部分受到两端不变形部分的约束,矩形截面金属坯料的轴向变形和横向变形与送进量 l_0 有关,如图 3.8 所示。当 $l_0 = b_0$ 时,$\Delta l \approx \Delta b$;当 $l_0 > b_0$ 时,$\Delta l < \Delta b$;当 $l_0 < b_0$ 时,$\Delta l > \Delta b$。由此可见,采用小送进量拔长可使轴向变形量增大、横向变形量减小,有利于提高拔长效率。但送

进量不能太小,否则会增加压下次数,反而降低拔长效率,另外还会造成表面缺陷。所以,通常宜取送进量 $l_0 = (0.4 \sim 0.8)B$(B 为砧宽),相对送进量 $l_0/h_0 = 0.5 \sim 0.8$。

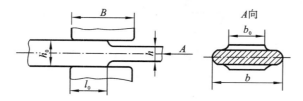

图 3.8　矩形截面金属坯料拔长尺寸关系

压下量 Δh 增大时,压缩所需的次数可以减少,故可以提高生产率,但在生产实际中,对于塑性较差的金属坯料,应适当控制变形程度;对于塑性较好的金属坯料,也应适当控制变形程度,每次压缩后的宽度与高度之比应小于 2.5,否则翻转 90° 再压缩时金属坯料可能因弯曲而折叠。

2)拔长质量

拔长时的锻透程度和锻件成形品质均与拔长时的变形分布和应力状态有关,并取决于送进量、压下量、砧的形状、拔长操作等工艺因素。

拔长常用的砧有三种,即上下 V 形砧、上平下 V 砧和上下平砧。用 V 形砧拔长是为了解决圆截面金属坯料在平砧间拔长轴向伸长小、横向展宽大而采用的一种拔长方法。金属坯料在 V 形砧内受砧面的侧向压力,如图 3.9 所示,从而减小金属坯料的横向流动,迫使金属坯料沿轴向流动,提高拔长效率。一般在 V 形砧内拔长的效率比在平砧间拔长的效率高 20% ~ 40%。

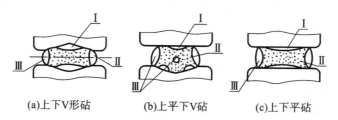

(a)上下V形砧　　　(b)上平下V砧　　　(c)上下平砧

图 3.9　拔长所用砧的形状及其对变形区分布的影响

使用上下平砧拔长矩形截面金属坯料时,只要相对送进量合适,就能够使矩形截面金属坯料的中心锻透。如果采用大压下量,把矩形截面金属坯料压成扁方,则锻透效果更好。但使用上下平砧拔长圆截面金属坯料时,因为圆截面与平砧的接触面很窄,金属坯料横向流动大、轴向流动小,拔长效率低。同时,由于变形区集中在上、下表层,在芯部产生拉应力,因此用上下平砧拔长圆截面金属坯料容易引起裂纹,如图 3.10 所示。采用图 3.11 所示的圆截面金属坯料截面变形方案拔长,可以提高拔长效率,降低中心开裂的危险。

3)拔长操作的影响

拔长时金属坯料的翻转送进有三种操作方法,如图 3.12 所示。图 3.12(a)所示是螺旋式翻转送进法,它适用于锻造台阶轴。图 3.12(b)所示是往复式翻转送进法,它常用于手工拔长。图 3.12(c)所示是单面压缩法,即沿整个金属坯料长度方向压缩一面,再翻转 90° 压缩另一面,它常用于大锻件锻造。

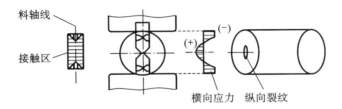

图 3.10　上下平砧拔长圆截面金属坯料时的变形区和横向应力分布

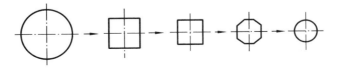

图 3.11　上下平砧拔长圆截面金属坯料时的截面变化过程

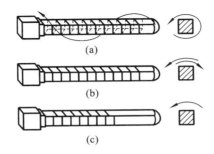

图 3.12　拔长金属坯料的翻转送进操作方法

3.2.4　冲孔

自由锻件常常带有大小不一的盲孔或通孔,而且有些自由锻件的轴线是弯曲的。对于有孔的自由锻件,需要安排冲孔、扩孔等工序。冲孔、扩孔有多种形式,各有特点。对于轴线弯曲的自由锻件,需要安排弯曲工序。使用冲子将金属坯料冲出透孔或不透孔的锻造工序称为冲孔。

冲孔常用于以下场合。

(1) 锻件带有直径大于 30 mm 的盲孔或通孔。

(2) 需要扩孔的锻件应预先冲出通孔。

(3) 需要拔长的空心件应预先冲出通孔。

一般冲孔分为开式冲孔和闭式冲孔两大类。在生产实际中,使用最多的是开式冲孔。开式冲孔常用的方法有实心冲子冲孔、空心冲子冲孔和在垫环上冲孔三种。

1. 实心冲子冲孔

双面冲孔的一般过程是:预镦金属坯料,得到平整端面和合理形状,如图 3.13 所示;用实心冲子轻冲,目测或用卡钳测量是否冲偏,撒入煤粉,重击冲子,直至冲子深入金属坯料三分之二左右;翻转金属坯料,把冲子放在金属坯料出现黑印的地方,迅速冲除芯料,得到通孔。

双面冲孔的第一阶段是开式冲挤。金属坯料局部承载,整体变形。金属坯料高度减小,直径增大。变形区分为冲头下面的圆柱区和冲头以外的圆环区两个部分。在冲孔过程中,圆柱

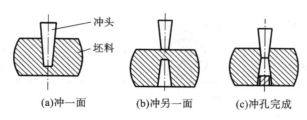

(a)冲一面　　　　(b)冲另一面　　　　(c)冲孔完成

图 3.13　双面冲孔的一般过程

区的变形相当于在圆环包围下的镦粗,受到较大的三向压应力的作用,冲头下部金属坯料被挤向四周;圆环区金属坯料在圆柱区金属坯料的挤压下,径向扩大,同时上端面产生轴向拉缩,下端面略有突起。随着冲头下压,圆柱区金属坯料不断地向圆环区转移,圆环区外径也相应扩大,在外侧受切向拉应力作用。

冲孔金属坯料的形状与金属坯料的直径 D_0 和孔径 d 的比有关。当 $2 \leqslant D_0/d \leqslant 3$ 时,外径明显增大,上端面拉缩严重;当 $3 < D_0/d \leqslant 5$ 时,外径有所增大,端面几乎无拉缩;当 $D_0/d > 5$ 时,因环壁较厚,扩径困难,圆环区内层金属挤向端面,形成凸台。

双面冲孔第二阶段的变形实质上是剪切冲孔连皮,可能出现冲偏、夹刺等缺陷。

双面冲孔工具简单,芯料损失小,但金属坯料走样变形,容易冲偏,适用于中小型锻件初次冲孔。

2. 空心冲子冲孔

空心冲子冲孔的过程如图 3.14 所示。冲孔时金属坯料的形状变化较小,但芯料损失较大,当锻造大锻件时,空心冲子冲孔能将钢锭中心品质差的部分冲掉。为此,钢锭冲孔时,应把钢锭冒口端向下。空心冲子冲孔主要用于孔径大于 400 mm 的大锻件。

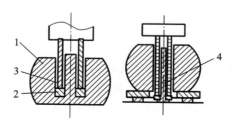

图 3.14　空心冲子冲孔的过程

1—毛坯;2—冲垫;3—冲子;4—芯料

3. 在垫环上冲孔

在垫环上冲孔时,金属坯料形状变化很小,但芯料损失较大。在垫环上冲孔的过程如图3.15所示。在垫环上冲孔只适用于高径比 $H/D < 0.125$ 的薄饼类锻件。

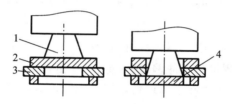

图 3.15　在垫环上冲孔的过程

1—冲子;2—金属坯料;3—垫环;4—芯料

3.2.5 弯曲

将金属坯料弯成规定外形的锻造工序称为弯曲。弯曲可用于锻造各种弯曲类锻件,如起重吊钩、弯曲轴杆等。

在弯曲金属坯料时,弯曲变形区内侧的金属坯料受压缩,可能产生折叠,外侧的金属坯料受拉缩,容易引起裂纹,而且弯曲处金属坯料断面形状发生畸变,断面面积减小,长度略有增加,如图3.16所示。弯曲半径越小,弯曲角度越大,上述现象越严重。因此,弯曲金属坯料时,金属坯料待弯断面处应比锻件相应断面稍大(增大 10%~15%)。金属坯料直径较大时,可先拔长不弯曲部分;金属坯料直径较小时,可通过集聚金属使待弯部分截面积增大。

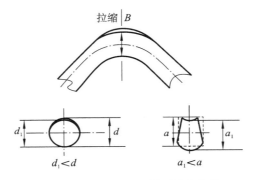

图 3.16 弯曲时金属坯料形状变化情况

◀ 3.3 模 锻 ▶

利用模具使金属坯料变形而获得锻件的锻造方法称为模锻。锻模装在某种锻压设备上,当设备受到驱动并且带着锻模闭合时,锻模迫使金属坯料发生塑性变形,最终金属坯料充满整个模膛,形成形状与模具型腔轮廓完全一致的锻件。用模锻的方法生产锻件,一般一套锻模只生产一种锻件。模锻投资较大,适用于大批量生产。为了能够使金属坯料充满模膛,减小锻模的应力,用模锻方法生产外形较复杂的锻件时,一般需要经过几个工步。

按照模锻中最后成形工步的成形方法,可以把模锻分为开式模锻、闭式模锻、挤压和顶镦四类。了解各种成形方法的成形特征和金属流动规律,合理进行工艺设计和模具设计,可以减小模锻变形力和模具危险点应力,以低成本生产出高质量的模锻件。

模锻的特点如下。

(1)锻件形状和尺寸精确,且纤维流线完整,力学性能好。

(2)材料利用率高。

(3)可锻制形状较为复杂的锻件。

(4)生产率高。

(5)操作简单,劳动强度低,但锻压设备投资大,锻模成本高。

目前,模锻已广泛应用于汽车行业、航空航天行业、国防工业和机械制造业等领域。

3.3.1 开式模锻

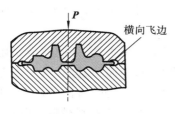

图3.17 开式模锻示意图

开式模锻是指在锻造过程中,上模和下模的间隙不断变化,到金属坯料变形结束时,上模和下模完全打靠。一般从金属坯料开始接触模具到上模和下模打靠,金属坯料最大外廓的四周始终敞开,即飞边的仓部并未完全充满。在开式模锻锻造过程中,形成横向飞边,如图3.17所示。飞边既能帮助金属坯料充满模腔,也有助于放松对金属坯料体积的要求。飞边属于工艺废料,一般在后续工序中切除。

开式模锻的成形过程大体可分为三个阶段,如图3.18所示。

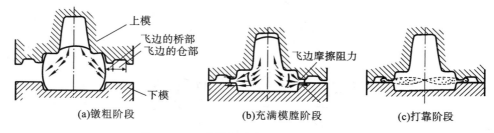

图3.18 开式模锻的成形过程及金属流动

(1)镦粗阶段。开式模锻的第一阶段是镦粗阶段。在该阶段,整个金属坯料都产生变形,在金属坯料内部似乎存在分流面。分流面外的金属坯料流向法兰部分,分流面内的金属坯料流向凸台部分。

(2)充满模腔阶段。开式模锻的第二阶段是充满模腔阶段。在该阶段,下模腔已经充满,而凸台部分尚未充满,金属坯料开始流入飞边槽。随着桥部金属坯料的变薄,金属坯料流入飞边的阻力增大,迫使金属坯料流向凸台和角部,直到完全充满模腔,变形区仍然遍布整个金属坯料。

(3)打靠阶段。开式模锻的第三阶段是打靠阶段。在该阶段,金属坯料已完全充满模腔,但上模、下模尚未打靠(模锻结束时要打靠)。在该阶段,多余金属坯料挤入飞边槽,锻造变形力急剧增大,此时变形区已经缩小为模锻件中心部分的区域。

开式模锻锻造力-行程曲线如图3.19所示。

预成形工步的作用是按照锻件图的要求和金属的流动规律较细致地分配金属坯料的体积,得到介乎中间金属坯料和终锻件之间而接近终锻件的过渡形状。合适的预成形件不仅应做到本身易于成形,而且应做到置入终锻模腔模锻时在变形的第一阶段就能最大限度地充填模腔。第二阶段是锻件成形的关键阶段,第三阶段是模锻变形力最大的阶段。

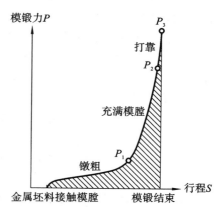

图3.19 开式模锻锻造力-行程曲线

3.3.2 闭式模锻

1. 闭式模锻工艺

闭式模锻可以看成是一种无飞边模锻。一般在闭式模锻锻造过程中,上模和下模的间隙不变,金属坯料在四周封闭的模膛中成形,不产生横向飞边,少量的多余材料将形成纵向飞刺,纵向飞刺在后续工序中除去。闭式模锻示意图如图 3.20 所示。

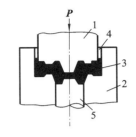

图 3.20 闭式模锻示意图
1—上模;2—下模;3—锻件;
4—间隙;5—顶料杆

闭式模锻的主要优点是,锻件的几何形状、尺寸精度和表面品质最大限度地接近产品,没有飞边。因此,与开式模锻相比,闭式模锻可以大大提高材料的利用率。由于金属坯料在三向压应力的作用下成形,因此闭式模锻可以对塑性较低的金属材料进行塑性加工。

采用闭式模锻的必要条件如下。

(1) 金属坯料体积准确。

(2) 金属坯料形状合理并且能够在模膛内准确定位。

(3) 锻压设备的打击能量或打击力可以控制。

(4) 锻压设备上有顶出装置。

由此可见,闭式模锻在模锻锤和热模锻压力机上的应用受到一定的限制,而摩擦压力机和平锻机较适合进行闭式模锻。闭式模锻一般用于锻造轴对称变形或近似于轴对称变形的锻件。

闭式模锻过程可分为三个阶段,第一阶段为初成形阶段,第二阶段是充填阶段,第三阶段是形成纵向飞刺阶段。闭式模锻变形过程简图如图 3.21 所示,各阶段模锻力的变化情况如图 3.22 所示。

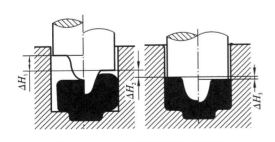

图 3.21 闭式模锻变形过程简图

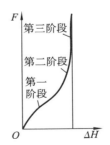

图 3.22 闭式模锻各阶段模锻力的变化情况

在第一阶段,上模的压下量为 ΔH_1。第一阶段是指从上模与金属坯料接触,金属坯料开始变形,到金属坯料与模膛侧壁接触为止。在此阶段,变形力增加相对较慢。

根据锻件和金属坯料的不同情况,金属在此阶段的变形流动可能为镦粗成形、压入成形或镦粗兼压入成形等。

在第二阶段,上模的压下量为 ΔH_2。第二阶段是指由第一阶段结束到金属坯料充满模膛为止。在此阶段,变形力比第一阶段增大 2~3 倍,但压下量 ΔH_2 很小。

无论在第一阶段以什么方式成形,在第二阶段的变形情况都是类似的。第二阶段开始时,金属坯料端部的锥形区和金属坯料中心区都处于(或接近处于)三向等压应力状态,不易发生塑性变形。金属坯料的变形区仅位于未充满处附近的两个刚性区之间,即图 3.23 所示金属坯料的涂黑部位。图 3.23 中的"C"为未充满处角隙的宽度,它随着变形过程的进行不断减小。

在第三阶段,上模的压下量为 ΔH_3。此时,金属坯料基本上已经成为不变形的刚性体,只有在极大的模锻力的作用下,端部的金属坯料才会产生变形,形成纵向飞刺。纵向飞刺越薄、越高,模锻力 F 越大,模腔侧壁所受的压力也越大。

图 3.23 还表示了这一阶段作用于上模和下模模腔侧壁正应力 σ_Z 和 σ_R 的分布情况。

未充满处角隙的宽度越小,模腔侧壁所受的压力 F_Q 越大。锻件高径比 H/D、充满程度 C/D 对模腔侧壁所受的压力 F_Q 和模锻力 F 的比值 F_Q/F 的影响如图 3.24 所示。

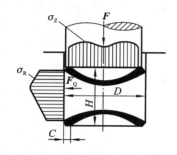

图 3.23　充填阶段变形示意图

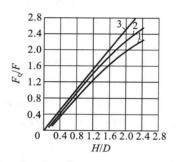

图 3.24　H/D、C/D 对 F_Q/F 的影响
1—$C/D = 0.05$;2—$C/D = 0.01$;3—$C/D = 0.005$

由上述分析可得出以下结论。

(1) 闭式模锻过程宜在第二阶段末结束,允许在角隙处有少许充不满。

(2) 模腔侧壁的受力情况与锻件的高径比 H/D 有关。H/D 越小,模腔侧壁的受力情况越好。

(3) 金属坯料体积的精确性对锻件是否出现纵向飞刺有重要影响。

(4) 打击能量或模锻力是否合适对闭式模锻的成形质量有重要影响。

(5) 金属坯料的形状和尺寸是否合适、在模腔中定位是否正确,对金属坯料分布的均匀性有重要影响。金属坯料的形状不合适或定位不正确,将会使锻件一边产生飞刺,而另一边未充满。在生产中,整体变形的金属坯料一般以外形定位,局部变形的金属坯料以不变形部分定位。为防止金属坯料在模锻过程中产生纵向弯曲,从而导致偏心变形,对于局部镦粗成形的金属坯料,应使变形部分的高径比小于且等于 1.4;对于冲孔成形的坯料,应使变形部分的高径比为 0.9～1.1。

2. 各类锻压设备

1) 平锻机

在平锻机上进行闭式模锻时,通常采用冷拔棒料。冷拔棒料的直径精度一般较高;在平锻机上金属坯料变形部分的长度可以准确调节;依靠金属坯料的不变形部分定位;平锻机的连杆长度不能调节,模具闭合长度仅能靠斜楔调节 2～4 mm,一旦调定以后冲头的行程是固定的,这些条件保证了较小金属坯料体积和模腔体积的偏差 ΔV,因而在平锻机上进行闭式模锻时可以不产生或只产生很小的纵向飞刺。因意外情况产生很大的飞刺时,由于侧向力 F_Q 急剧增大,夹紧滑块保险机构使夹紧凹模松开,自行卸载;当过载消除后,保险机构恢复原状,夹紧机构又开始工作。另外,由于凹模是剖分式组合凹模,模锻结束后可以顺利取件。这些工作条件保证了平锻机完成闭式模锻的稳定性。

2)热模锻压力机

虽然热模锻压力机和平锻机都属于曲柄滑块传动锻压设备,但是二者的过载保护机构工作特性完全不同。热模锻压力机的过载保护机构在发生闷车时不能自行卸载和自行恢复。因此,热模锻压力机必须采取可靠的工艺措施来避免由 ΔV 的波动引起的过载,而这是不容易做到的。也正因此,在热模锻压力机上进行闭式模锻有一定的限制。

3)液压机

在液压机上进行闭式模锻一般不产生纵向飞刺。由于液压机属于可控模锻力的设备,只要合理选择设备吨位,控制模锻力的大小,就能使变形过程在产生纵向飞刺之前结束。

4)模锻锤

在模锻锤上进行闭式模锻在生产中存在的主要问题是锻模使用寿命低、常产生较大的纵向飞刺、锻件不易脱模等。产生纵向飞刺和锻模使用寿命低的重要原因之一就是模锻锤的打击能量不能准确控制,常有较大的剩余能量。

5)螺旋压力机

目前国内应用最多的螺旋压力机是摩擦压力机。摩擦压力机兼有模锻锤和压力机的共同特性。由于封闭机身系统刚度的限制,摩擦压力机最大打击力一般为公称吨位的 2.5 倍左右。摩擦压力机的此特性对纵向飞刺的产生有一定的抑制作用。与锤上用锻模类似,摩擦压力机上使用的锻模也可以设计承击面以吸收剩余能量和保证锻件高度最小尺寸。摩擦压力机的顶出机构有助于锻件出模。

6)自由锻锤

由于自由锻锤的砧座与机身不相连,因此进行胎模锻造时,锻模的弹性变形可以吸收一部分剩余能量。另外,自由锻锤的操作空间比较大,锻件的取出也较方便。因此,闭式模锻在胎模锻造生产中应用较多。

综合以上分析可以看出,闭式模锻除了在热模锻压力机和模锻锤上的应用受到一定的限制外,在平锻机、液压机、摩擦压力机和胎模锻造生产中都是可行的。目前,闭式模锻已经成为平锻机、摩擦压力机和胎模锻造生产短轴类锻件的主要模锻方法。

3.3.3 模锻的后续工序

模锻并不是锻件生产的最后工序:开式模锻件上的毛边、带孔锻件中的连皮,均需切除;为了消除锻件中的残余应力、改善锻件的组织和性能,需要对锻件进行热处理;为了清除锻件的表面氧化皮,便于检验表面缺陷和进行切削加工,要对锻件进行表面清理;若锻件在出模、切边、热处理、清理过程中有较大变形,应进行校正;对于精度要求高的锻件,要进行精压;最终还要检验锻件的品质。所以,模锻后,需要经过一系列的后续工序,才能得到优质的锻件。

后续工序对锻件的品质有很大影响。尽管模锻出来的锻件品质好,若后续工序处理不当,仍会造成废、次品。

后续工序在整个锻件生产过程中所占的时间常常比模锻长。这些后续工序安排得合理与否直接影响锻件的生产率和成本。

◀ 3.4 锻造工操作安全规程 ▶

（1）工作前要穿戴好工作服，戴好安全帽和护目镜，工作服要很好地遮盖身体，以防烫伤。

（2）检查所有工具、模具是否牢固、良好、齐备，气压表等仪表是否正常，油压是否符合规定。

（3）设备开动前，应检查电气装置、防护装置、接触器等是否良好，空转试运行，确认无误后方可进行操作。

（4）采用传送带运输锻件时，要检查传送带上、下、左、右是否有障碍物，传送带试车正常后方可作业。

（5）使用风冷设备时，使用前一定要进行检查，以防风机叶片脱落或漏电伤人；移动时，风机叶片要完全停止转动。

（6）工作中应经常检查设备、工具、模具等，尤其是受力部位是否有损伤、松动、裂纹等，发现问题要及时修理或更换，严禁机床"带病"工作。

（7）锻件在传送时不得随意投掷，以防烫伤人、砸伤人；锻件必须用钳子夹牢后进行传送。

（8）钳工在操作时，钳柄应在人体两侧，严禁钳柄对准人的腹部或其他部位，以免钳子突然飞出，造成伤害。

（9）在工作中，操作者不得用手或脚直接清除锻件上的氧化皮和从事传送工作。

思　考　题

1. 自由锻的生产特点和应用范围是什么？
2. 根据你在实习中的观察和操作体会，试说明镦粗、拔长等基本工序的操作要点。
3. 试比较自由锻、开式模锻、闭式模锻的优缺点。
4. 为什么模锻所用的金属坯料比充满模膛所要求的要多些？
5. 自由锻的工序有哪些？它们各自适用于哪些类型的锻件？

焊接

◀ 模块导入

图 4.1 所示为用焊条电弧焊焊接钢板示意图。焊条电弧焊利用焊条与焊件之间产生稳定燃烧的电弧,将焊条与焊件熔化,获得牢固的焊接接头。

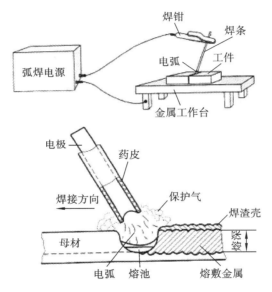

图 4.1　用焊条电弧焊焊接钢板示意图

◀ 问题探讨

1. 什么是焊接?

2. 现代焊接企业的焊接情况是否像人们在日常生活中看到的焊接情况一样?

3. 焊缝的性能与母材的性能有什么不同?

4. 现代焊接技术的发展状况如何?

◀ 学习目标

1. 学习手工电弧焊、焊条电弧焊的设备、测量工具的使用方法和焊接工艺技术要求,气焊与气割、埋弧自动焊、气体保护焊等的常见焊接缺陷和焊接质量控制等基础知识;学习最新的国家技术标准,引入新技术、新工艺、新方法、新材料科学和规范。

2. 能够正确调整、使用焊接设备及测量工具,掌握焊接工艺参数的选择原则,掌握各类焊接的引弧操作和运条的基本方法,掌握常见的焊接缺陷及其检验方法。

◀ 职业能力目标

通过本模块的学习,学生要能掌握焊接工艺并正确操作焊接设备,能针对不同焊件合理选择焊接材料,能对焊件的焊接质量进行分析和修正。

◀ **课程思政目标**

　　在本模块的学习中,学生从引弧到运条再通过焊接质量的分析来改进焊接手法,会发现焊接过程就是不断总结、不断尝试、不断提高的过程;认识到在工作中要善于发现问题、分析问题、解决问题;引导学生深刻体会掌握焊接技术需要坚持不懈的训练和摸索,我们大国重器火箭发动机的喷管就是靠中国工匠手工焊接完成的,鼓励学生为国家安全艰苦奋斗,激发学生砥砺前行的爱国精神。

◀ 4.1　焊接基本知识 ▶

4.1.1　焊接的概念

　　在金属结构和机器的制造中,经常需要将两个或两个以上的零件连接在一起。零件的连接方式有两种:一种是机械连接,可以拆卸,如螺栓连接(见图 4.2(a))、键连接(见图 4.2(b))等;另一种是永久性连接,不能拆卸,如铆接(见图 4.2(c))、焊接(见图 4.2(d))等。焊接就是指通过加热、加压或加热和加压并用,用或不用填充材料,使被连接件达到原子结合的一种工艺方法。

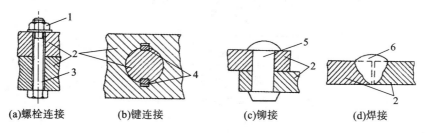

(a)螺栓连接　　(b)键连接　　(c)铆接　　(d)焊接

图 4.2　零件的连接方式

1—螺母;2—零件;3—螺栓;4—键;5—铆钉;6—焊缝

4.1.2　焊接的特点、分类和应用

1. 焊接的特点

　　(1)焊接结构质量轻,可节省金属材料。与铆接相比,焊接可节省金属 $10\%\sim20\%$。与铸造相比,焊接可节省金属 $30\%\sim50\%$。

　　(2)焊接接头具有良好的力学性能,能耐高温高压、耐低温,具有良好的密封性、导电性、耐腐蚀性和耐磨性。

　　(3)可以简化大型或形状复杂结构的制造工艺,如万吨水压机立柱的制造、大型锅炉的制造、汽车车身的制造等。

　　焊接也存在一些不足:对某些材料进行焊接有一定的困难;焊接不当会产生焊接缺陷;焊接接头的组织与性能具有不均匀性;易产生较大的残余应力和变形等。

2. 焊接的分类和应用

焊接的分类如图 4.3 所示。

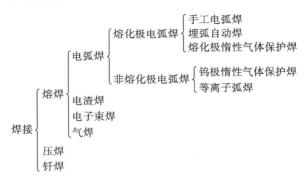

图 4.3　焊接的分类

焊接不仅可以连接金属材料;而且可以实现某些非金属材料的永久性连接,如玻璃焊接、陶瓷焊接、塑料焊接等。在工业生产中,焊接主要用于连接金属材料。

◀▶ 4.2　电　弧　焊 ▶

电弧焊利用电弧作为热源,使分离的焊件金属局部熔化,形成熔池,随着电弧的移动,熔池中的液态焊件金属冷却结晶,形成焊缝,实现焊件的连接。操作时,焊条和焊件分别作为两个电极,利用焊条与焊件之间产生的电弧热量来熔化焊件金属,液态焊件金属冷却后形成焊缝。

4.2.1　焊接过程

1. 焊接电弧的概念

焊接时,将焊条与焊件接触后很快拉开,在焊条端部和焊件之间立即会产生气体放电现象即明亮的电弧现象,如图 4.4(a)所示。由焊接电源供给具有一定电压的两电极间或电极与焊件间的气体介质中产生的强烈而持久的放电现象,称为焊接电弧。焊接电弧不但能量大,而且连续持久。

在一般情况下,由于气体的分子和原子都是呈中性的,气体中几乎没有带电质点,因此气体不能导电,电流通不过,电弧不能自发地产生。要使气体呈现导电性,必须将气体电离。气体电离后,气体中原来的一些中性分子或原子转变为电子、正离子等带电质点,这样电流就能通过气体间隙形成电弧,如图 4.4(b)所示。

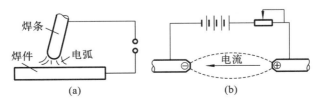

图 4.4　焊接电弧示意图

2. 焊接电弧的构造、电压和静特性

1) 焊接电弧的构造

焊接电弧的构造可分为阴极区、阳极区、弧柱区三个区域,如图4.5所示。

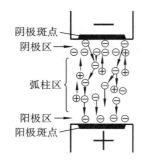

图 4.5 焊接电弧的构造

(1) 阴极区。

阴极区的任务是向弧柱区提供电子流和接收弧柱区送来的正离子流。在焊接时,阴极表面存在一个烁亮的辉点,称为阴极斑点。阴极斑点是电子发射源,也是阴极区温度最高(一般为 2 130~3 230 ℃)的部分。阴极区放出的热量占焊接总热量的 36% 左右。阴极区温度的高低主要取决于阴极的电极材料。阴极区的温度一般低于阴极电极材料的沸点,如表 4.1 所示。此外,电极的电流密度增加,阴极区的温度也相应提高。

表 4.1 阴极区和阳极区的温度

电 极 材 料	材料沸点/℃	阴极区温度/℃	阳极区温度/℃
碳	4 367	3 227	3 827
铁	2 998	2 130	2 330
铜	2 307	1 927	2 177
镍	2 900	2 097	2 177
钨	5 927	2 727	3 977

注:电弧中气体介质为空气,阴极和阳极采用同种电极材料。

(2) 阳极区。

阳极区的任务是接收从弧柱区流过来的电子流和向弧柱区提供正离子流。在焊接时,阳极表面存在一个烁亮的辉点,称为阳极斑点。阳极斑点是由于电子对阳极表面撞击而形成的。在一般情况下,与阴极相比,由于阳极能量只用于阳极电极材料的熔化和蒸发,无发射电子的能量消耗,因此在和阴极电极材料相同的情况下,阳极区的温度略高于阴极,如表 4.1 所示。阳极区的温度一般达 2 330~3 980 ℃,阳极区放出的热量占焊接总热量的 43% 左右。

(3) 弧柱区。

弧柱区是处于阴极区与阳极区之间的区域。弧柱区起着电子流和正离子流的导电通路的作用。弧柱区的温度不受电极材料沸点的限制,而取决于弧柱区中的气体介质和焊接电流。焊接电流越大,弧柱区电离程度就越大,弧柱区的温度也就越高。弧柱区的中心温度为 5 730~7 730 ℃。弧柱区放出的热量占焊接总热量的 21% 左右。

2) 焊接电弧电压

通常测出的焊接电弧电压是阴极区电压降、阳极区电压降和弧柱区电压降之和。当焊接电弧长度一定时,焊接电弧各区域的电压分布示意图如图4.6所示。

焊接电弧电压可用下式表示:

$$U_弧 = U_阴 + U_阳 + U_柱 = U_阴 + U_阳 + bl_弧$$

式中:$U_弧$——焊接电弧电压(V);

$U_{阴}$——阴极区电压降（V）；

$U_{阳}$——阳极区电压降（V）；

$U_{柱}$——弧柱区电压降（V）；

b——单位长度的弧柱电压降，一般为 $20\sim40$ V/cm；

$l_{弧}$——焊接电弧长度（cm）。

3）焊接电弧的静特性

在电极材料、气体介质和焊接电弧长度一定的情况下，焊接电弧稳定燃烧时，焊接电流与焊接电弧电压之间的关系称为焊接电弧的静特性。表示焊接电流与焊接电弧电压之间关系的曲线叫作焊接电弧的静特性曲线，如图 4.7 所示。

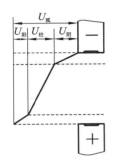

图 4.6　焊接电弧各区域的电压分布示意图　　　图 4.7　焊接电弧的静特性曲线

（1）焊接电弧的静特性曲线。

从图 4.7 中可以看到，焊接电弧的静特性曲线呈 U 形。当焊接电流较小（曲线左边的 ab 段）时，焊接电弧的静特性表现为下降特性，即随着焊接电流的增大，焊接电弧电压降低；采用正常工艺参数焊接时，焊接电流通常从几十安培增大到几百安培，这时焊接电弧的静特性如图 4.7 中的 bc 段所示，表现为平特性，即焊接电流的大小变化时，焊接电弧电压几乎不变；当焊接电流更大（曲线右边的 cd 段）时，焊接电弧的静特性表现为上升特性，焊接电弧电压随焊接电流的增大而升高。

（2）焊接方法不同时焊接电弧的静特性曲线。

采用不同的焊接方法，在一定的条件下，焊接电弧的静特性对应曲线中的某一区域。

①手工电弧焊。由于手工电弧焊设备的额定电流值不大于 500 A，因此采用手工电弧焊焊接时，焊接电弧的静特性曲线无上升特性区。

②埋弧自动焊。在正常焊接电流密度下采用埋弧自动焊焊接时，焊接电弧的静特性表现为平特性；在大焊接电流密度下采用埋弧自动焊焊接时，焊接电弧的静特性表现为上升特性。

③钨极氩弧焊。一般在小焊接电流区间采用钨极氩弧焊焊接时，焊接电弧的静特性表现为下降特性；在大焊接电流区间采用钨极氩弧焊焊接时，焊接电弧的静特性表现为平特性。

④细丝熔化极气体保护焊。采用细丝熔化极气体保护焊焊接时，由于受电极端面积所限，焊接电流密度很大，因此焊接电弧的静特性表现为上升特性。

在一般情况下，焊接电弧电压总是和焊接电弧长度成正比地变化。当焊接电弧长度增大时，焊接电弧电压升高，静特性曲线的位置也随之上升，如图 4.8 所示。

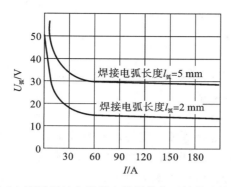

图4.8　不同焊接电弧长度的焊接电弧的静特性曲线

4.2.2　焊条电弧焊设备

焊条电弧焊机简称弧焊机,按供应的焊接电流的性质可分为弧焊变压器、弧焊整流器和逆变弧焊电源。

1. 弧焊变压器

弧焊变压器是一种具有一定特性的降压变压器。它将工业电的电压(380 V)降低,使工业电的电压在空载时只有60~80 V,在焊接时保持在20~30 V。此外,它能供给很大的焊接电流,可按焊接需要来调节焊接电流的大小,而且短路时焊接电流有一定限度。弧焊变压器具有结构简单、价格低、使用和维护方便等优点,但焊接电弧的稳定性较差。目前国内常用的弧焊变压器如图4.9所示。它的型号为BX1-330,其中"B"表示弧焊变压器,"X"表示下降外特性(电源输出端电压与输出电流的关系称为电源的外特性),"1"为系列品种序号,"330"表示弧焊电源的额定焊接电流为330 A。

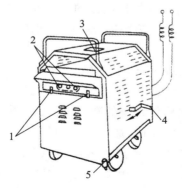

图4.9　弧焊变压器 BX1-330
1—焊接电源两极;2—线圈抽头(粗调电流);3—电流指示盘;
4—调节手柄(微调电流);5—接地螺钉

2. 弧焊整流器

弧焊整流器(见图4.10)是焊条电弧焊专用的整流器。它是通过对交流电进行变压、整流来获得直流电的。它既弥补了交流弧焊机焊接电弧稳定性差的缺点,又比旋转式直流弧焊机结构简单、节能,噪声也小。

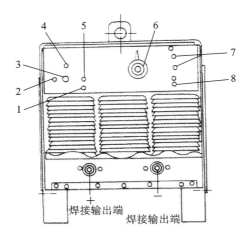

图 4.10 弧焊整流器

1—"开关"控制开关；2—电弧控制开关；3—电流和"开关"遥控插座；4—电流范围开关；

5—电流控制开关；6—电流调节控制钮；7—电源开关；8—电源指示灯

3. 逆变弧焊电源

逆变弧焊电源是近几年发展起来的新一代焊接电源。ZX7 系列逆变弧焊电源如图 4.11 所示。逆变弧焊电源的基本原理是将输入的三相 380 V 交流电整流、滤波成直流电，直流电经逆变器变成频率为 2 000～30 000 Hz 的交流电，交流电经单相全波整流和滤波输出。逆变弧焊电源具有体积小、质量轻、节约材料、高效节能、适应性强等优点，预计在未来几年内将取代目前广泛使用的弧焊整流器。

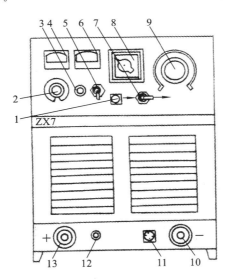

图 4.11 ZX7 系列逆变弧焊电源

1—远控插座；2—引弧电流调节旋钮；3—电源指示灯；4—电流表；

5—STICK/TIC 选择开关；6—电压表；7—近/遥控选择开关；8—输出电流调节旋钮；

9—焊接电流调节旋钮；10,13—输出电缆插座；11—氩弧焊接控制插座；12—氩气接出口

4.2.3 焊条

1. 焊条的组成

焊条由焊芯和药皮两个部分组成。

1) 焊芯

焊芯是焊接用钢丝。焊芯的直径是焊条直径,常见的有 2.0 mm、2.5 mm、3.2 mm、4.0 mm、5.0 mm 等。为了保证焊接时焊条有足够的刚性,焊条的长度根据焊条直径的不同而不同,一般在 250～450 mm 范围内。焊条的直径越小,焊条的长度越短。

在焊接时,焊芯有两个作用:一是作为电极,传导电流;二是作为填充金属,熔化后与熔化的母材一起组成焊缝金属。

2) 药皮

药皮由多种矿石粉、铁合金粉和黏结剂等原料按一定比例配制而成。药皮的主要作用如下。

(1) 使焊接电弧易于引燃,保持焊接电弧稳定燃烧,减少飞溅,有利于形成外观良好的焊缝。

(2) 保护熔池和焊缝。

药皮燃烧产生的气体可保护熔池不受空气中有害气体的侵蚀,燃烧后形成的熔渣覆盖在刚凝固的焊缝表面,保护焊缝不被氧化。

(3) 药皮中的矿石粉所含的某些元素过渡到熔池中,可去除熔池中的有害杂质,同时使焊缝金属合金化,有利于提高焊缝金属的力学性能。

2. 焊条的型号和牌号

按熔渣的化学性质不同,焊条可分为酸性焊条和碱性焊条两大类。典型酸性焊条的型号是 E4303,牌号是 J422;典型碱性焊条有两种:一种型号是 E5015,牌号是 J507;另一种型号是 E5016,牌号是 J506。

1) 焊条的型号

焊条的型号是以相关国家标准为依据,反映焊条主要特性的一种表示方法。焊条的型号示例如图 4.12 所示。

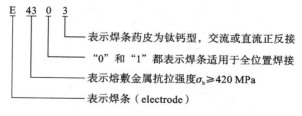

图 4.12 焊条的型号示例

2) 焊条的牌号

焊条的牌号是根据焊条的主要用途及性能特点对焊条产品的具体命名。我国从 1968 年开始在焊条行业采用统一牌号,焊条的牌号是根据标准《焊条分类及型号编制方法》(GB 980—1976)编制的。为了与国际标准接轨,该国家标准现已被新的国家标准替代,但考虑到焊条的牌号已应用多年,焊工已习惯使用,所以生产实践中还是把焊条的牌号与型号对照使用,但以焊条的型号为主。例如图 4.12 中的焊条型号 E4303,相当于焊条牌号 J422,该焊条牌号的含义如图 4.13 所示。

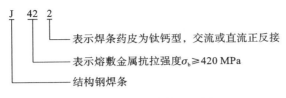

图 4.13　焊条的牌号示例

4.2.4　焊条电弧焊常用工具

1. 防护劳保用品

1) 焊钳

焊钳是用以夹持焊条进行焊接的工具。对焊钳的要求是:应方便夹持焊条;应可随意调节焊条的角度;夹持处导电性应好;手柄应有良好的绝缘性和隔热作用,并且应轻巧、易于操作。

2) 面罩

面罩是焊工焊接时既可防止面部灼伤,又便于观察焊接状态的一种遮蔽工具,有手持式和头盔式两种。面罩的正面开有长方形孔,内嵌白色玻璃和滤光玻璃。白色玻璃由普通玻璃制成,用于保护滤光玻璃。滤光玻璃是特制的化学玻璃,在焊接时,有减弱焊接电弧光、过滤红外线和紫外线的作用,颜色以墨绿色和橙色为多。按颜色的深浅不同,滤光玻璃分为 6 个型号,即 7～12 号,号数越大,色泽越深。手工电弧焊一般宜选用 7 号滤光玻璃或 8 号滤光玻璃。

3) 焊工手套、绝缘胶鞋、工作服和平光眼镜

焊工手套、绝缘胶鞋和工作服是防止焊接电弧光、火花灼伤和防止触电所必须穿戴的工业劳动保护用品。平光眼镜是清渣时为了防止熔渣损伤眼睛而佩戴的。

2. 辅助工具

1) 敲渣锤

敲渣锤是两端制成尖铲的扁铲形清渣工具。

2) 錾子

錾子是用于清除熔渣、飞溅物和焊瘤的工具。

3) 钢丝刷

钢丝刷是用于清除焊件表面铁锈、污物和熔渣的工具。

4) 锉刀

锉刀用于修整焊件坡口钝边、毛刺和焊件根部的接头。

5) 烘干箱

烘干箱是用于烘干焊条的专用设备。它的温度可根据需要调节。

6) 焊条保温筒

焊条保温筒是焊工现场携带的保温容器,用于保持焊条的干燥度,使焊条可以随焊随取。

3. 焊缝万能量规

焊缝万能量规是一种精密量规,用于测量焊前焊件的坡口角度、装配间隙、错位尺寸、焊后焊缝余高、焊缝宽度和角焊缝焊脚尺寸等。焊缝万能量规测量示意图如图4.14~图4.19所示。

使用焊缝万能量规时,应避免磕碰划伤焊缝万能量规,保持焊缝万能量规尺面清洁,用毕将焊缝万能量规放入封面套内。

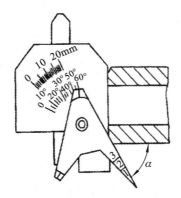

图4.14 用焊缝万能量规测量管子坡口角度

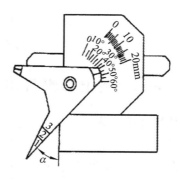

图4.15 用焊缝万能量规测量钢板坡口角度

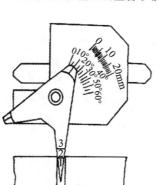

图4.16 用焊缝万能量规测量装配间隙

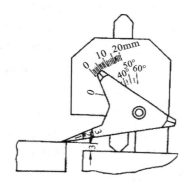

图4.17 用焊缝万能量规测量焊件错位尺寸

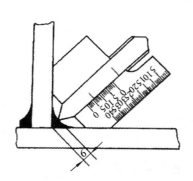

图4.18 用焊缝万能量规测量角焊缝厚度

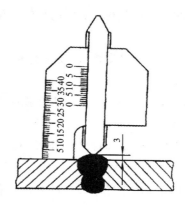

图4.19 用焊缝万能量规测量焊后焊缝余高

4. 焊接电缆

焊接电缆是二次回路用来传导焊接电流的。焊接电缆采用多股细铜线电缆。焊接电缆的截面积应根据所用的焊接电流的最大值和需用的焊接电缆长度来确定。焊接电缆截面积与焊接电流、焊接电缆长度的关系如表 4.2 所示。

焊接电缆要避免砸伤和烧伤,若有破损应及时修补。焊接电缆横过道路时,应采取外加保护措施。

表 4.2　焊接电缆截面积与焊接电流、焊接电缆长度的关系

焊接电流/A	焊接电缆长度/m								
	20	30	40	50	60	70	80	90	100
	焊接电缆截面积/mm²								
100	25	25	25	25	25	25	25	28	35
150	35	35	35	35	50	50	60	70	70
200	35	35	35	50	60	70	70	70	70
300	35	50	60	60	70	70	70	85	85
400	35	50	60	70	85	85	85	95	95
500	50	60	70	85	95	95	95	120	120
600	60	60	85	85	95	95	120	120	120

4.2.5　焊接工艺参数

焊接工艺参数又称焊接规范,是指焊接时为保证焊接质量而选定的各项参数(如焊接电流、焊接电弧电压、焊接速度、线能量等)的总称。

手工电弧焊的焊接工艺参数通常包括:焊条的牌号和直径、焊接电流、焊接电弧电压、焊接速度、焊接层数等。正确选择焊接工艺参数是保证焊缝质量优良和生产率较高的关键。要做到正确选择焊接工艺参数,需要在生产实践中去摸索、去体验,从中积累经验,最终掌握操作技能。

1. 焊条的牌号和直径

1)焊条的牌号

通常根据所焊钢材的化学成分、力学性能、工作环境等方面的要求,以及焊接结构承载的情况和弧焊设备的条件等,选择合适的焊条牌号,从而保证焊缝金属的性能要求。

2)焊条的直径

焊条的直径与下列因素有关。

(1)焊件厚度。

焊件厚度大于 5 mm,应选择直径为 4.0 mm、5.0 mm 的焊条;对于薄焊件的焊接,应选用直径为 3.2 mm、2.5 mm 的焊条。

(2)焊缝的位置。

在板厚相同的条件下,平焊选用的焊条直径比立焊、仰焊、横焊大一些,但一般不超过 5 mm;立焊一般使用直径为 3.2 mm、4.0 mm 的焊条;仰焊、横焊时,为了避免熔化金属的下淌、

得到较小的熔池,焊条的直径不超过 4 mm。

（3）焊接层数。

进行多层焊接时,为保证焊透第一层焊道根部,打底焊应选用直径较小的焊条,以后各层可选用较大直径的焊条。

（4）接头的形式。

搭接接头、T 形接头因不存在全焊透问题,所以应选用较大的焊条直径,以提高生产率。

2. 焊接电流

焊接时,适当地加大焊接电流,可以加快焊条的熔化速度,从而提高工作效率。但是焊接电流过大会造成咬边、焊瘤、烧穿等缺陷,而且金属组织会因过热发生性能变化;焊接电流过小易造成夹渣、未焊透等缺陷,降低焊接接头的力学性能。因此,应选择合适的焊接电流。选择焊接电流的主要依据是焊条的直径、焊缝的位置、焊条的类型。焊工可凭焊接经验来调节焊接电流。

1）根据焊条的直径选择焊接电流

焊条的直径限定焊接电流的选择范围。因为不同的焊条直径有不同的许用焊接电流范围,焊接电流超出许用焊接电流范围,就会直接影响焊件的力学性能。

一般可以根据下列的经验公式来确定焊接电流范围,再通过试焊,逐步得到合适的焊接电流。

$$I=(30\sim55)d$$

式中：I——焊接电流（A）；

d——焊条直径（mm）。

2）根据焊缝的位置选择焊接电流

在焊条直径相同的条件下,平焊时,熔池中熔化金属容易控制,可以适当地选择较大的焊接电流;立焊和横焊时,焊接电流比平焊时应减小 10%～15%;仰焊时,焊接电流要比平焊时减小 10%～20%。

3）根据焊条的类型选择焊接电流

在焊条的直径相同时,奥氏体不锈钢焊条使用的焊接电流要比碳钢焊条小些,否则会因焊芯电阻热过大导致焊条药皮因过热而脱落。碱性焊条使用的焊接电流要比酸性焊条使用的焊接电流小些,否则焊缝中易形成气孔。

4）根据焊接经验选择焊接电流

（1）焊接电流过大时:焊接爆裂声大,熔滴向熔池外飞溅;熔池也大,焊缝成形宽且低,容易产生烧穿、焊瘤、咬边等缺陷;在运条过程中,熔渣不能覆盖熔池起保护作用,熔池裸露在外,造成焊缝成形波纹粗糙;焊条熔化到大半根时,余下部分焊条均已发红。

（2）焊接电流过小时:焊缝窄且高,熔池浅,熔合不良,会产生未焊透、夹渣等缺陷;熔渣超前,与液态金属分不清;焊条与焊件黏结。

（3）合适的焊接电流:熔池会发出煎鱼般的声音;运条过程中,以正常的焊接速度移动焊条,熔渣会半盖半露着熔池,液态金属和熔渣容易分清;焊缝金属与母材圆滑过渡,熔合良好;焊工在操作过程中,有得心应手之感。

3. 焊接电弧电压

手工电弧焊时的焊接电弧电压主要由焊接电弧长度决定。焊接电弧长,焊接电弧电压就大;焊接电弧短,焊接电弧电压就小。

在焊接过程中,焊接电弧过长,焊接电弧燃烧不稳定,飞溅增多,焊缝成形不易控制,而且对熔化金属的保护不利,有害气体侵入,直接影响焊缝金属的力学性能。因此,焊接时应该使用短弧。短弧的长度一般为焊条直径的 $50\% \sim 100\%$。

4. 焊接速度

单位时间内完成的焊缝长度称为焊接速度。对于手工电弧焊来说,焊接速度是由焊工操作决定的。焊接速度直接影响焊缝成形的优劣和焊接生产率。焊接速度应在焊接过程中根据焊件的要求,由焊工凭焊接经验来确定。

5. 焊接层数

当焊件较厚时,往往需要多层焊接。多层焊接时,后一层焊道对前一层焊道重新加热并与前一层焊道部分熔合,可以消除后者存在的偏析、夹渣缺陷及一些气孔。另外,后一层焊道还对前一层焊道有热处理作用,能改善焊缝的金属组织,提高焊缝的力学性能。因此,对一些重要的结构,焊接层数多些为好,每层厚度最好不大于 4 mm。

6. 线能量

线能量是指熔焊时,由焊接能源输给单位长度焊缝的能量。电弧焊时,焊接能源通过焊接电弧将电能转换为热能,利用热能来加热和熔化焊条和焊件。实际上焊接电弧所产生的热量总有一些损耗,如飞溅带走的热量,辐射、对流到周围空间的热量,熔渣加热和蒸发所消耗的热量等,即焊接电弧功率中有一部分能量损失,真正加热焊件的有效功率为

$$q_。 = \eta I U_{弧}$$

式中:$q_。$——焊接电弧有效功率(W);

η——焊接电弧有效功率系数;

I——焊接电流(A);

$U_{弧}$——焊接电弧电压(V)。

在通用焊接工艺参数条件下各种电弧焊方法的焊接电弧有效功率系数 η 值参见表 4.3。

表 4.3 在通用焊接工艺参数下各种电弧焊方法的焊接电弧有效功率系数 η 值

电弧焊方法	η 值
直流手工电弧焊	$0.75 \sim 0.85$
交流手工电弧焊	$0.65 \sim 0.75$
埋弧自动焊	$0.80 \sim 0.90$
CO_2 气体保护焊	$0.75 \sim 0.90$
钨极氩弧焊	$0.65 \sim 0.75$
熔化极氩弧焊	$0.70 \sim 0.80$

由上式可知,焊接电流大、焊接电弧电压大,焊接电弧有效功率就大。但是这并不等于单位长度的焊缝所得到的能量一定多,因为焊件受热程度还受焊接速度的影响。在焊接电流、焊接电弧电压不变的条件下,加快焊接速度,焊件受热程度减轻。线能量的计算公式为

$$q = \eta \frac{I U_{弧}}{v}$$

式中:q——线能量(J/mm);

I——焊接电流(A);

$U_弧$——焊接电弧电压(V);

v——焊接速度(mm/s)。

例:有一批低碳钢焊接构件,钢板厚度为 12 mm,采用不开坡口埋弧自动焊,焊接工艺参数为焊条直径 4 mm,焊接电流 550 A,焊接电弧电压 36 V,焊接速度 32 m/h,试计算焊接时的线能量。

解:根据已知条件 $I=550$ A,$U_弧=36$ V,$v=32$ m/h≈ 8.9 mm/s,查表 4.3 得焊接电弧有效功率系数 η 值为 $0.80\sim 0.90$,取 $\eta=0.85$。

$$q = \eta\frac{IU_弧}{v} = 0.85\times\frac{550\times 36}{8.9}\ \text{J/mm}\approx 1\ 891\ \text{J/mm}$$

答:焊接时的线能量为 $1\ 891$ J/mm。

由图 4.20 可以看出,当焊接电流增大或焊接速度减慢使线能量增大时,过热区的晶粒粗大,冲击韧度严重降低;反之,线能量趋小时,虽然硬度有提高,但冲击韧度变差。因此,对于不同钢种和不同焊接方法存在一个最佳的焊接工艺参数。例如图 4.20 中的 20Mn 钢(板厚 16 mm,堆焊),线能量 $q=30\ 000$ J/cm 左右,可以保证焊接接头具有最好的冲击韧度,线能量大于或小于这个数值,都会引起塑性和冲击韧度的下降。

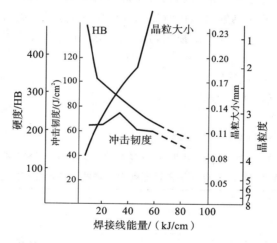

图 4.20   线能量对 20Mn 钢(板厚 16 mm,堆焊)过热区性能的影响

由上述可知,线能量对焊接接头会产生一定的影响。对于不同的钢材,线能量的最佳范围不相同,需要通过一系列试验来确定合适的线能量和焊接工艺参数。此外,线能量数值相同,而 I、$U_弧$、v 的数值不一定相同,如果这些参数配合不合理,还是不能得到性能良好的焊缝。因此,要在合理的焊接工艺参数范围内反复试焊,确定最佳的线能量。

4.2.6   焊接接头的形式、坡口形式和焊缝的形式

1. 焊接接头的形式和坡口形式的选择原则

用焊接方法连接的接头称为焊接接头(简称接头)。焊接接头包括焊缝、熔合区和热影响区三个部分。

由于焊件的结构形状、厚度和技术要求不同,焊接接头的形式和坡口形式不同。焊接接头

的基本形式可分为对接接头、T 形接头、角接接头、搭接接头四种。有时焊接结构中还有一些特殊的接头形式，如十字接头、端接接头、卷边接头、套管接头、斜对接接头、锁底对接接头等。常用的坡口形式有 I 形坡口、V 形坡口、X 形坡口和 U 形坡口。

1）对接接头

两焊件端面相对平行的接头称为对接接头，如图 4.21 所示。对接接头是各种焊接结构中采用最多的一种焊接接头形式。

（1）I 形坡口的对接接头。

钢板厚度在 6 mm 以下的焊件，一般不开坡口，为使焊接时达到一定的熔透深度，留有 1～2 mm 的根部间隙，此时相当于焊件间开了 I 形坡口。有的焊件不要求在整个厚度上焊透，可进行单面焊接，但必须保证焊缝的熔透深度不小于板厚的 70%。如果产品要求在整个厚度上焊透，就应该在焊缝背面通过碳弧气刨清根后再焊，即形成不开坡口的双面焊接对接接头。

（2）开坡口的对接接头。

开坡口的主要目的是保证焊接接头根部焊透，以便于清除熔渣，获得优质的焊接接头，同时坡口还可以调节焊缝的熔合比（即母材金属在焊缝中占的比例）。一般钢板厚度为 3～26 mm 时，采用 Y 形坡口。这种坡口的特点是加工容易，但焊件容易产生角变形。钢板厚度为 12～60 mm 时，可采用双 Y 形坡口。这种坡口主要用于大厚度以及要求变形较小的结构中。钢板厚度为 20～60 mm 时，可采用 U 形坡口。采用这种坡口形式，熔敷金属量最少，焊缝的熔合比小，但加工较为困难。U 形坡口一般较少使用，只用于较重要的焊接结构中。

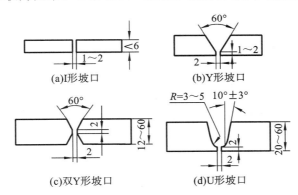

(a)I 形坡口   (b)Y 形坡口

(c)双 Y 形坡口   (d)U 形坡口

图 4.21   对接接头

2）T 形接头

一焊件的端面与另一焊件的表面构成直角或近似直角的接头，称为 T 形接头，如图 4.22 所示。

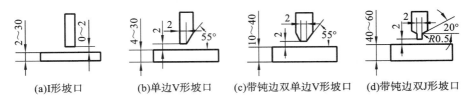

(a)I 形坡口   (b)单边 V 形坡口   (c)带钝边双单边 V 形坡口   (d)带钝边双 J 形坡口

图 4.22   T 形接头

T形接头的使用范围仅次于对接接头,特别是在造船厂的船体结构中,约70%的焊缝采用这种接头形式。根据焊件的厚度不同,T形接头有I形、单边V形、带钝边双单边V形和带钝边双J形四种坡口形式。

当钢板厚度为2~30 mm时,可采用I形坡口。若T形接头承受载荷,则应根据钢板厚度和对结构强度的要求,考虑选用单边V形坡口、带钝边双单边V形坡口或带钝边双J形坡口,使焊接接头焊透,保证焊接接头的强度。

3)角接接头

两焊件端面间构成大于30°且小于135°夹角的接头,称为角接接头,如图4.23所示。

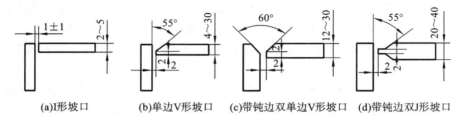

(a)I形坡口　　(b)单边V形坡口　　(c)带钝边双单边V形坡口　　(d)带钝边双J形坡口

图4.23　角接接头

角接接头承载能力较差,一般用于不重要的结构中,根据焊件的厚度不同有I形坡口、单边V形坡口、带钝边双单边V形坡口和带钝边双J形坡口四种坡口形式。开坡口的角接接头在一般结构中较少采用。

4)搭接接头

两焊件部分重叠构成的接头称为搭接接头,如图4.24所示。

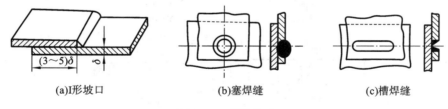

(a)I形坡口　　　　　(b)塞焊缝　　　　　(c)槽焊缝

图4.24　搭接接头

根据结构形式和对强度的要求不同,搭接接头可分为I形坡口搭接接头、塞焊缝搭接接头和槽焊缝搭接接头三种。

I形坡口搭接接头的重叠部分为3~5倍板厚,并采用双面焊接。这种搭接接头装配要求不高,但承载能力低,只用在不重要的结构中。当结构重叠部分的面积较大时,为了保证结构强度,可根据需要分别选用塞焊缝搭接接头和槽焊缝搭接接头。搭接接头特别适用于被焊结构狭小处及密闭的焊接结构。

5)坡口形式的选择原则

上述各种焊接接头在选择坡口的形式时,应尽量减少焊缝金属的填充量,便于装配和保证焊接接头的质量,因此坡口形式的选择应考虑下列几条原则。

(1)保证焊件焊透。

(2)坡口的形状容易加工。

(3)尽可能节省焊接材料,提高生产率。

（4）焊接后焊件变形尽可能小。

2．焊缝的形式

焊缝是构成焊接接头的主体部分。焊缝有以下几种划分方法。

（1）按焊缝在空间的位置分类，焊缝可分为平焊缝、立焊缝、横焊缝和仰焊缝四种。

（2）按焊缝的结构形式分类，焊缝可分为对接焊缝、角焊缝和塞焊缝三种。

（3）按焊缝的断续情况分类，焊缝可分为定位焊缝、连续焊缝和断续焊缝三种。

4.2.7　焊条电弧焊工艺

焊条电弧焊工艺包括焊接接头形式和坡口形式、焊接位置、焊接工艺参数等内容。

1．焊接接头的形式和坡口形式

焊接接头的形式根据板厚和结构要求确定。常用的焊接接头形式有对接、搭接、角接和 T 形接等，如图 4.25 所示。另外，为了保证焊透，应合理选择坡口的形式和尺寸。对接接头常用的坡口形式和尺寸如表 4.4 所示。

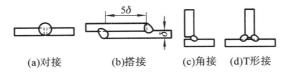

(a)对接　　(b)搭接　　(c)角接　　(d)T形接

图 4.25　常用的焊接接头形式

表 4.4　对接接头常用的坡口形式和尺寸

坡 口 名 称	焊件厚度 δ/mm	坡 口 形 式	焊 缝 形 式	坡口尺寸/mm
I 形坡口	1～3			$b=0\sim1.5$
	3～6			$b=1.5\sim2.5$
Y 形坡口	3～26			$\alpha=40°\sim60°$ $b=0\sim3$ $p=1\sim4$
带钝边 U 形坡口	20～60			$\beta=1°\sim8°$ $b=0\sim3$ $p=1\sim3$ $R=6\sim8$
双 Y 形坡口	12～60			$\alpha=40°\sim60°$ $b=0\sim3$ $p=1\sim3$

续表

坡口名称	焊件厚度 δ/mm	坡口形式	焊缝形式	坡口尺寸/mm
双 V 形坡口	>10			$\alpha=40°\sim60°$ $b=0\sim3$ $H=\frac{1}{2}\delta$

2. 焊接位置

焊接时焊缝所处的空间位置称为焊接位置,可分为平焊位置、立焊位置、横焊位置和仰焊位置(见图 4.26)。平焊操作容易,生产率高,焊接质量容易保证,故应尽可能在平焊位置焊接。

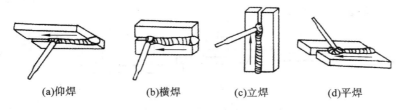

(a)仰焊　　　　(b)横焊　　　　(c)立焊　　　　(d)平焊

图 4.26　焊接位置

3. 焊接工艺参数

焊接工艺参数主要包括焊条直径、焊接电流、焊接速度和焊接电弧长度等。正确选择焊接工艺参数是保证质量、提高生产率的有效途径。

焊条直径主要根据焊件厚度来选择,如表 4.5 所示。

表 4.5　焊条直径的选择

焊件厚度/mm	<2	≥2~4	≥4~10	≥10~14	>14
焊条直径/mm	1.5~2.0	2.5~3.2	≥3.2~4	≥4~5	>5

焊接电流主要根据焊条直径来选择。平焊低碳钢焊件和低合金钢焊件,焊条直径为 3~6 mm 时,焊接电流按下式确定:

$$I=(30\sim50)d$$

式中:I——焊接电流(A);

　　　d——焊条直径(mm)。

实际工作中,焊接电流的确定还应考虑焊件厚度、焊接接头的形式、焊接位置和焊条种类等因素。在焊件较薄,采用横焊、立焊或仰焊以及不锈钢焊条等条件下,焊接电流应比平焊时小 10%~15%。也可通过试焊来调节焊接电流的大小。

焊接速度在手工电弧焊时一般不做规定,可根据焊工的技术水平结合焊接电流等确定。

焊接电弧一般要求用短弧,尤其是用碱性焊条时,更应用短弧,否则将影响保护效果,降低焊缝质量。

4.2.8 基本操作技术

1. 焊前准备

（1）检查弧焊机接线，调整焊接电流。

检查弧焊机的输入端与输出端是否与电网电源与焊钳和焊件接好。采用直流弧焊机时，还应注意极性是否与要求相符。线路接好后，将焊接电流调到所需挡。

（2）选择焊条直径。

根据焊件厚度参考表4.6选定焊条直径。

（3）确定焊接电流。

根据表4.7选定焊接电流。

表4.6 焊条直径与焊件厚度之间的关系

焊条直径 d/mm	2.0	2.5	3.2	4.0	5.0	5.8
焊件厚度 δ/mm	2	3	4～5	6～7	8～12	>13

表4.7 焊接电流与焊条直径之间的关系

焊条直径 d/mm	1～2	3～4	5～6
焊接电流 I/mm	$(25～30)d$	$(30～40)d$	$(40～60)d$

（4）焊件的清理与点固。

焊前应将焊件表面清理干净，防止铁锈、油污和水分进入焊缝而出现气孔等缺陷。为保证焊件在焊接过程中或装配后相对位置不变，焊前还应沿焊缝长度将焊件点固。各固焊点之间的距离视焊件厚度而定，焊件越薄，要求固焊点越密。

2. 引弧

首先使焊条与焊件接触形成短路，因焊条与焊件的接触面不平整，电阻和通过的焊接电流密度很大，接触点金属立刻达到熔化状态，然后迅速将焊条向上提起2～4 mm的距离，电弧即可引燃。一般引弧的方法有划擦法和直击法两种，如图4.27所示。

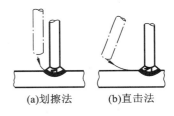

(a)划擦法　　(b)直击法

图4.27 引弧的方法

对于初学者来说，划擦法易于掌握，但容易损坏焊件表面；直击法较难掌握，提起焊条的高度和速度不当，容易发生熄弧或粘焊条的现象。焊条提的高度太高，不能引燃电弧或一瞬间就熄弧。为了正确掌握好引弧动作，手腕必须灵活，注意力必须集中。

采用直击法时，应先将焊条对准焊缝，再将手腕放下，使焊条轻碰焊缝，短路后随即将焊条提起几毫米，产生电弧后，手腕立即放平，此时焊条与焊件之间的距离保持在2～4 mm范围内。

采用划擦法时，将焊条对准焊缝，将手腕扭转一些，像划火柴似的使焊条在焊件上轻微擦过，电弧引燃后，即将焊条与焊件之间的距离保持在2～4 mm范围内。

3. 运条

要想得到理想的焊缝，正确地选用运条方法尤为重要，特别是初学者，更应在这方面多下

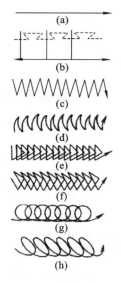

图 4.28　运条的方法

功夫。在焊条电弧焊焊接过程中,焊条应有三个基本的运动。

(1)垂直向下的运动。

(2)沿焊接方向向前移动。

(3)为保证焊缝的宽度作横向摆动。

焊条垂直向下的运动应与焊条熔化的速度相适应,以维持一定的焊接电弧长度。焊条的前移运动影响焊缝成形,速度应根据坡口形式、焊接电流、焊件厚度确定。焊条作横向摆动是为了增加焊缝的宽度。由于窄而高的焊缝应力过于集中,熔渣的气体不易从金属液中浮起,所以一般坡口角度为 $55°\sim70°$。

运条的方法如图 4.28 所示,应根据具体的情况选用。例如,薄板、窄焊缝可用直线运条法、直线往返运条法;平焊可用锯齿形运条法、月牙形运条法。横焊、仰焊、立焊可用斜三角形运条法、斜环形运条法等。

焊接电弧的长短对焊缝的质量影响极大。一般来讲,长度超过焊条直径的焊接电弧为长弧,长度小于焊条直径的焊接电弧为短弧。焊接时应尽可能采用短弧,一般焊接电弧长度 $l_弧$ 按以下经验公式确定。

$$l_弧 = (0.5\sim1.1)d$$

式中:d——焊条直径(mm)。

4. 焊缝的起头、收尾和接头

(1)焊缝的起头。

焊缝的起头就是开始焊接的部分,应在引弧后先将焊接电弧拉长,进行必要的预热,然后缩短焊接电弧长度进行正常焊接。

(2)焊缝的收尾。

焊缝的收尾指焊缝结束时如何处理。焊缝收尾的方法主要有以下几种。

①划圈收尾法:使焊条作环形摆动,直到填满弧坑后再拉断焊接电弧,主要用于厚板收尾。

②回焊收尾法:改变焊条角度,往反向焊一段后灭弧。

③反复断弧收尾法:在弧坑处反复多次熄弧和引弧,直到弧坑填满为止,多用于薄板收尾。碱性焊条易产生气孔,不可采用反复断弧收尾法。

在一些重要的结构中,引弧和熄弧均不可在焊件上进行,必须加设引弧板和熄弧板。

(3)焊缝的接头。

采用焊条电弧焊时,由于受焊条长度的限制,往往一条焊缝需要数根焊条才能完成,因而出现了焊缝接头的问题。焊缝接头一般有四种情况,如图 4.29 所示。

在图 4.29 所示的四种焊缝接头中,中间接头的应用最为普遍。为了得到良好的焊缝接头,焊缝接头均应在弧坑或焊缝接头处 $10\sim15$ mm 范围引弧,以

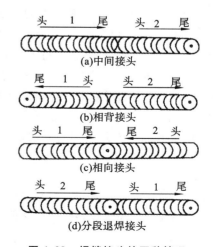

图 4.29　焊缝接头的四种情况

便看得清楚且产生预热作用,对准位置后调整好角度,迅速将焊接电弧缩短到适当的长度。

4.3 气 焊

气焊是利用气体火焰来熔化母材和填充金属的一种熔焊方法。常用的气体火焰是由乙炔（C_2H_2）和氧气（O_2）混合燃烧形成的,称为氧乙炔焰。氧乙炔焰的温度可达 3 150 ℃。

与焊条电弧焊相比,气焊火焰的温度比较低,热量比较分散,加热比较缓慢,生产率低,焊接变形大,熔池和热影响区易氧化,保护效果较差,接头质量不高。但气焊火焰容易控制,操作简便,不需要电源,故气焊仍有较广的应用,常用于焊接厚度在 3 mm 以下的低碳钢薄板、铸铁件,特别是管子。在质量要求不高时,气焊也可用于不锈钢、铝及铝合金和铜及铜合金的焊接。

4.3.1 气焊设备

气焊设备包括乙炔气瓶（或乙炔发生器）、干（湿）式回火防止器、氧气瓶、减压器、焊炬和气体管道等,如图 4.30 示。

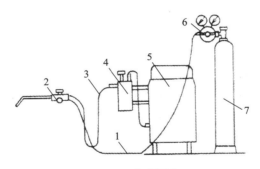

图 4.30 气焊设备
1—氧气管;2—焊炬;3—乙炔气管;4—回火防止器;
5—乙炔发生器;6—减压器;7—氧气瓶

1. 乙炔气瓶

乙炔气瓶的构造如图 4.31 所示。瓶体由优质碳素钢板或低合金钢板经轧制焊接制成,外表喷有白漆,并用红漆标注"乙炔"和"不可近火"字样。由于乙炔不能以高压压入普通钢瓶内,所以瓶内装有浸满丙酮的多孔性填料,如活性炭、硅藻土、浮石、硅酸钙、石棉纤维等,目前广泛使用硅酸钙。

2. 氧气瓶

氧气瓶是储存和运输氧气的高压容器。氧气瓶的构造如图 4.32 所示。氧气瓶的工作压力为 15 MPa,容积为 40 L。氧气瓶瓶体为蓝色,瓶体上部有两个黑字——氧气。

使用氧气瓶时要严格注意防止氧气瓶爆炸。氧气瓶应直立放置且必须平稳可靠,不应与其他气瓶混放,不得靠近明火和其他热源,热天要防止暴晒,冬天要严禁火烤。另外,氧气瓶和其他通纯氧的设备、工具等均严禁沾油。

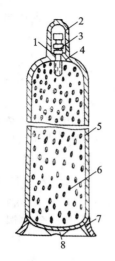

图 4.31 乙炔气瓶的构造

1—瓶口;2—瓶帽;3—瓶阀;4—石棉;

5—瓶体;6—多孔性填料;7—瓶座;8—瓶底

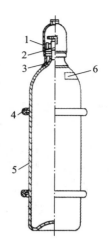

图 4.32 氧气瓶的构造

1—瓶帽;2—瓶阀;3—瓶钳;

4—防振圈;5—瓶体;6—标志

3. 减压器

减压器是将高压气体降为低压气体的调节装置。气焊时,氧气压力一般为 0.2～0.4 MPa,乙炔压力最高不超过 0.15 MPa,因此,气瓶内输出的气体必须经减压后才能使用。简单地说,减压器的作用是减压、调压、量压、稳压。常用减压器的构造和工作原理如图 4.33 所示。调压螺钉松开时,活门弹簧将活门关闭,减压器不工作,从氧气瓶来的高压气体停留在高压室,高压表指示出高压气体压力,即氧气瓶内的压力。减压器工作时,拧入调压螺钉,使调压弹簧受压,活门被打开,高压气体流入低压室,由于气体体积膨胀,气体压力降低,低压表指示出低

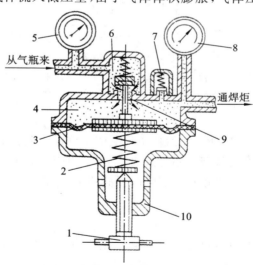

图 4.33 常用减压器的构造和工作原理

1—减压手柄;2—调压弹簧;3—薄膜;

4—低压室;5—高压表;6—高压室;

7—安全阀;8—低压表;9—通道;10—外壳

压气体压力。随着低压室中气体压力增大,薄膜及调压弹簧受压迫,使活门的开启度逐渐减小。当低压室内的气体压力达到一定值时,活门又会被关闭。控制调压螺钉的拧入程度,可以改变低压室中的气体压力,从而获得所需的工作压力。

在焊接时,低压室中的气体从出气口通往焊炬,低压室内气体压力降低,这时薄膜上鼓,使活门重新开启,高压气体进入低压室,以补充输出气体。当输出的气体增多或减少时,活门的开启度也会相应增大或减小,自动调节输出的气体压力使之稳定。

4. 回火防止器

回火防止器有干式和湿式两种,如图 4.34 和图 4.35 所示。干式回火防止器一般用在乙炔气瓶上,湿式回火防止器用在乙炔发生器上。干式回火防止器的工作原理是:正常工作时,乙炔经过滤网由进气管进入,流经锥形阀芯周围,从导向圈的小孔及承压片周围的空隙流出,然后透过粉末冶金片,最后由出气接头输出。当回火发生时,爆炸气体顶开泄气阀(由调压弹簧控制)排至大气中。同时,粉末冶金片的非直线微孔使火焰传播速度趋近于零,从而使粉末冶金片背后的混合气体不致着火,起到了阻火作用。爆炸气体的冲击波透过粉末冶金片作用于承压片上,推动锥形阀芯向下移动,锥形阀芯上的锥体紧压在下主体的锥孔上,切断气源,停止供气。

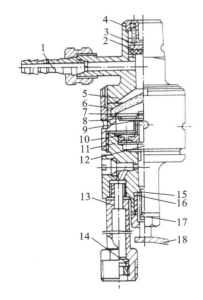

图 4.34　干式回火防止器的构造

1—出气接头;2—泄气密封垫;3—调压弹簧;4—调节螺母;

5—上主体;6—粉末冶金片;7—密封圈;8—承压片;9—托位弹簧;

10—导向圈;11—下主体;12—锥形阀芯;13—进气管;14—过滤片;

15—复位阀杆;16—复位弹簧;17—O 形密封圈;18—手柄

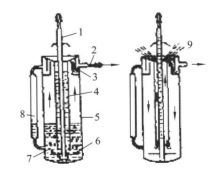

图 4.35　湿式回火防止器的构造

1—进气管;2—出气管;3—分水板;

4—水封管;5—筒体;6—分气板;

7—水;8—水位计;9—水与燃气

当回火停止后继续使用时,向上推动复位阀杆,借助复位弹簧的弹力,使锥形阀芯被顶回原位,乙炔重新注入。

湿式回火防止器在正常工作时,乙炔由进气管流入,经止回阀、分气板、分水板和分水管从出气管输出。当发生回火时,筒内压力增高,气体压迫水面并通过水层使止回阀瞬时关闭,进气管暂时停止供气。同时,爆炸气体将筒体顶部的防爆膜冲破,散发到大气中。由于水层起着隔火作用,这样就能有效地防止乙炔发生器的爆炸。

5. 焊炬

焊炬又称焊枪,是气焊的主要工具。焊炬的作用是将可燃气体和氧气按一定比例均匀地混合,以一定的速度从焊嘴喷出满足焊接要求和稳定燃烧的火焰。

焊炬按可燃气体与氧气的混合方式分为等压式和射吸式两类,常用的是射吸式。现以常用的 H01-6 型射吸式焊炬为例介绍焊炬的工作原理。H01-6 型射吸式焊炬的构造如图 4.36所示。打开氧气阀门,氧气立即从喷嘴快速射出。这时,在喷嘴的外围形成真空,即产生负压和吸力。此时,再打开乙炔阀门,乙炔就会聚集在喷嘴的外围,并很快被氧气吸入射吸管并进入混合管,最后从焊嘴喷出。

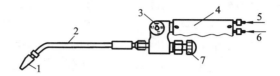

图 4.36 H01-6 型射吸式焊炬的构造
1—焊嘴;2—混合管;3—乙炔阀门;4—手柄;5—乙炔入口;6—氧气入口;7—氧气阀门

4.3.2 气焊工艺

1. 气焊火焰

通过调节氧气和乙炔的混合比例,可得到中性焰、碳化焰、氧化焰三种不同性质的火焰,如图 4.37 所示。

1)中性焰

氧气和乙炔的混合比例为 1.1～1.2 时燃烧所形成的火焰称为中性焰。中性焰由焰心、内焰和外焰三个部分组成。中性焰焰心前端 2～4 mm 处的温度最高可达 3 150 ℃。中性焰的温度分布如图 4.38 所示。

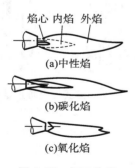

图 4.37 氧乙炔焰

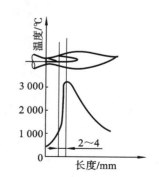

图 4.38 中性焰的温度分布

中性焰适用于焊接低碳钢、中碳钢、低合金钢、不锈钢、纯钢、铝及铝合金等金属材料。

2)碳化焰

氧气和乙炔的混合比例小于 1.1 时燃烧所形成的火焰称为碳化焰。由于氧气不足,燃烧不完全,整个火焰变长,焰心失去明显轮廓,火焰端部带有较多黑烟。过量的乙炔分解为碳和氢,而碳会渗入熔池中造成焊缝增碳,因此碳化焰适用于焊接高碳钢、铸铁和硬质合金等金属材料。

3) 氧化焰

氧气和乙炔的混合比例大于 1.2 时燃烧所形成的火焰称为氧化焰。氧化焰焰心短,内焰几乎消失。

由于氧化焰中有过量的氧,因此氧化焰对熔池金属有强烈的氧化作用,一般只用来焊接黄铜、镀锌铁板等。用氧化焰焊接镀锌铁板时,因氧化而形成的薄膜可减少低沸点的锌的蒸发。

2. 焊丝和熔剂

气焊时要用焊丝作为填充金属。用气焊焊接低碳钢时,一般用 H08A 焊丝,对重要的接头可用 H08MnA 焊丝。气焊焊丝的直径一般为 2~4 mm,焊丝直径和焊件厚度不宜相差太大。熔剂主要供气焊铸铁、不锈钢、耐热钢、铜、铝等金属材料时使用。气焊低碳钢时不使用熔剂。在我国,常用熔剂的牌号有 CJ101、CJ201、CJ301、CJ401 四种。其中 CJ101 为不锈钢和耐热钢气焊熔剂,CJ201 为铸铁气焊熔剂,CJ301 为铜及铜合金气焊熔剂,CJ401 为铝及铝合金气焊熔剂。

3. 接头的形式

气焊接头的形式有卷边接头、对接接头、搭接接头、角接接头和 T 形接头等。厚度小于 1 mm 的薄板常采用卷边接头;当板厚小于或等于 3 mm 时,常用对接接头,可不开坡口;当板厚大于 5 mm 时,一般不采用气焊方法,因为厚板在气焊时易产生较大的变形。对于小口径管子,由于刚性较大、变形较小,而且气焊成形比电焊好,因此气焊应用较多。

与焊条电弧焊一样,气焊的焊接位置有平焊位置、横焊位置、立焊位置和仰焊位置等四种。

4. 焊接工艺参数

气焊焊接工艺参数主要包括焊嘴大小、焊丝直径,以及焊嘴孔径和焊嘴对焊件的倾斜角度等。焊丝直径主要取决于焊件厚度,如表 4.8 所示。

表 4.8　焊丝直径的选择

焊件厚度/mm	1.0~2.0	2.0~3.0	3.0~5.0	5.0~10	10~15
焊丝直径/mm	1.0~2.0	2.0~3.0	3.0~5.0	3.0~5.0	4.0~6.0

焊嘴孔径和焊嘴对焊件的倾斜角度的选择取决于焊件的材料和厚度。厚度大、高熔点和导热性好的金属材料选择较大的焊嘴孔径和焊嘴对焊件的倾斜角度,反之选择较小的焊嘴孔径和焊嘴对焊件的倾斜角度。

5. 基本操作

气焊的基本操作主要是点火和熄火、火焰调节、焊接操作。

1) 点火和熄火

点火时,先微开氧气阀门,再开乙炔阀门,然后将焊嘴靠近明火点燃火焰。若乙炔不纯,会出现连续"放炮"声,这时可放出不纯的乙炔,再重新点火。

熄火时,先关闭乙炔阀门,再关闭氧气阀门。

2) 火焰调节

火焰调节是指调节火焰的种类和大小。通常点火后,得到碳化焰,若逐渐开大氧气阀门,则可将碳化焰调成中性焰或氧化焰。反之,若减少氧气或增加乙炔,则可得到碳化焰。

火焰的大小根据焊件厚度和焊工的技术熟练程度来确定。若要减小火焰,应先减少氧气,后减少乙炔;若要增大火焰,应先增加乙炔,后增加氧气。

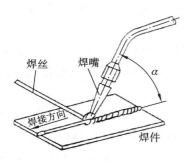

图 4.39 平焊时的焊接操作

3) 焊接操作

焊接操作的要领(以平焊为例)涉及焊嘴角度、火焰高度、加热温度和焊接速度。

焊嘴在起焊点要与焊件垂直,以便于迅速加热焊件。正常焊接时,焊嘴与焊缝成一定的夹角,夹角的大小根据焊件厚度调节:焊件厚时,夹角应大些;焊件薄时,夹角应小些,以防止焊穿。平焊时的焊接操作如图 4.39 所示。

焊接时,火焰高度以保证用火焰的最高温度处加热焊件为宜,一般要保持焰心距焊件 2～3 mm。这样做加热速度快,效率高,对熔池保护效果好,而且不会回火。

温度是焊接操作的关键,要把焊件加热到熔化,再加焊丝。加焊丝时,要把焊丝插入熔池,以便使焊丝熔化,不能在焊件没熔化时加焊丝。另外,加焊丝的速度要适当。加焊丝的速度过快,会把熔池戳穿。

焊接速度应根据焊件厚度和焊工的技术熟练程度来控制。焊接速度过慢会使熔池塌下去,过快易焊不透。气焊快结束时,要多加焊丝,以便填满焊坑。

◀ 4.4 气体保护焊 ▶

利用外加保护气体作为焊接电弧介质并保护焊接电弧的焊接区的电弧焊,称为气体保护焊。常用的保护气体有氩气和二氧化碳气体等。

4.4.1 氩弧焊

利用氩气作保护气体的气体保护焊称为氩弧焊。氩弧焊可分为熔化极氩弧焊和非熔化极氩弧焊两种,如图 4.40 所示。钨极氩弧焊是非熔化极氩弧焊中的一种,是氩弧焊中应用最多的一种。

采用氩弧焊焊接时,在钨极和焊件间产生焊接电弧,填充金属(焊丝)从一侧送入,在焊接

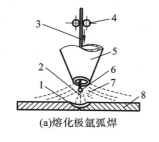

(a)熔化极氩弧焊

(b)非熔化极氩弧焊

图 4.40 氩弧焊示意图

1—熔池;2—电弧;3—焊丝;4—送丝轮;5—喷嘴;6—钨极;7—氩气;8—焊件;9—焊缝

电弧的作用下,填充金属与焊件熔融在一起,形成熔池。从喷嘴流出的氩气在电弧和熔池的周围形成连续封闭的气流,起保护作用。随着焊接电弧的前移,熔池金属不断凝固形成焊缝。

氩气是一种惰性气体,它既不与金属发生化学反应,又不溶解于液体金属,故氩弧焊的焊接质量较好。氩弧焊为明弧焊接,便于观察,操作灵活,适用于各种空间位置的焊接。但由于氩气价格贵,焊接成本高,氩弧焊焊接设备较复杂且维修不便,目前氩弧焊主要用于焊接易氧化的有色金属(如铝及铝合金、镁及镁合金、钛及钛合金)、高强度合金钢和某些特殊性能钢(如不锈钢、耐热钢)等。

4.4.2　二氧化碳气体保护焊

利用二氧化碳气体作为保护气体的气体保护焊称为二氧化碳气体保护焊。二氧化碳气体保护焊的基本原理如图 4.41 所示。焊丝由送丝机构连续向熔池送进,二氧化碳气体不断从喷嘴喷出,排开熔池周围的空气,形成气体保护区,代替焊条药皮和焊剂来保证焊缝质量。

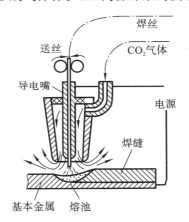

图 4.41　二氧化碳气体保护焊的基本原理

二氧化碳气体保护焊焊接电流密度大,焊接电弧热量利用率高,焊后不需要清渣,生产率高。二氧化碳气体保护焊不受焊接位置的限制,可用于平焊、立焊、横焊和仰焊。再加上二氧化碳气体价格低廉,二氧化碳气体保护焊广泛应用于低碳钢和低合金钢的焊接。二氧化碳气体保护焊的表面成形较差,飞溅较多,高温下二氧化碳气体会分解,使焊接电弧具有强烈的氧化性,导致合金元素氧化烧损,故二氧化碳气体保护焊不能用于焊接有色金属和高合金钢。

◀ 4.5　埋弧自动焊 ▶

4.5.1　埋弧自动焊概述

埋弧自动焊又称熔剂层下的电弧焊,它以连续送进的焊丝代替焊条电弧焊的焊芯,以焊剂代替焊条药皮。埋弧自动焊焊缝形成的过程如图 4.42 所示。

焊丝末端与焊件和焊接电弧周围的焊剂熔化,少部分甚至蒸发。焊剂和金属蒸气将焊接

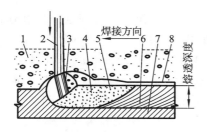

图 4.42 埋弧自动焊焊缝形成的过程
1—焊剂;2—焊丝;3—电弧;4—熔池;
5—熔渣;6—焊缝;7—焊件;8—渣壳

电弧周围已熔化的焊剂(即熔渣)排开,形成一个封闭空间,使焊接电弧和熔池与外界空气隔绝。焊接电弧在封闭空间内燃烧时,焊丝与基本金属不断熔化,形成熔池。随着焊接电弧前移,熔池金属冷却凝固形成焊缝,比较轻的熔渣浮在熔池表面,冷却凝固成渣壳。

埋弧自动焊焊接时的引弧、送丝、焊接速度等均由焊机机械化控制。

表 4.9 所示为焊条电弧焊与埋弧自动焊的焊丝焊接电流密度比较,表 4.10 所示为焊条电弧焊与埋弧自动焊的热量平衡比较。

表 4.9 焊条电弧焊与埋弧自动焊的焊丝焊接电流密度比较

焊条/焊丝的 直径/mm	焊条电弧焊		埋弧自动焊	
	焊接电流/A	焊接电流密度/(A/mm²)	焊接电流/A	焊接电流密度/(A/mm²)
2	50~65	16~25	200~400	63~125
3	80~130	11~18	350~600	50~85
4	125~200	10~16	500~800	40~63
5	190~250	10~18	700~1 000	35~50

表 4.10 焊条电弧焊与埋弧自动焊的热量平衡比较

焊 接 方 法	产热/(%)		耗热/(%)					
	极区	弧柱区	辐射	飞溅	熔化焊条	熔化母材	母材传热	熔化药皮焊剂
焊条电弧焊	66	34	22	10	23	8	30	7
埋弧自动焊	54	46	1	1	27	45	3	25

4.5.2 埋弧自动焊的特点

埋弧自动焊的特点如下。

(1)埋弧自动焊可以采用较大的焊接电流,生产率高。

采用埋弧自动焊,一方面,焊丝导电长度较短,焊接电流和焊接电流密度大,焊接电弧的熔深能力和焊丝熔敷效率都大大提高,一般不开坡口的单面一次焊熔深可达 20 mm。

另一方面,由于焊剂和熔渣的隔热作用,焊接电弧上基本没有热的辐射散失,飞溅也小,虽然用于熔化焊剂的热量损耗有所增大,但总热效率仍然大大增加,使焊接速度可以大大提高。以厚度 8~10 mm 钢板对接为例,单丝埋弧自动焊的焊接速度可达 50 m/h,而焊条电弧焊不超过 8 m/h。

(2)保护效果好,焊缝质量高。

因为熔渣隔绝空气,焊接电弧区的主要成分是一氧化碳,焊缝金属中含氮量和含氧量大大降低。另外,焊接工艺参数可以通过自动调节保持稳定,对焊工的技艺水平要求不高,焊缝成形和组织成分稳定,力学性能比较好。

（3）劳动条件好。

埋弧自动焊没有弧光辐射,同时它采用的是机械化自动焊接方式,劳动强度比焊条电弧焊轻。

（4）埋弧自动焊焊接电弧的电场强度较大,焊接电流小于 100 A 时,焊接电弧的稳定性不好,因此埋弧自动焊不适合焊接厚度小于 1 mm 的薄板。

4.5.3　埋弧自动焊的应用

埋弧自动焊在造船、锅炉、化工容器、桥梁、起重机械和冶金机械等制造领域中应用较为广泛。它可焊接的钢种包括碳素结构钢、低合金结构钢、不锈钢、耐热钢和复合钢材等。

采用双丝埋弧自动焊、三丝埋弧自动焊或带极埋弧自动焊,能做到较厚板一次焊接成形。在海洋工程中,对于厚度为 50～80 mm 的板材进行埋弧自动焊时,在焊缝坡口中预先添加金属粉末,焊接时金属粉末和焊丝同时熔化。

用埋弧自动焊堆焊耐磨耐蚀合金及焊接镍基合金和铜合金时,效果也较理想。

4.6　常见焊接缺陷和焊接质量控制

4.6.1　常见焊接缺陷

在焊接过程中,在焊接接头处产生的不符合设计或工艺文件要求的缺陷都称为焊接缺陷。常见的焊接缺陷主要有外形尺寸不符合要求、咬边、未焊透、焊瘤、夹渣、气孔和裂纹等。焊接缺陷示例如图 4.43 所示。

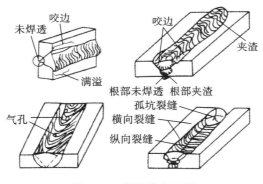

图 4.43　焊接缺陷示例

1. 外形尺寸不符合要求

外形尺寸包括焊缝余高、焊缝宽度、焊缝余高差、焊缝宽度差、错边量、焊后变形量等。外形尺寸不符合要求主要是由坡口角度不当、装配间隙不均匀、焊接工艺参数不合理和操作不当造成的。

2. 咬边

咬边是指因熔池熔化后没有足够的液态金属补充而留下的沟槽。咬边产生的原因包括焊接电流过大、焊接电弧过长、焊条角度不正确、运条方法不当等。

3. 未焊透

未焊透包括根部未焊透和层间未焊透,主要是由输入焊接区的能量不够造成的。焊接电流太小、焊接速度过快、坡口角度太小等都会造成未焊透。

4. 焊瘤

焊瘤属于外形缺陷,主要是由输入焊接区的能量过大造成的。焊瘤产生的原因是焊接电流过大和焊接速度太慢。

5. 夹渣

夹渣产生的原因有很多。输入能量过小、有杂质(如层间清渣不净)、焊接电流太小、焊接速度太快、运条角度不当、坡口角度太小、焊接材料与母材化学成分匹配不当和操作不正确等,都有可能造成夹渣。

6. 气孔

气孔是由在熔池凝固时,混入熔池内的过量气体来不及逸出造成的。焊条未烘干、焊条药皮(焊剂)变质、焊件或焊接材料有锈蚀或未清理干净、外界条件造成熔池保护效果不好等,都有可能造成气孔。

7. 裂纹

裂纹分为冷裂纹和热裂纹两种。热裂纹在焊接过程中或刚焊好后产生,产生的原因主要是存在低熔点共晶和较大的焊接应力。冷裂纹在焊后较低温度下或在焊后几小时、几天甚至更长时间后形成,产生的原因是有淬硬组织,拘束度大而形成焊接残余应力以及在焊缝中残留有扩散氢。另外,焊接结构设计不合理、焊接程序和工艺措施不当也有可能导致裂纹。

4.6.2　焊接质量控制

焊接生产的整个过程包括原材料(母材和焊接材料)检查、坡口准备、装配、焊接和焊后热处理等工序。焊接质量保证不仅涉及焊接施工的自身质量管理,而且与焊接之前的各道工序的质量控制有密切的联系。焊接质量控制应该是全过程质量控制,包括焊前质量控制、焊接施工过程中的质量控制、焊后质量控制及最终质量检验等三个阶段。

重要的焊接结构生产企业都建有一套完整的质量保证体系。在制造焊接结构的过程中,这一质量保证体系严格按规定运行,各工序都有保证质量的措施与制度,每一个与产品质量有关的活动都会被记录并保存下来,一旦设备出现事故,哪怕是几年前生产的,也能通过记录下来的资料查出问题所在,并追究责任人的责任。

1. 焊前质量控制

焊前质量控制可降低焊接质量事故出现的可能性,是保证焊接质量的积极的管理措施。焊前质量控制的主要内容如下。

(1)核对和确认母材的牌号和规格是否符合图样和其他技术文件所规定的要求,核查母材的质量证明书或本企业材质复验单是否与国家标准、图样规定的技术要求符合,检查母材表面质量和钢印标记及其移植等项目。

(2)核查焊接材料的牌号和规格是否与技术要求一致;核查焊接材料的质量证明书或本企业材质复验单是否与国家标准、图样规定的技术要求符合;监督检查焊接材料的储存与烘焙制度的执行;检查焊接材料的表面质量,如药皮(焊剂)是否变质、脱落、偏心,焊芯(焊丝)有无油污、锈蚀等。

(3)检查坡口尺寸、精度、表面质量是否符合技术标准的规定,检查装配和定位焊质量(包括焊接材料、预热温度、焊工资格及定位焊缝的质量和尺寸等)是否符合图样、工艺文件和技术标准的规定。

(4)检查所使用的工艺文件是否与焊接工作一致,核查焊工资格的规定是否符合有关技术标准的要求。

2. 焊接施工过程中的质量控制

焊接施工过程中的质量控制由焊工和焊接检验员共同实施。焊工要严格遵守工艺纪律;而焊接检验员要巡视现场,对施工过程进行监督。焊接施工过程中的质量控制主要有以下几方面内容。

(1)确认现场所用的焊接方法是否是焊接工艺规程所规定的焊接方法。

(2)检查焊接设备和焊接工装是否完好,是否符合焊接工艺规程的规定。

(3)根据焊接工艺规程,复核所使用的焊接材料的牌号和规格是否正确;检查焊条保温筒的使用情况;抽查焊条(焊剂)有没有烘干、有没有受潮变质。

(4)检查预热方式、预热温度是否符合焊接工艺规程的规定。

(5)确认环境是否符合焊接条件的要求。

(6)监督焊工执行工艺纪律情况,检查焊工所用的焊接工艺参数等。

(7)检查产品焊接试板的设置和焊接,保证产品焊接试板的焊缝是产品某纵缝的延长部分,焊接工艺严格与产品的焊接工艺相同,并有规定应标明的各类钢印和焊工钢印代号。

3. 焊后质量控制及最终质量检验

焊完后,焊件可进行规定的处理,以达到技术要求。因此,焊后还应对焊件的施工活动进行质量控制并做最终质量检验。焊后质量控制及最终质量检验的主要内容如下。

(1)检查焊后焊件的热处理工艺参数是否符合焊接工艺规程的规定。

(2)根据产品图样、技术标准和焊接工艺规程所确定的项目和方法进行检验,全面正确地评价焊接质量。

(3)严格按照有关检验规章对产品进行无损探伤、耐压试验、致密性试验和产品焊接试板的质量检验。

此外,还应对焊工劳动保护、设备安全、人身安全、防火、防毒、防爆等措施的实施进行监督检查。

4.7　焊工操作安全规则

焊工属于特种作业工作。《中华人民共和国安全生产法》规定,特种作业人员必须持证上岗。焊工在操作时,除加强个人防护外,还必须严格执行焊接操作安全规则。

1. 从事焊工工作的基本条件

从事焊工工作的基本条件主要有以下三个。

(1)年龄满18周岁。

（2）初中以上文化程度。

（3）身体健康，双目裸眼视力在4.8以上或矫正视力在5.0以上，无高血压、心脏病、癫痫病、眩晕症等妨碍本作业的疾病和生理缺陷。

2. 从事焊工工作的技能要求

（1）所有从事焊接的作业人员必须具备的实际操作技能：熟练检查焊接设备保护性接零（地）线，熟练操作焊接及其辅助设备，熟练进行焊接作业烟尘、有毒气体、射线等的现场防护操作，能够在焊接作业前后对工作场地及周围环境进行安全性检查并排除不安全因素，熟练选择和使用消防器材。

（2）气焊作业人员必须具备的实际操作技能：熟练操作氧气瓶、乙炔气瓶和液化石油气瓶，能够安全操作、正确维护乙炔发生器，熟练使用焊炬、回火防止器、胶管等附件，能够对气焊中有关爆炸、火灾、烧伤、烫伤和中毒等事故采取相应的预防措施，能够用氧气、乙炔或液化石油气对常用金属材料进行安全焊接操作，能根据焊件情况选用焊炬并对气体火焰及有关参数进行调整。

（3）焊条电弧焊与碳弧气刨作业人员必须具备的实际操作技能：熟练操作常用的交流与直流焊条电弧焊设备和碳弧气刨设备；能够对焊条电弧焊与碳弧气刨中有关触电、烧伤、烫伤、中毒、爆炸和火灾等事故采取相应的预防措施；熟练进行板-板、管-管或管-板等不同接头形式和V形、U形等不同坡口形式，以及平焊位置、立焊位置、横焊位置等不同焊接位置的焊条电弧焊操作；熟练进行碳弧气刨操作。

（4）埋弧自动焊作业人员必须具备的实际操作技能：能够辨识埋弧自动焊设备的主要组成部分；能够对埋弧自动焊的触电、机械伤害等事故采取相应的预防措施；熟练进行常用低合金钢板-板对接埋弧自动焊操作，其中包括对焊接工艺参数及设备进行调整；熟练进行常用低合金钢管-管对接水平固定焊条埋弧自动焊操作。

（5）气体保护电弧焊作业人员必须具备的实际操作技能：能免辨识钨极氩弧焊、二氧化碳气体保护焊、富氩混合气体保护焊所用设备的主要组成部分；能够对高频损伤和放射性损伤等伤害采取相应的预防措施；熟练进行低合金钢板-板和管-管的钨极氩弧焊操作，熟练进行低合金钢板-板和管-管的二氧化碳气体保护焊或富氩混合气体保护焊操作。

（6）电阻焊作业人员必须具备的实际操作技能：能够辨识点焊、凸焊、缝焊、对焊所用设备的主要组成部分；能够对电阻焊中有关触电、机械伤害等事故采取相应的预防措施；熟练进行点焊、凸焊、缝焊、对焊操作。

（7）钎焊作业人员必须具备的实际操作技能：能够辨识火焰钎焊、炉中钎焊、感应钎焊和浸沾钎焊所用设备的主要组成部分；能够对钎焊中有关触电、烧伤、中毒、爆炸和火灾等事故采取相应的预防措施；熟练进行火焰钎焊、炉中钎焊、感应钎焊和浸沾钎焊操作。

对于从事摩擦焊、扩散焊、爆炸焊、冷压焊、旋转电弧焊、电渣焊、铝热焊、激光焊、电子束焊、等离子焊等其他项目的焊接作业人员，还应结合各岗位具体情况，按安全生产监督管理部门的规定作业。

思 考 题

1. 焊条电弧焊设备有哪几种？焊接电流是如何调节的？

2．焊条电弧焊焊条的牌号、规格和焊接电流选择的依据是什么？

3．焊接时为什么要进行熔池保护？焊条药皮、埋弧自动焊焊剂、氩气、二氧化碳气体的保护效果有何异同？

4．与焊条电弧焊相比，气焊有哪些特点？气焊操作时应注意些什么？

5．什么是埋弧自动焊？埋弧自动焊对焊剂有哪些要求？

6．焊条电弧焊常见焊接缺陷有哪些？应如何防止？

7．常见的焊缝的收尾动作有哪几种？简述它们各自适用范围。

8．常用运条方法有哪些？它们各适用于哪些焊接操作？

热处理

◀ 模块导入

图 5.1 所示为机床齿轮传动。机床齿轮是传递力矩和转速的重要零件,机床齿轮主要承受一定的弯曲力和周期性冲击力,转速中等,一般选用 45 号钢制造,要求齿表面耐磨,工作平稳,噪声小。机床齿轮的热处理技术条件为:整体调质处理,硬度 220～250 HBS;齿表面淬火,硬度 50～54 HRC。

机床齿轮的加工工艺路线为:下料→锻造→正火→粗加工→调质→精加工→高频感应加热淬火和低温回火→精磨。

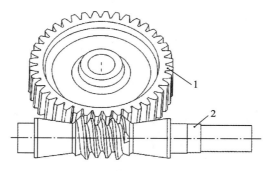

图 5.1 机床齿轮传动
1—齿轮;2—齿轮轴

◀ 问题探讨

1. 什么是热处理? 日常生活中哪些物品进行了热处理?
2. 常用的热处理有哪些?
3. 铁匠打铁时经常把制品放入冷水中浸水的目的是什么?

◀ 学习目标

1. 学习热处理的生产安全技术,以及钢的整体热处理、表面热处理工艺方法和常用热处理设备。
2. 掌握典型零件的热处理方法,掌握正火、退火、淬火和回火的操作要领。

◀ 职业能力目标

通过本模块的学习,学生要能掌握热处理工艺对钢材的影响和作用,对项目中的需要进行热处理的工件进行必要的设计和热处理加工。

◀ 课程思政目标

在本模块的学习中,学生要认识到:金属材料的热处理过程是一个精益求精的过程,在热处理过程中对温度、时间的把握一定要精确和细致,这样才能得到符合要求的金属材料。通过本模块的学习,培养学生认真负责的工作态度,帮助学生养成一丝不苟的职业精神和职业素养。

5.1　热处理基本知识

为了提高钢的某些机械性能,保证机械零件和工具的工作可靠性和使用寿命,以及对钢件顺利地进行机械加工,在生产实践中,通常要对钢进行热处理。

对于用普通钢材或其他金属材料制造的零件,往往要求表面有耐腐蚀性、耐疲劳性、耐磨性,或者光亮、具有美观性,或者具有绝缘性、良好的导电性等。为了满足这些预定的性能要求,可采用金属表面处理工艺。

5.1.1　热处理的概念

热处理是指采用适当的方式对金属材料或工件进行加热、保温和冷却,以获得预期的组织结构和性能的工艺。热处理的方法较多,但过程都是由加热、保温、冷却三个阶段组成的。热处理的工艺曲线如图 5.2 所示。

5.1.2　热处理的作用、分类及应用

热处理是机械零件和工具制造过程中的重要工序。它可改善工件的组织和性能,充分发挥材料的潜力,提高工件的使用寿命。就目前机械制造工业生产状况而言,各类机床中要经过热处理的零件占其总质量的 60%~70%;汽车、拖拉机中要经过热处理的零件占其总质量 70%~80%;轴承、各种工模具等几乎都需要进行热处理。因此,热处理在机械制造工业中占有十分重要的地位。

根据热处理的目的、加热和冷却方法的不同,常用热处理的分类如图 5.3 所示。

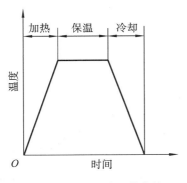

图 5.2　热处理的工艺曲线

图 5.3　常用热处理的分类

5.2　钢的普通热处理

大多数零件的热处理都是先加热到临界点以上某一温度区间,使其全部或部分得到均匀

的奥氏体组织,然后采用适当的冷却方法,获得所需要的组织结构。

金属或合金在加热或冷却过程中,发生相变的温度称为相变点或临界点。在 Fe-Fe₃C 状态图中,A_1、A_3、A_{cm} 是不同成分的钢在平衡条件下的临界点。Fe-Fe₃C 状态图中的临界点是在极其缓慢的加热或冷却条件下测得的,而实际生产中的加热和冷却并不是极其缓慢的,所以实际发生组织转变的温度与 Fe-Fe₃C 状态图所示的理论临界点 A_1、A_3、A_{cm} 之间有一定的偏离,如图 5.4 所示。随着加热和冷却速度的加快,相变点的偏离将逐渐增大。为了区别钢在实际加热和冷却时的相变点,加热时在"A"后加注下标"c",冷却时加注下标"r"。因此,实际加热时临界点标为 A_{c1}、A_{c3}、A_{ccm},实际冷却时临界点标为 A_{r1}、A_{r3}、A_{rcm}。

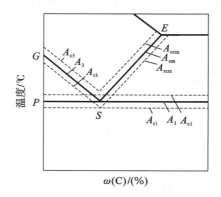

图 5.4　实际加热(冷却)时,Fe-Fe₃C 状态图上各相变点的位置

5.2.1　钢的退火和正火

钢的退火和正火是常用的两种基本热处理工艺,主要用来处理钢件毛坯,为以后切削加工和最终热处理做组织准备。因此,钢的退火和正火通常又称为预备热处理。对于一般铸钢件、焊接钢件以及性能要求不高的钢件,退火、正火可作为最终热处理。各种退火、正火的加热温度范围示意图如图 5.5 所示。部分退火、正火的工艺曲线如图 5.6 所示。

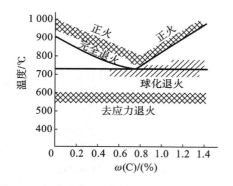

图 5.5　各种退火、正火的加热温度范围示意图

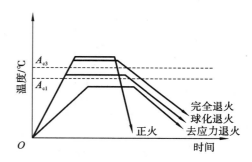

图 5.6　部分退火、正火的工艺曲线

1. 钢的退火

钢的退火是指将钢件加热到适当温度,保持一定时间,然后缓慢冷却(一般随炉冷却)的热处理工艺。它的目的是消除钢件中的内应力、降低硬度、提高塑性、细化组织、均匀化学成分,以利于后续加工,并为最终热处理做好组织准备。

根据钢的化学成分和退火目的不同,钢的退火常分为完全退火、球化退火、去应力退火、扩散退火和再结晶退火等。

1) 完全退火

完全退火是指将钢件在完全奥氏体化后缓慢冷却,获得接近平衡组织的退火。完全退火后所得到的室温组织为铁素体和珠光体。

完全退火主要用于用亚共析钢制造的铸件、锻件、焊接件等。过共析钢不宜采用完全退火,因为它被加热到 A_{ccm} 线以上退火后,二次渗碳体以网状形式沿奥氏体晶界析出,使钢的强度和韧性显著降低,也使以后的热处理如淬火容易产生淬火裂纹。

2) 球化退火

球化退火是指使钢件中碳化物球状化而进行的退火,所得到的室温组织为铁素体基体上均匀分布着球状(粒状)渗碳体,即球状珠光体组织,如图 5.7 所示。在保温阶段,没有溶解的渗碳体会自发地趋于球状(球体表面积最小)。在随后的缓冷过程中,球状渗碳体会逐渐长大,最终形成球状珠光体组织。球化退火的目的是降低硬度,改善切削加工性能,并为淬火做组织准备。球化退火主要用于用过共析钢和共析钢制造的刀具、量具、模具等零件。

图 5.7 球状珠光体组织

3) 去应力退火

去应力退火是为了去除钢件塑性变形加工、切削加工或焊接造成的内应力及铸钢件内存在的残余应力而进行的退火。去应力退火主要用于消除钢件在切削加工、铸造、锻造、热处理、焊接等过程中产生的残余应力并稳定钢件的尺寸,钢件在去应力退火的加热和冷却过程中无相变发生。

2. 钢的正火

钢的正火是指将钢件加热至奥氏体化后,将钢件置于空气中冷却的热处理工艺。正火的目的是细化晶粒,消除网状渗碳体,并为淬火、切削加工等后续工序做组织准备。

与退火相比,正火的奥氏体化温度高,冷却速度快,过冷度较大。因此,正火后所得到的组织比较细,强度、硬度比退火高一些。另外,与退火相比,正火还具有操作简便、生产周期短、生产效率高、成本低等特点。正火在生产中主要应用于以下场合。

(1) 改善钢的切削加工性能。

低碳钢和低碳合金钢退火后铁素体所占比例较大,硬度偏低,切削加工时都有粘刀现象,而且表面粗糙度参数值都较大。正火能适当提高钢的硬度,改善钢的切削加工性能。因此,低碳钢、低碳合金钢都选择将正火作为预备热处理;而 $\omega(C) > 0.5\%$ 的中高碳钢、合金钢都选择将退火作为预备热处理。

(2) 消除钢状碳化物,为球化退火做组织准备。

对于过共析钢,正火加热到 A_{ccm} 以上可使钢状碳化物充分溶解到奥氏体中,空气冷却时碳化物来不及充分析出,因而消除了网状碳化物组织,同时细化了珠光体组织,有利于以后的球化处理。

(3) 代替调质处理,作普通结构零件或某些大型非合金钢工件的最终处理,如铁道车辆的车轴。

（4）用于淬火返修件,消除应力,细化组织,防止重新淬火时产生变形和开裂。

5.2.2 钢的淬火

钢的淬火是指将钢件加热至奥氏体化后,以适当方式冷却钢件,获得马氏体或(和)贝氏体组织的热处理工艺。

马氏体是碳或合金元素在 α-Fe 中的过饱和固溶体,是单相亚稳组织,硬度较高,用符号 M 表示。马氏体的硬度主要取决于马氏体中碳的质量分数。马氏体中由于溶入过多的碳原子,从而使 α-Fe 晶格发生畸变,增加了对塑性变形的抗力,故马氏体中碳的质量分数越高,马氏体的硬度也越高。

1. 淬火的目的

淬火的目的主要是使钢件得到马氏体或(和)贝氏体组织,提高钢件的硬度和强度。将淬火与适当的回火相配合,可以更好地发挥钢材的性能潜力。因此,重要的结构件,特别是承受动载荷和剧烈摩擦作用的零件,以及各种类型的工具等都要进行淬火。

2. 淬火工艺

1）淬火加热温度的确定

不同的钢种淬火加热温度不同。非合金钢的淬火加热温度根据 Fe-Fe$_3$C 状态图确定,如图 5.8 所示。为了防止奥氏体晶粒粗化,淬火温度不宜选得过高,一般只允许比临界点高30~50 ℃。

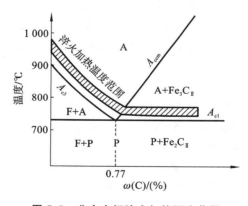

图 5.8 非合金钢淬火加热温度范围

亚共析钢淬火加热温度均为 A_{c3} 以上 30~50 ℃,因为在此温度范围内,可获得全部细小的奥氏体晶粒,淬火后得到均匀细小的马氏体。若淬火加热温度过高,则引起奥氏体晶粒粗大,使钢淬火后的性能变坏;若淬火加热温度过低,则淬火组织中尚有未熔铁素体,从而导致钢淬火后的硬度不足。

共析钢和过共析钢淬火加热温度为 A_{c1} 以上 30~50 ℃,此时的组织为奥氏体加渗碳体颗粒,淬火后获得细小马氏体和球状渗碳体,能保证钢经淬火后得到高的硬度和耐磨性。淬火加热温度超过 A_{ccm},将导致渗碳体消失、奥氏体晶粒粗化,淬火后得到粗大针状马氏体,残余奥氏体量增多,钢的硬度和耐磨性降低,脆性增大;淬火加热温度过低,可能得到非马氏体组织,从而导致钢的硬度达不到要求。

2）淬火冷却介质

淬火时为了得到足够的冷却速度,以保证奥氏体向马氏体转变,同时又不致由于冷却速度过快而引起钢件内应力增大,造成钢件变形和开裂,应合理选用淬火冷却介质。常用的淬火冷却介质有水、盐水、油和空气等。

3）淬火方法

根据钢材成分及对钢件组织、性能和尺寸精度的要求,在保证技术要求规定的前提下,应选择简便且经济的淬火方法。现将常用的淬火方法简要介绍如下。

（1）单介质淬火。

单介质淬火是指将已奥氏体化的钢件在一种淬火冷却介质中冷却的方法,如图 5.9 中①所示。例如,碳素钢在水中淬火,合金钢在油中淬火等。这种淬火方法主要应用于形状简单的钢件。

（2）双介质淬火。

将钢件加热,奥氏体化后先浸入冷却能力较强的介质中冷却,在组织即将发生马氏体转变时立即转入冷却能力弱的介质中冷却的方法,称为双介质淬火,如图5.9中②所示。例如,钢件先在水中冷却,后在油中冷却。它主要适用于中等复杂形状的高碳钢工件和较大尺寸的合金钢工件。

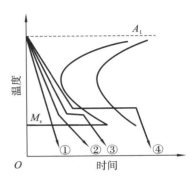

图 5.9　常用淬火方法示意图
①—单介质淬火;②—双介质淬火;
③—马氏体分级淬火;④—贝氏体等温淬火

（3）马氏体分级淬火。

将钢件加热至奥氏体化后,浸入温度稍高于或稍低于 M_s 点的盐浴或碱浴中,保持适当时间,在钢件整体达到冷却介质温度后取出空冷,以获得马氏体组织的淬火方法,称为马氏体分级淬火,如图 5.9 中③所示。马氏体分级淬火能够减小钢件中的热应力,并缓和相变产生的组织应力,减少淬火变形,适用于尺寸比较小且形状复杂的钢件。

（4）贝氏体等温淬火。

钢件加热至奥氏体化后,快冷到贝氏体转变温度区间等温保持,使奥氏体转变为贝氏体的淬火,称为贝氏体等温淬火,如图 5.9 中④所示。

4）冷处理

冷处理是指钢件经淬火冷却到室温后,继续在一般制冷设备或低温介质中冷却的工艺。冷处理的主要目的是消除或减少残余奥氏体,稳定钢件的尺寸,获得更多的马氏体。量具、精密轴承、精密丝杠、精密刀具等,均应在淬火之后进行冷处理,以消除残余奥氏体。

3. 钢的淬透性与淬硬性

钢的淬透性是评定钢淬火质量的一个重要参数,对钢材选择、编制热处理工艺具有重要意义。钢的淬透性是指在规定条件下钢试样淬硬深度和硬度分布表征的材料特性。以钢在理想条件下淬火所能达到的最高硬度来表征的材料特性,称为钢的淬硬性。钢的淬硬性主要与钢中碳的质量分数有关,取决于淬火加热时固溶于奥氏体中的碳的质量分数。奥氏体中碳的质量分数越高,钢的淬硬性越高,淬火后钢的硬度也越高。

由于淬硬性和淬透性是两个不同的概念,因此必须注意:淬火后硬度高的钢,不一定淬透性就高;而淬火后硬度低的钢,不一定淬透性就低。

4. 淬火缺陷

钢件在淬火加热和冷却过程中,由于加热温度高,冷却速度快,很容易产生某些缺陷。在热处理过程中设法减轻各种缺陷的影响,对提高产品质量有实际意义。

1）过热和过烧

在钢件热处理加热时,加热温度偏高而使晶粒过度长大,导致力学性能显著降低的现象称为过热。钢件过热形成的粗大的奥氏体晶粒,需要通过正火和退火来消除。

钢件加热温度过高,致使晶界氧化和部分溶化的现象称为过烧。过烧钢件淬火后强度低,脆性大,并且无法补救,只能报废。

过热和过烧主要都是由于加热温度过高引起的,因此,合理确定加热规范、严格控制加热温度和时间可以防止过热和过烧。

2）氧化和脱碳

在加热钢件时,介质中的氧、二氧化碳和水蒸气等与钢件反应生成氧化物的现象称为氧化。在加热钢件时,介质与钢件表层的碳发生反应,使钢件表层碳的质量分数降低的现象称为脱碳。

氧化使钢件表面烧损,增大表面粗糙度参数值,减小钢件尺寸,甚至导致钢件报废。脱碳使钢件表面碳的质量分数降低,使钢件的力学性能下降,导致钢件早期失效。防止氧化与脱碳的措施主要有两大类:第一类是控制加热介质的化学成分和性质,使加热介质不与钢件发生氧化与脱碳反应,如采用可控气氛、氮基气氛等;第二类是对钢件表面进行涂层保护和真空加热。

3）硬度不足和软点

钢件淬火后硬度达不到技术要求,称为硬度不足。加热温度过低或保温时间过短、淬火冷却介质冷却能力不够、钢件表面氧化和脱碳等,均容易使钢件淬火后达不到要求的硬度值。钢件淬火硬化后,它的表面存在硬度偏低的局部小区域,这种小区域称为软点。

在退火或正火后,重新进行正确的淬火,可消除硬度不足和大量的软点。

4）变形和开裂

变形是指淬火时钢件产生形状或尺寸偏差的现象。开裂是指淬火时钢件产生裂纹的现象。钢件产生变形和开裂是由于淬火过程中钢件内部存在着较大的内应力。

热应力是指钢件加热和(或)冷却时,由于不同部位出现温差而导致热胀和(或)冷缩不均所产生的内应力。相变应力是指在热处理过程中,因钢件不同部位组织转变不同步而产生的内应力。

钢件在淬火时,热应力和相变应力同时存在。这两种应力统称为淬火应力。当淬火应力大于钢的屈服点时,钢件就会发生变形;当淬火应力大于钢的抗拉强度时,钢件就会产生开裂。

为减少钢件淬火时变形和开裂的现象,可以从两个方面采取措施:第一,淬火时正确选择加热温度、保温时间和冷却方式;第二,淬火后及时进行回火处理。

5.2.3　钢的回火

钢的回火是指在钢件淬硬后,将钢件加热到 A_{c1} 以下的某一温度,保温一定时间,然后冷却到室温的热处理工艺。淬火钢的组织主要由马氏体和少量残余奥氏体组成(有时还有未溶碳化物）。淬火钢的内部存在很大的内应力,脆性大,韧性低,一般不能直接使用。不及时消除或减小内应力,将会导致钢件的变形,甚至开裂。回火紧接淬火进行,通常是钢件进行热处理的最后一道工序。回火的目的是消除和减小淬火钢的内应力,稳定淬火钢的组织,调整淬火钢的性能,以使淬火钢获得强度和韧性之间较好的配合。

1. 钢在回火时组织和性能的变化

钢件淬火之后,其中的马氏体与残余奥氏体都是不稳定组织,它们有自发向稳定组织转变的趋势,如马氏体中过饱和的碳要析出、残余奥氏体要分解等。为了促进这种转变,可进行回火。回火过程是一个由非平衡组织向平衡组织转变的过程,这个过程是依靠原子的迁移和扩散进行的。回火温度越高,原子的扩散速度就越快;反之,原子的扩散速度就越慢。

随着回火温度的升高,淬火组织将发生一系列变化。根据组织转变的情况,回火一般分为四个阶段:马氏体分解、残余奥氏体分解、碳化物转变、碳化物的聚集长大和铁素体的再结晶。

1)回火第一阶段($\leqslant 200 \ ℃$)——马氏体分解

在 $80 \ ℃$ 以下温度回火时,淬火钢没有明显的组织转变,此时只发生马氏体中碳的偏聚,而马氏体没有开始分解。在 $80 \sim 200 \ ℃$ 回火时,马氏体开始分解,析出极细微的碳化物,马氏体中的碳的质量分数降低。

在这一阶段中,由于回火温度较低,马氏体中仅析出了一部分过饱和的碳原子,因此马氏体仍是碳在 α-Fe 中的过饱和固溶体。析出的极细微碳化物均匀分布在马氏体基体上。这种过饱和度较低的马氏体和极细微碳化物的混合组织称为回火马氏体。

2)回火第二阶段($200 \sim 300 \ ℃$)——残余奥氏体分解

当温度升至 $200 \sim 300 \ ℃$ 时,马氏体分解继续进行,但占主导地位的转变已是残余奥氏体的分解了。残余奥氏体分解通过碳原子的扩散先形成偏聚区,进而分解为 α 相和碳化物的混合组织,即形成下贝氏体。此阶段淬火钢的硬度没有明显降低。

3)回火第三阶段($300 \sim 400 \ ℃$)——碳化物转变

在此温度范围,碳原子的放散能力较强,铁原子也恢复了扩散能力,马氏体分解和残余奥氏体分解析出的过渡碳化物将转变为较稳定的渗碳体。随着碳化物的析出和转变,马氏体中碳的质量分数不断降低,马氏体的晶格畸变消失,马氏体转变为铁素体,得到铁素体基体内分布着细小粒状(或片状)渗碳体的组织,该组织称为回火托氏体。在此阶段,淬火应力基本消除,淬火钢的硬度有所下降,塑性、韧性得到提高。

4)回火第四阶段($> 400 \ ℃$)——碳化物的聚集长大和铁素体的再结晶

由于回火温度已经很高,碳原子和铁原子均具有较强的扩散能力,第三阶段形成的渗碳体薄片将不断球化并长大。在 $500 \ ℃$ 以上时,α 相逐渐发生再结晶,使铁素体形态失去原来的板条状或片状,而形成多边形晶粒,得到铁素体基体上分布着粒状碳化物的组织,该组织称为回火索氏体。回火索氏体具有良好的综合力学性能。在此阶段,淬火应力和晶格畸变完全消除。

由图 5.10 可见,随回火温度的升高,淬火钢的强度和硬度降低而塑性和韧性提高。

2. 回火方法及其应用

回火是钢的最终热处理。根据淬火钢在回火后组织和性能的不同,按回火温度范围可将回火分为三种:低温回火、中温回火和高温回火。

1)低温回火

低温回火温度在 $250 \ ℃$ 以下。经低温回火后,淬火钢的组织为回火马氏体。低温回火保

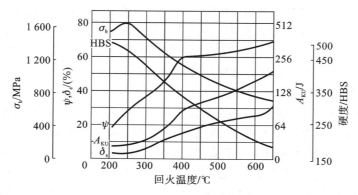

图 5.10 淬火钢回火后的力学性能与回火温度的关系

持了淬火钢的高硬度和耐磨性,减小了淬火钢中的淬火应力,降低了淬火钢的脆性。低温回火后,淬火钢的硬度一般为 58～62 HRC。低温回火主要用于用高碳钢、合金工具钢制造的刀具、量具、冷作模具、滚动轴承及渗碳件、表面淬火件等。

2）中温回火

中温回火温度为 250～500 ℃。经中温回火后,淬火钢的组织为回火托氏体。中温回火大大降低了淬火钢中的淬火应力,使淬火钢获得了高的弹性极限和屈服强度,并具有一定的韧性。中温回火后,淬火钢的硬度为 35～50 HRC。中温回火主要用于处理弹性元件,如各种卷簧、板簧、弹簧钢丝等。有些受小能量多次冲击载荷的结构件,为了提高强度,增大小能量多次冲击抗力,也采用中温回火。

3）高温回火

高温回火温度在 500 ℃以上。经高温回火后,淬火钢的组织为回火索氏体。经高温回火,淬火钢中的淬火应力完全消除,淬火钢强度较高,有良好的塑性和韧性,即具有良好的综合力学性能。高温回火后,淬火钢的硬度为 24～38 HRC。钢件淬火加高温回火的复合热处理工艺又称为调质处理。高温回火主要用于处理轴类、连杆、螺栓、齿轮等钢件。

调质处理可作为最终热处理,但由于调质处理后钢的硬度不高,便于切削加工,并能得到较好的表面质量,因此调质处理也作为表面淬火和化学热处理的预备热处理。

◀ 5.3 钢的表面热处理 ▶

在生产中,有些钢件,如齿轮、花键轴、活塞销等,要求表面具有高硬度和较好的耐磨性,芯部具有一定的强度和足够的韧性。在这种情况下,要达到上述要求,只从材料方面去解决是很困难的。如果选用高碳钢,淬火后虽然硬度很高,但芯部韧性不足;如果采用低碳钢,淬火后虽然芯部韧性好,但表面硬度低、耐磨性差。这时,就需要对钢件进行表面热处理,以满足上述要求。

5.3.1 钢的表面淬火

钢的表面热处理是为改变钢件表面的组织和性能,仅对钢件的表面进行的热处理工艺。表面淬火是钢最常用的表面热处理。

钢的表面淬火是指仅对钢件的表层进行淬火的工艺。表面淬火的目的是使钢件的表面获得高硬度和较好的耐磨性,而芯部保持较好的塑性和韧性,以延长钢件在承受扭转、弯曲等交变载荷或在摩擦、冲击、接触应力大等工作条件下的使用寿命。它不改变钢件表面的化学成分,而是采用快速加热方式,使钢件的表面迅速奥氏体化,使钢件的芯部仍处于临界点以下,并随之淬火,将钢件的表面硬化。按照加热方法的不同,钢的表面淬火主要分为感应加热表面淬火、火焰加热表面淬火、电接触加热表面淬火和电解液加热表面淬火等。目前生产中应用较多的是感应加热表面淬火和火焰加热表面淬火。

1. 感应加热表面淬火

利用感应电流通过钢件所产生的热效应,将钢件表面局部或整体加热并进行快速冷却的淬火工艺,称为感应加热表面淬火。

1）感应加热表面淬火的基本原理

对一个线圈通以交流电,就会在线圈内部和周围产生一交变磁场。如果将钢件置于此交变磁场中,钢件中将产生一交变感应电流,这一交变感应电流的频率与线圈中电流的频率相同,在钢件中形成一闭合回路,称为涡流。涡流在钢件内的分布是不均匀的:表面密度大,芯部密度小。通入线圈的电流频率越高,涡流就越集中于钢件的表层,这种现象称为集肤效应。依靠感应电流的热效应,使钢件表面在几秒钟内快速加热到淬火温度,然后迅速冷却,使钢件表面淬硬。这就是感应加热表面淬火的基本原理。感应加热表面淬火示意图如图 5.11 所示。

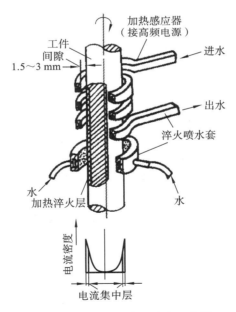

图 5.11　感应加热表面淬火示意图

2）感应加热表面淬火的特点

与普通加热淬火相比,感应加热表面淬火有以下特点。

（1）加热时间短,钢件基本无氧化和脱碳现象,而且变形小;奥氏体晶粒细小,淬火后获得细小马氏体组织,使表层的淬火硬度比一般淬火硬度高 2～3 HRC,而且脆性较低;表面淬火后,在淬硬的表面中存在较大的残余压应力,提高了钢件的疲劳强度。

（2）加热速度快，热效率高，生产率高，易实现机械化、自动化，适用于大批生产。

（3）感应加热设备投资大，维修和调试比较困难。

3）感应加热表面淬火的应用

感应加热表面淬火主要用于用中碳钢和中碳低合金钢制造的中小型工件的成批生产。淬火时，钢件表面加热深度主要取决于电流频率。生产上通过选择不同的电流频率来获得不同要求的淬硬层深度。

根据电流频率不同，感应加热表面淬火分为三类：高频加热表面淬火、中频加热表面淬火和工频加热表面淬火。

感应加热表面淬火后，为了减小淬火应力，需要进行低温回火，但低温回火温度比普通低温回火温度稍低。在生产中有时采用自回火法，即当钢件淬火冷至 200 ℃左右时，停止喷水，利用钢件中的余热达到回火的目的。

感应加热表面淬火的应用如表 5.1 所示。

表 5.1　感应加热表面淬火的应用

分　类	频率/kHz	淬火深度/mm	适 用 范 围
高频加热表面淬火	50～300	0.3～2.5	中小型轴、销、套等圆柱形钢件，小模数齿轮
中频加热表面淬火	1～10	3～10	尺寸较大的轴、大模数齿轮
工频加热表面淬火	50	10～20	大型(>φ300)钢件表面或棒料穿透加热

2. 火焰加热表面淬火

火焰加热表面淬火是指利用氧乙炔焰或其他可燃气燃烧的火焰对钢件表面进行加热，随后快速冷却的淬火工艺，如图 5.12 所示。

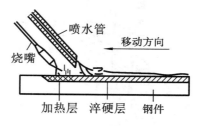

图 5.12　火焰加热表面淬火示意图

火焰加热表面淬火的淬硬层深度一般为 2～6 mm，若淬硬层过深，往往使钢件表面严重过热，产生变形和裂纹。

火焰加热表面淬火操作简便，不需要特殊设备，成本低，但生产率低，钢件表面容易过热，质量较难控制，因此它的使用受到一定限制。火焰加热表面淬火主要用于单件或小批生产的各种齿轮、轴、轧辊等。

5.3.2　钢的化学热处理

钢的化学热处理是指将钢件置于适当的活性介质中加热、保温，使一种或几种元素渗入它的表面，以改变钢件表面的化学成分、组织和性能的热处理工艺。与表面淬火相比，钢的化学热处理的特点是钢件表面不仅有组织的变化，而且有化学成分的变化。

钢的化学热处理方法有很多,通常以渗入元素来命名,如渗碳、渗氮、碳氮共渗、渗硼、渗硅、渗金属等。由于渗入元素不同,钢件表面经化学热处理后获得的性能也不相同。渗碳、渗氮、碳氮共渗以提高钢件表面硬度和耐磨性为主,渗金属的主要目的是提高钢件的耐腐蚀性和抗氧化性等。钢的化学热处理由分解、吸收和扩散三个基本过程组成:渗入介质在高温下通过化学反应分解,形成渗入元素的活性原子;渗入元素的活性原子被钢件的表面吸附;被吸附的活性原子由钢件的表面逐渐向内扩散,形成一定深度的扩散层。目前在机械制造业中,最常用的化学热处理是渗碳、渗氮和碳氮共渗。

1. 渗碳

为提高钢件表面碳的质量分数并在钢件的表面形成一定的碳含量梯度,将钢件在渗碳介质中加热、保温,使碳原子渗入的化学热处理工艺称为渗碳。

渗碳所用钢种一般是碳的质量分数为 $0.10\% \sim 0.25\%$ 的低碳钢和低合金钢,如 15 号钢、20 号钢、20R、20CrMnTi 等。渗碳后的钢件都要进行淬火和低温回火,使钢件的表面获得高的硬度(56～64 HRC)、耐磨性和疲劳强度,而芯部仍保持一定的强度和良好的韧性。渗碳被广泛应用于要求表面硬而芯部韧的钢件上,如齿轮、凸轮轴、活塞销等。

根据渗碳时介质的物理状态不同,渗碳可分为气体渗碳、固体渗碳和液体渗碳,目前气体渗碳应用最广泛。气体渗碳是钢件在气体渗碳介质中进行的渗碳,具体是指将钢件放入密封的加热炉(如图 5.13 中的井式气体渗碳炉)中,通入气体渗碳介质进行的渗碳。

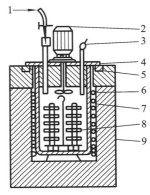

图 5.13　气体渗碳示意图
1—煤油;2—风扇电动机;3—废火焰;
4—炉盖;5—砂封;6—电阻丝;
7—耐热灌;8—钢件;9—炉体

2. 渗氮

在一定温度下于一定介质中,使氮原子渗入钢件表面的化学热处理工艺,称为渗氮(又叫氮化)。渗氮的目的是提高钢件表面的硬度、耐磨性、热硬性、耐腐蚀性和疲劳强度。

渗氮广泛应用于各种高速转动的精密齿轮、高精度机床主轴、在交变循环载荷的作用下要求疲劳强度高的钢件(如高速柴油机曲轴)以及要求变形小和具有一定耐热、抗腐蚀能力的耐磨钢件(如阀门)等。但是渗氮层薄而脆,不能承受冲击和振动,而且渗氮周期长,成本较高。钢件渗氮后不需要淬火就可达到 68～72 HRC 的硬度。目前常用的渗氮方法有气体渗氮和离子渗氮两种。

钢件不需要渗氮的部分应镀锡或镀铜,也可留 1 mm 的余量,在渗氮后磨去。

渗氮钢件的加工工艺路线为:毛坯锻造→退火或正火→粗加工→调质处理→精加工→镀锡(非渗氮面)→渗氮→精磨或研磨。

3. 碳氮共渗

在奥氏体状态下同时将碳、氮原子渗入钢件的表面,并以渗碳为主的化学热处理工艺,称为碳氮共渗。根据共渗温度不同,碳氮共渗可分为低温(520～580 ℃)碳氮共渗、中温(760～880 ℃)碳氮共渗和高温(900～950 ℃)碳氮共渗。碳氮共渗的目的主要是提高钢件表面的硬度和耐磨性。

5.4 热处理操作安全规程

1. 工作前

(1) 按规定穿戴好劳动防护用品。

(2) 熟悉设备、工艺操作规程,对不清楚的问题必须弄懂方能开始工作。

(3) 检查热处理炉、风机设备各部分是否正常,电路绝缘及接地是否良好,仪表是否灵敏,各安全防护装置是否安全、可靠,不得凑合使用。

(4) 检查管道、闸门是否畅通,有无渗漏现象;检查冷却介质是否够用、循环是否良好。

(5) 对被热处理的钢件及专用工艺装置也要进行检查,对不合格产品要及时清除。

(6) 对易燃易爆物品要严加隔离,工作地要清洁,钢件摆放整齐。

2. 工作中

(1) 对工作的盐浴炉、渗碳炉等热处理炉要严格按照专门制定的安全操作规程进行"开炉""操作""停炉",操作中应集中精力,谨防意外事故发生。

(2) 箱式或井式电炉在钢件装炉、出炉时必须断电,每次装载量不得超过炉子的容量,钢件不得与电阻丝接触,也不得将带水的钢件装炉。工作中要经常检查炉温,炉温不得超过额定温度,尽量不要在高温时长期打开炉门。渗碳炉中的马沸罐不允许在炉温高于 400 ℃ 时吊出炉体。

(3) 淬火油温一般应不超过 80 ℃,并切忌将水带入油池内。

3. 工作后

(1) 关闭电源和气源。

(2) 清理好现场。

(3) 认真做好工作记录和交接班。

思 考 题

1. 名词解释。

钢的热处理　等温转变　连续冷却转变　退火　正火　淬火　回火　表面热处理　渗碳　渗氮

2. 指出 A_{c1}、A_{c3}、A_{ccm},A_{r1}、A_{r3}、A_{rcm},A_1、A_3、A_{cm} 之间的关系。

3. 完全退火、球化退火与去应力退火在加热规范、组织转变和应用上有什么不同?

4. 正火和退火有何异同? 二者的应用有何不同?

5. 淬火的目的是什么? 亚共析钢和过共析钢的淬火加热温度应如何选择?

6. 回火的目的是什么? 钢件淬火后为什么要及时回火? 试述常见的三种回火方法所获得的组织、性能及应用。

7. 渗碳的目的是什么? 为什么渗碳后要进行淬火和低温回火?

模块 6

钳工

◀ 模块导入

图 6.1 所示的铁锤是钳工实训的必备零件,它的工艺路线为:下料(ϕ22 mm×122 mm 圆钢)—划四边形线—锉削四边形—划斜面线—锯削斜面—划手柄孔线—钻手柄孔—修锉手柄孔—锤体表面淬火。

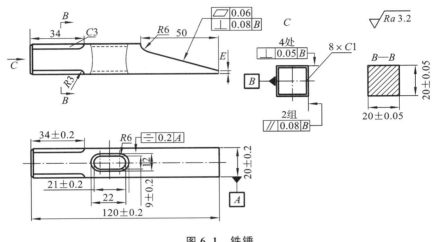

图 6.1 铁锤

◀ 问题探讨

1. 什么是钳工?

2. 钳工加工铁锤用到的工具有哪些?

◀ 学习目标

1. 了解钳工在机械制造中的作用,掌握划线、锯削、锉削、钻孔、攻丝、套丝的方法及常用工具、量具的结构、用途,了解典型机械部件的基本组成和简单装配步骤。

2. 具有独立运用钳工常用设备制作中等复杂零件的操作技能,具有独立完成典型部件的拆卸和装配操作的能力。

◀ 职业能力目标

通过本模块的学习,学生要能理解金属切削过程中的物理现象,能独立制订中等复杂零件的加工工艺,完成中等复杂程度零件的加工,并能对工件进行质量分析。

◀ 课程思政目标

通过本模块的学习,学生对待学习应能树立求真务实的科学态度,积极培养劳模精神、劳动精神、工匠精神,争当钳工技术能手,力争成为高技能、高素质的人才,做到"双赢"。

◀ 6.1 钳工基本知识 ▶

在机械制造中,钳工是一个重要的工种。钳工以手工操作为主,用各种手工工具,完成机械零件的制造、装配和修理等工作。钳工工作范围很广,主要包括划线、錾削、锉削、研磨以及装配等。钳工可分为普通钳工、模具钳工、机修钳工和装配钳工等。钳工的分工随生产规模和工厂的具体条件的不同而不同。

6.1.1 钳工常用设备

1. 台虎钳

台虎钳是用来夹持工件的,它的规格以钳口的宽度来表示。常用的台虎钳有 100 mm、125 mm 和 150 mm 几种。

台虎钳是钳工工艺的主要夹具之一,分为固定式和回转式两种,如图 6.2 所示。回转式台虎钳的工作原理是:固定钳身装在转座上,活动钳口和固定钳口通过导轨作滑动配合,当固定钳身转到合适的工作方向时,扳动夹紧手柄将固定钳身与转座紧固;丝杠安装在活动钳身上,并与安装在固定钳身上的丝杠螺母连接;摇动手柄使丝杠旋转,带动活动钳身移动,起夹紧或放松工件的作用。使用台虎钳时,工件应夹紧在钳口的中部,使钳口受力均匀;不能在手柄上用锤敲击,不能套上钢管加长力臂,以免损坏台虎钳的丝杠和丝杠螺母。

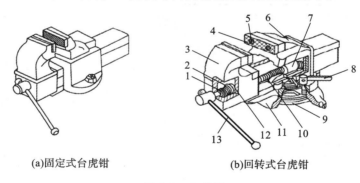

(a)固定式台虎钳　　　　　　　(b)回转式台虎钳

图 6.2　台虎钳

1—弹簧;2—挡圈;3—活动钳身;4—钢制钳口;5—螺钉;6—固定钳身;

7—丝杠螺母;8—夹紧手柄;9—夹紧盘;10—丝杠;11—转座;12—开口销;13—手柄

2. 钳工工作台

钳工工作台如图 6.3 所示。钳工工作台一般用硬质木材或钢架制成,要求坚实平稳,台面高度为 800~900 mm,以便操作方便。钳工工作台台面的长度、宽度随工作需要和场地大小而定。

3. 砂轮机

砂轮机用来刃磨钻头、錾子、刀具等工具和工件,由电动机、砂轮和机体组成。砂轮机又分为立式砂轮机和手持式砂轮机两种。前者用于刃磨工具,后者用于打磨工件。

4. 钻床

钻床主要用于在实体工件上进行圆孔的加工。根据构造的不同,常用的钻床有以下三种。

1）台式钻床

台式钻床如图 6.4 所示。

台式钻床主轴的旋转运动直接由电动机通过皮带和塔轮传动并变速；主轴的轴向移动由人工操纵，使钻头进给。台式钻床结构简单，使用方便，主要用于加工 φ13 mm 以下的小孔。

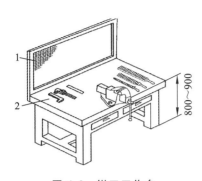

图 6.3 钳工工作台

1—防护网；2—量具单独放

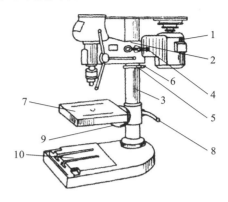

图 6.4 台式钻床

1—电动机；2—头架；3—圆立柱；4—手柄；

5—保险环；6—紧定螺钉；7—工作台；

8—锁紧手柄；9—锁紧螺钉；10—底座

2）立式钻床

立式钻床如图 6.5 所示。

立式钻床主轴的转速由主轴变速箱调节，进给量由进给箱控制。

立式钻床仅适用于单件、小批量生产，用于小型工件的孔加工。立式钻床最大能钻 φ50 mm 的孔。

3）摇臂钻床

摇臂钻床如图 6.6 所示。

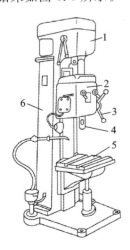

图 6.5 立式钻床

1—变速箱；2—进给箱；3—进给操纵机械；

4—主轴；5—工作台；6—立柱

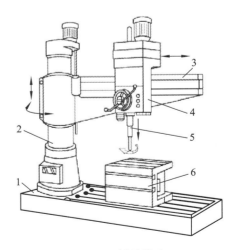

图 6.6 摇臂钻床

1—底座；2—立柱；3—摇臂；

4—主轴箱；5—主轴；6—工作台

摇臂钻床的特点是主轴箱能围绕摇臂旋转360°,并能沿摇臂上下移动。在加工操作时,操作人员能方便地调整刀具的位置,使钻头对准钻孔的中心,而不必移动笨重的工件。因此,摇臂钻床使用操作方便,适用于一些笨重和多孔工件的加工,广泛用于生产中。

6.1.2 钳工常用量具

在零件的钳工加工过程中,为了保证加工精度,常常需要进行测量。不同钳工加工方法所使用的量具不同,钳工需要根据测量要求来选择适当的量具。钳工加工中使用的量具主要有卡钳、游标卡尺、高度游标尺、千分尺、百分表、90°角尺和万能角度尺。

1. 卡钳

卡钳有外卡钳(测量外部尺寸用)和内卡钳(测量内部尺寸用),如图6.7所示。必须将卡钳测得的结果通过钢直尺或其他量具度量后,才能读出被测尺寸的数值。用卡钳测量工件的方法如图6.8所示。

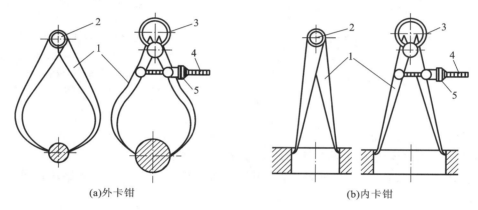

(a)外卡钳　　　　　　　　　　　　　　(b)内卡钳

图6.7　卡钳

1—卡脚;2—铆钉或螺钉;3—弹簧;4—螺栓;5—调整螺母

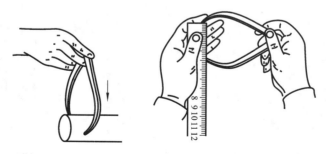

图6.8　用卡钳测量工件的方法

2. 游标卡尺

游标卡尺如图6.9所示。它是一种比较精密的量具,可以直接量出工件的外径、内径、长度、孔深和孔距等尺寸。按测量的范围,游标卡尺常用的规格有0～125 mm、0～200 mm和0～300 mm等。

游标卡尺上的副尺可沿主尺移动,与主尺配合构成两个量爪,如图6.9中的卡脚。副尺上

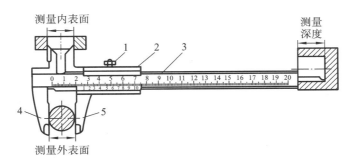

图 6.9　游标卡尺

1—制动螺钉；2—副尺；3—主尺；4—固定卡脚；5—活动卡脚

有游标,与主尺刻度配合进行测量。制动螺钉可用来固定副尺在主尺上的位置,以便读出正确的读数。

1)游标卡尺的刻线原理和读数方法

游标卡尺是利用主尺和副尺刻度之间的差值来读小数的。主尺以 1 mm 为格距,副尺的格距按测量精度的不同,常用的有 0.95 mm 和 0.98 mm 两种,此时主尺与副尺每格之差分别是 0.05 mm 和 0.02 mm,故游标卡尺的测量精度分别为 0.05 mm 和 0.02 mm。

2)游标卡尺的使用注意事项

(1)测量前,应擦净量爪(卡脚),检查零位是否对准。对准零位是指游标卡尺的两个量爪紧贴时,主尺、副尺的零线正好重合。对于零位不准的游标卡尺,应送量具检修部门校准。

(2)测量时,先擦净工件表面,然后张开量爪,先使固定量爪贴紧一个被测表面,再缓慢移动活动量爪,使其轻轻地接触另一被测表面。

(3)测量中,量爪与被测表面不能卡得过松或过紧,测量力过大会使量爪变形,同时要注意使量爪与被测尺寸的方向一致,不得放斜,以免测量不准。游标卡尺测量不准的示例如图 6.10 所示。

(4)测量圆孔时,应使一个量爪接触孔壁不动、另一量爪轻轻摆动,取最大值,以量得真正的直径尺寸。

(5)游标卡尺仅用于测量已加工的光滑表面,表面粗糙的工件或正在运动的工件都不宜用它测量,以免量爪过快磨损。

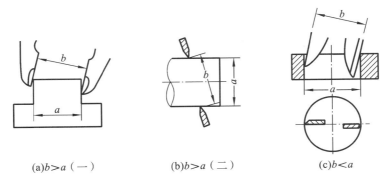

(a)$b>a$（一）　　　(b)$b>a$（二）　　　(c)$b<a$

图 6.10　游标卡尺测量不准的示例

3. 高度游标尺

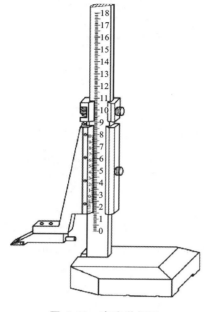

图 6.11　高度游标尺

高度游标尺如图 6.11 所示。它不仅可用来测量高度等尺寸,还可用来精密划线。用高度游标尺测量和划线都必须在平板上进行。用高度游标尺测量高度时,量爪测量面距底平面高度就是被测量的尺寸。高度游标尺的读数方法与游标卡尺的相同。测量凹面时,如果采用量爪的上测量面,则测得的尺寸要加上量爪本身的高度尺寸。用高度游标尺划线时,应将测量爪换成划线爪,先调整好划线高度,再进行划线。

4. 千分尺

千分尺是利用螺旋传动原理制成的测量长度尺寸的一种精密量具。千分尺的测量精度为 0.01 mm。按用途,千分尺可以分为外径千分尺、内径千分尺、深度千分尺等。外径千分尺有 0~25 mm、25~50 mm、50~75 mm 等多种规格。

图 6.12 所示是测量范围为 0~25 mm 的外径千分尺。外径千分尺尺架的一端有砧座,另一端有固定套筒。固定套筒上面沿轴向有格距为 0.5 mm 的刻线。微分套筒与测微螺杆固定在一起,测微螺杆的螺纹与固定套筒的内螺纹相配,当转动微分套筒时,测微螺杆与微分套筒一同转动并沿轴向移动。由于测微螺杆的螺距为 0.5 mm,因此微分套筒每转一周,测微螺杆与微分套筒沿轴向移动 0.5 mm。在微分套筒的左端,沿圆周刻有等距的 50 格刻度,故微分套筒每转一格,测微螺杆与活动套筒就轴向移动 0.01 mm。

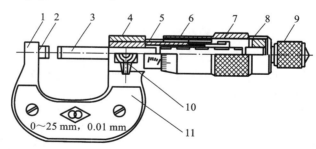

图 6.12　外径千分尺

1—弓形尺架;2—固定测砧;3—测微螺杆;4—螺纹套筒;5—固定套筒;
6—微分套筒;7—调节螺母;8—弹性套;9—测力装置;10—锁紧装置;11—隔热装置

测量时,将固定套筒上的读数加上微分套筒上的读数,就是测得的尺寸。千分尺的刻线原理和读数方法如图 6.13 所示。

5. 百分表

百分表是一种指示量具,测量精度为 0.01 mm,量程为 10 mm。它只能测出相对尺寸的数值,常用来测量零件的几何形状和表面相互位置误差。在机床上安装工件时,也常用它来进

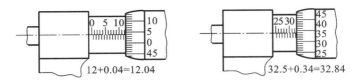

图 6.13　千分尺的刻线原理和读数方法

行精密找正。

图 6.14 所示为百分表的外形和传动机构。表盘上刻有 100 格刻度,转数指示盘上刻有 10 格刻度。大指针转动一格,相当于测量头移动 0.01 mm;大指针转动一周,小指针转动一格,相当于测量头移动 1 mm。测量时,两指针所示的读数之和,即为尺寸的变化量。

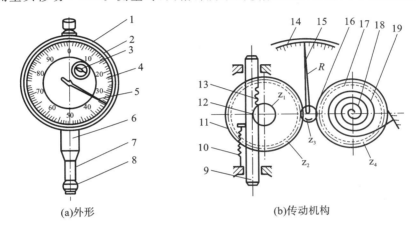

(a)外形　　　　　　　　　　　　(b)传动机构

图 6.14　百分表的外形和传动机构

1—表体;2—表圈;3—小指针;4,14—刻度盘;5—大指针;6—装夹套;7,9—测量杆;
8—测头;10—拉簧;11,17—大齿轮;12—轴齿轮;13—齿杆;15,18—指针;16—中心齿轮;19—游丝

百分表的齿杆和齿轮的齿距(周节)都是 0.625 mm。当齿杆上升 16 齿时(正好是 10 mm),16 齿的齿轮 z_1 转一周,同轴上 100 齿的齿轮 z_2 也转一周,10 齿的小齿轮 z_3 与同轴上的大指针转 10 周。也就是说齿杆上升 1 mm 时,大指针转一周;而百分表表面为 100 格,故齿杆上升 0.01 mm 时,大指针在表面上转动一格。图 6.15 所示为用百分表检验工件径向跳动的情况。

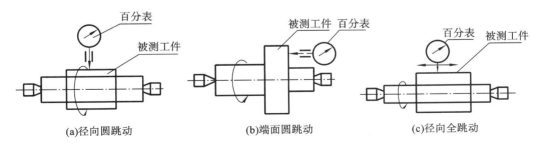

(a)径向圆跳动　　　　　(b)端面圆跳动　　　　　(c)径向全跳动

图 6.15　用百分表检验工件跳动的情况

6.90°角尺

90°角尺如图 6.16(a)所示,两边成准确的 90°,用来检验工件上相互垂直表面的垂直度。

当 90°角尺的一边与工件一面贴紧，工件的另一面与 90°角尺的另一边之间露出缝隙时，用厚薄规即可量出垂直度的误差值。90°角尺的使用方法如图 6.16(b)所示。

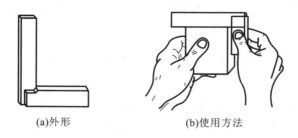

(a)外形　　　　　　(b)使用方法

图 6.16　90°角尺的外形和使用方法

7. 万能角度尺

万能角度尺(见图 6.17(a))又称万能游标量角器，是用来测量零件内、外角度的量具。它的读数机构是根据游标卡尺的原理制成的，主尺刻线每格为 $1°$，游标的刻线是取主尺的 $29°$ 等分为 30 格，因此游标刻线每格为 $\dfrac{29°}{30}$，即主尺 1 格与游标 1 格的差值为 $1° - \dfrac{29°}{30} = \dfrac{1°}{30} = 2'$，也即万能角度尺的测量精度为 $2'$。它的读数方法与游标卡尺完全相同。

通过改变基尺、90°角尺、滑道的相互位置，可用万能角度尺测量 $0° \sim 320°$ 范围内的任意角度。万能角度尺的使用方法如图 6.17(b)所示。

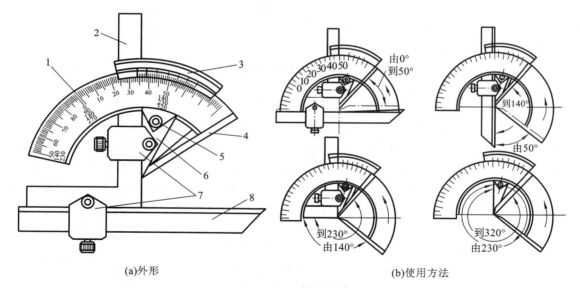

(a)外形　　　　　　　　　　(b)使用方法

图 6.17　万能角度尺的外形和使用方法

1—主尺；2—90°角尺；3—游标；4—基尺；5—紧固螺钉；6—扇形板；7—调节滑块；8—滑道

用万能角度尺测量时，应先校对零位。90°角尺与滑道均装上后，90°角尺的底边和基尺均与滑道无间隙接触、基尺与游标的零线对准，表示万能角度尺的零位正确；否则，必须校对零位。

◀ 6.2 划 线 ▶

根据图纸的技术要求,用划线工具在毛坯或工件上划出加工界限,以作为加工依据的操作称为划线。划线主要有两种:在毛坯或工件的一个面上划线,称为平面划线,如图 6.18 所示;在毛坯或工件的几个面上划线,称为立体划线,如图 6.19 所示。用样板划线是一种既简单又省时间的划线方法。

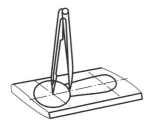

图 6.18 平面划线

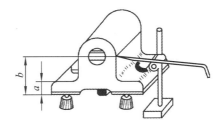

图 6.19 立体划线

划线的作用主要有以下几个。

(1) 确定毛坯或工件各表面的加工余量,确定孔的位置,使机械加工有明确的尺寸界限。

(2) 通过划线能及时发现和处理不合格的毛坯,避免加工以后造成损失。

(3) 采用借料划线,可以使误差不大的毛坯得到补救,提高毛坯的合格率。

(4) 便于复杂工件在机床上安装或装夹,可以按划线找正定位,便于加工。

6.2.1 划线工具及其使用

1. 钢直尺

钢直尺是一种简单的长度尺寸量具。在钢直尺尺面上刻有尺寸刻线,最小刻线距离为0.5 mm。钢直尺的长度规格有 150 mm、300 mm、1 000 mm 等多种。钢直尺主要用来测量工件,也可作划直线的导向工具。

2. 划线平板

划线平板又称划线平台,用铸铁制成,装在支架上使用,如图 6.20 所示。

划线平板工作表面经过精刨和刮削加工,平直光滑,是划线的基准平面。划线平板应平稳固定放置,保持水平。要均匀划线平板的工作表面,避免局部磨损。工件、工具在划线平板上要轻拿轻放,并保持清洁。长期不用时,划线平板应涂油防锈并用木板护盖。

3. 方箱

方箱是一个用铸铁制成的空心立方体,相邻平面互相垂直,相对平面互相平行。方箱的上部有 V 形槽和夹紧装置,用以夹持毛坯或工件,并能翻转毛坯或工件划出垂直线,如图 6.21 所示。

4. V 形铁和千斤顶

V 形铁和千斤顶均用于在划线平板上支承毛坯或工件。V 形铁用来安放圆柱体毛坯或工件,以便划出中心线、找出中心等,如图 6.22 所示。千斤顶如图 6.23 所示。通常三个千斤顶为一组,千斤顶的高度可以调整。千斤顶主要用于支持不规则或不适合用方箱和 V 形铁装夹的毛坯或工件。

图 6.20　划线平板

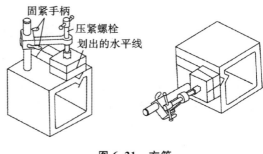

图 6.21　方箱

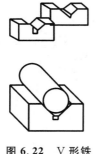

图 6.22　V形铁

(a)锥顶千斤顶　　(b)带V形铁的千斤顶

图 6.23　千斤顶

5. 划针和划针盘

划针是在毛坯或工件上直接划出加工线条的工具。划针的形状和用法如图 6.24 所示。

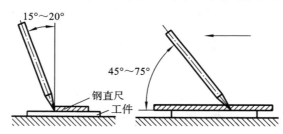

图 6.24　划针的形状和用法

划针盘(见图 6.25)是用来在划线平板上进行立体划线和找正毛坯或工件位置的工具。划针的直端用来划线,弯头端用来对毛坯或工件的安放位置找正。使用划针盘时应注意:划针不应伸出过长,且应夹紧,以免产生抖动;移动底座时,应将底座贴紧划线平板工作表面,使底座沿划线方向朝后倾斜一定角度均匀地移动,以减少抖动。

6. 划规和划卡

划规(见图 6.26)是平面划线的主要工具,用于划圆、量取尺寸和等分线段。划卡又称单脚规,主要用来确定轴和孔的中心位置,也可用来划平行线,如图 6.27 所示。

7. 样冲

样冲用来在毛坯或工件所划线上冲出小而分布均匀的样冲眼。样冲眼可使划出的线条具有永久性的标记。样冲眼还可用于划圆弧和钻孔时钻头的定位。样冲及其使用方法如图6.28所示,在线段上冲样冲眼的正误示例如图6.29所示。

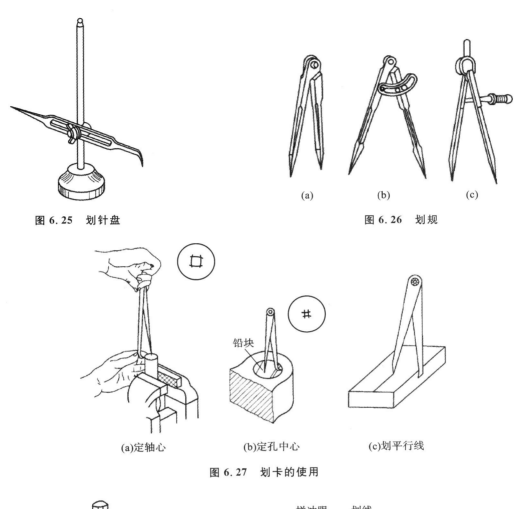

图 6.25　划针盘

图 6.26　划规

(a)定轴心　　　　(b)定孔中心　　　　(c)划平行线

图 6.27　划卡的使用

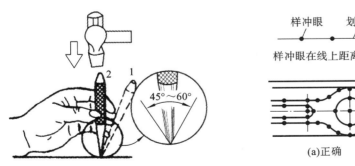

图 6.28　样冲及其使用方法

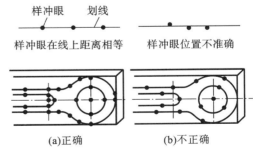

图 6.29　在线段上冲样冲眼的正误示例

8. 90°角尺和高度尺

90°角尺是用来测量直角的量具。在划线时,90°角尺可用作划平行线或垂直线的导向工具。另外,在立体划线时,90°角尺可用作校正毛坯或工件上的直线或平面对划线平板保持垂直位置的工具,如图 6.30 所示。

9. 高度游标尺

高度游标尺是高度尺和划针盘的组合,除了可以用来测量高度外,因为有带合金头的划针

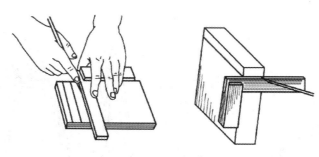

图 6.30 90°角尺的使用方法

脚,所以还可作精密划线的工具。高度游标尺精度可达 0.02 mm,适用于工件划线,而不适用于毛坯划线。

6.2.2 划线的步骤和方法

对于形状不同的零件,要选择不同的划线方法。划线一般分为平面划线和立体划线两种。平面划线类似于几何作图。立体划线有直接翻转法和用角铁划线法两种划线方法。

(1)确定划线基准。

划线时,作为开始划线所依据的面、线、点的位置叫作划线基准。例如圆的划线,圆心就是划线基准。正确选择划线基准,可以提高划线的质量和效率,并相应地提高毛坯或工件的合格率。划线基准的选择通常有以下三种情况。

①以两个互相垂直的平面(或线)为基准,如图 6.31(a)所示。

②以两条中心线为基准,如图 6.31(b)所示。

③以一个平面和一条中心线为基准,如图 6.31(c)所示。

(2)准备毛坯或工件。

①清理毛坯或工件。

去掉毛坯或工件表面上的型砂、飞边、焊瘤、焊渣、毛刺、锈皮等。

②毛坯或工件涂色。

铸件、锻件毛坯涂上石灰水,小件也可涂以粉笔;半成品光坯一般涂硫酸铜溶液;铝、钢等有色金属光坯一般涂蓝油。

③找孔的中心。

在孔的中心填塞块,以便于用圆规划圆。常用的塞块有木块和铅块,其中木块上需要钉上钢皮或白铁皮。

(3)先划基准线,再划水平线、垂直线、斜线、圆弧和曲线,并检查毛坯或工件是否合格。

如果毛坯或工件有缺陷,存在歪斜、偏心、壁厚不均等现象,在许可偏差不大时,可采用找正和借料方法来补救。

(4)检查划线是否正确,然后在线的两端和中部、圆弧切点、拐点等部位打上适量的样冲眼。

划线操作时应注意:毛坯或工件要稳定支承,避免滑倒和移动;在一次支承时,应考虑好把需要划出的平行线划全,以免重复支承补划,造成误差;应正确使用划线工具进行划线,以免产生误差。

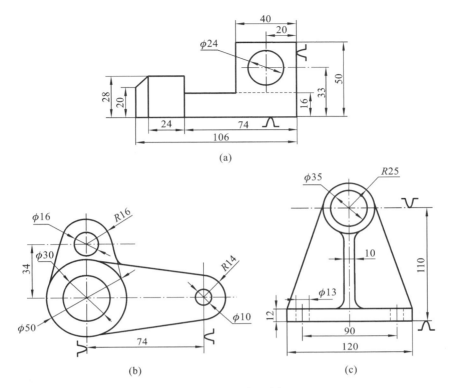

图 6.31　划线基准选择

图 6.32 所示为轴承座毛坯立体划线的步骤和方法。

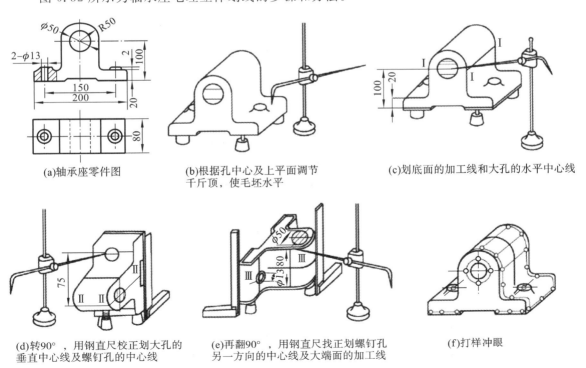

(a)轴承座零件图

(b)根据孔中心及上平面调节
千斤顶，使毛坯水平

(c)划底面的加工线和大孔的水平中心线

(d)转90°，用钢直尺校正划大孔的
垂直中心线及螺钉孔的中心线

(e)再翻90°，用钢直尺找正划螺钉孔
另一方向的中心线及大端面的加工线

(f)打样冲眼

图 6.32　轴承座毛坯立体划线的步骤和方法

◀ 6.3 锉削、锯削和錾削 ▶

6.3.1 锉削

锉削是用锉刀对工件表面进行切削加工的操作。它多用于在錾削和锯削后对工件进行精加工,所加工出的工件的表面粗糙度值为 $3.2 \sim 1.6 \, \mu m$,是钳工加工中最基本的操作。它可以加工工件的内外平面、内外曲面、内外角、沟槽和各种复杂形状的表面。在现代工业中,工件的加工多由高精密加工机床承担,但仍有一些不便于机械设备或其他设备加工的场合和工件要通过锉削来完成,如模具加工和装配修理等。

1. 锉刀

锉刀是用来进行锉削的工具。它用碳素工具钢 T13 或 T12 制成,经热处理后切削部分的硬度为 $62 \sim 67 \, HRC$。

1)锉刀的构造

锉刀的构造如图 6.33 所示。锉刀由锉刀面、锉刀边、面齿、底齿、锉刀尾、锉刀舌、锉刀柄组成。锉刀面刻有单纹齿或双纹齿。单纹齿锉刀用于有色金属的锉削。双纹齿锉刀比单纹齿锉刀应用广。双纹齿锉刀的齿刃是间断的,即在全齿刃上有许多分屑槽,使锉屑易碎断,锉刀不易被锉屑堵塞,锉削时较省力。锉刀的锉齿是在剁锉机上剁出来的。剁锉机剁出的锉齿形状如图 6.34 所示。

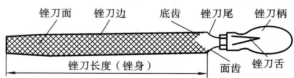

图 6.33 锉刀的构造

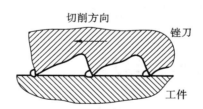

图 6.34 剁锉机剁出的锉齿形状

2)锉刀的种类

锉刀按其断面形状可分为平锉、方锉、三角锉、半圆锉、圆锉等,如图 6.35 所示。

锉刀按长度可分为 100 mm,150 mm,…,400 mm 等几种规格。锉刀的粗细按锉刀齿纹的齿距大小来划分。粗锉齿距为 $0.8 \sim 2.3$ mm,细锉齿距为 $0.16 \sim 0.2$ mm。

以上锉刀属普通锉刀。锉刀还有整形锉刀(又称什锦锉)和特种锉刀。整形锉刀适用于修整、制作小型工件或修整细小部位,如样板、模具等。特种锉刀用于加工工件上的特殊表面或加工特殊材料,如木锉修锉胶皮用于补胎等。

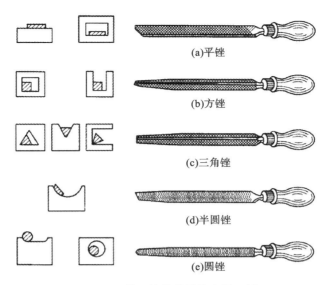

图 6.35　锉刀的分类及其应用示例

3）锉刀的合理选用

锉刀的选用是否合理对保证加工质量、提高工作效率和延长锉刀的使用寿命有很大的影响。锉刀的长度按加工表面大小选用。锉刀的断面形状按工件加工表面的形状选用。锉刀齿纹的粗细综合考虑工件的材料、加工余量、加工精度和表面粗糙度等情况选用。锉刀的选用可参考表 6.1。

表 6.1　锉刀的选用

锉　　　刀	适 用 场 合		
	加工余量/mm	尺寸精度/mm	粗糙度 Ra/μm
粗锉刀	0.5～1	0.2～0.5	50～12.5
中锉刀	0.2～0.5	0.05～0.2	6.3～3.2
细锉刀	0.05～0.2	0.01～0.05	3.2～1.6

2. 锉削的操作方法

1）锉刀的握法

大锉刀（300 mm 以上）的握法如图 6.36 所示。右手心抵着锉刀柄的端头，大拇指放在锉刀柄的上面，其余四指放在锉刀柄的下面，配合大拇指握住锉刀柄。左手掌部压在锉刀的另一端，拇指自然伸直，其余四指弯曲扣住锉刀前端。使用大锉刀进行锉削时主要由右手用力，左手使锉刀保持水平，引导锉刀水平移动。

中锉刀的握法如图 6.37 所示。

小锉刀的握法如图 6.38 所示。

2）锉削方法

（1）平面的锉削。

①顺锉法。

采用顺锉法时，锉刀的切削运动是单向的，锉刀每次退回向前时，横向移动 5～10 mm，如

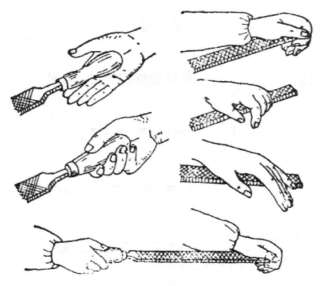

图 6.36　大锉刀的握法

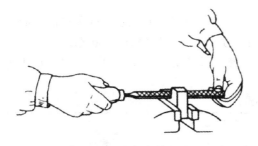

图 6.37　中锉刀的握法

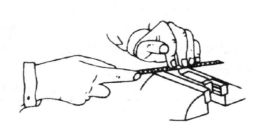

图 6.38　小锉刀的握法

图 6.39(a)所示。

②交叉锉法。

采用交叉锉法时,锉刀的切削运动是交叉进行的,如图 6.39(b)所示。这种锉法容易锉出较准确的平面,可以利用锉痕判断加工表面是否平整,适用于锉削余量较大的工件。

③推锉法。

当工件表面狭长,不能用顺锉法锉光时,可以采用推锉法。如图 6.39(c)所示,两手对称横握锉刀,拇指抵住锉刀侧面,沿工件表面平稳地推拉锉刀。这种锉法是在工件表面已经锉平、余量很小的情况下,修光工件表面用的。

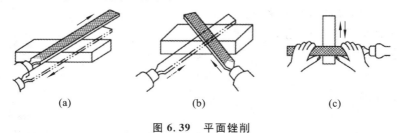

(a)　　　　　　　　　(b)　　　　　　　　　(c)

图 6.39　平面锉削

（2）曲面的锉削。

①外圆弧面的锉削。

锉削外圆弧面时，锉刀除顺着外圆弧面向前运动外，还要沿工件加工面的圆弧中心作摆动，如图 6.40 所示。

②内圆弧面的锉削。

锉削内圆弧面时，半圆锉或圆锉除顺着内圆弧面向前运动外，还要作旋转运动，向左或向有移动，如图 6.41 所示。

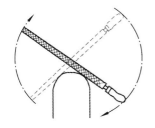 

图 6.40　锉削外圆弧面　　　　　　　　图 6.41　锉削内圆弧面

6.3.2　锯削

锯削是指用工具对工件或材料进行分割加工的一种切削加工。锯削的工作范围包括分割各种工件和材料、锯掉工件或材料上的多余部分、在工件上锯槽等。

1. 锯削工具

钳工锯削工具主要是手锯，它由锯弓和锯条组成。

1）锯弓

锯弓有固定式和可调式两种。可调式锯弓如图 6.42 所示。可调式锯弓由锯柄 1、锯弓 2、方形导管 3、夹头 4 和翼形螺母 5 等部分组成。夹头上安有装锯条的销钉。夹头的另一端带有拉紧螺栓，并配有翼形螺母，以便拉紧锯条。

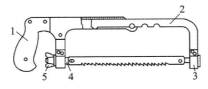

图 6.42　可调式锯弓

1—锯柄；2—锯弓；3—方形导管；4—夹头；5—翼形螺母

2）锯条

锯条用碳素工具钢制成，并经淬火和低温回火处理。常用的手工锯条长约 300 mm，宽 12 mm，厚 0.8 mm。锯条齿形如图 6.43 所示，分为粗、中、细三种。粗齿齿距为 1.6 mm，适用于锯削铜、铝等软金属和厚工件。细齿齿距为 0.8 mm，适用于锯削硬钢、板料、薄壁管等。锯齿的排列多为折线形和波浪形，如图 6.44 所示，以减少锯口两侧与锯条间的摩擦。

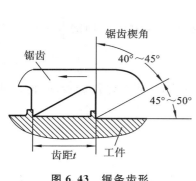

图 6.43　锯条齿形

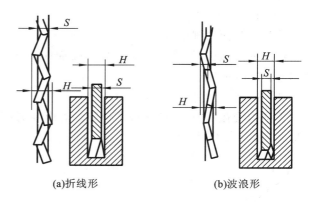

(a)折线形　　　　(b)波浪形

图 6.44　锯齿的排列

2. 锯削工具的选择和安装

1）锯条的选择和安装

应根据工件的材料、厚度和形状选择合适的锯条。将锯条锯齿朝前安装在锯弓上,拧紧,但不可过紧,一般以用两根手指的力能旋紧为宜。当锯削深度超过锯弓的高度时,可将锯条垂直于锯弓安装。

2）工件的夹持和起锯

工件应尽可能夹在台虎钳的左边,以便于操作且不碰手。工件伸出钳口要短,这样可以减少振动。为防止夹持损伤工件表面,可在钳口衬以铜片。起锯时,锯条与工件表面垂直并向前倾斜 10°～15°,用拇指轻轻抵住锯条,起锯压力要轻,锯弓往复行程要短。锯口锯成后,逐渐将锯弓保持水平,并使锯弓作直线往复运动,不可摆动。向前推锯弓时应均匀用力,返回锯弓时应使锯弓从工件上轻轻滑过。通常锯削速度为每分钟住复 30～60 次,锯条工作行程应是锯条全长的三分之二至四分之三。

6.3.3　錾削

錾削是用手锤敲击錾子剔除工件表面加工余量的操作。錾削可用于加工平面和沟槽、切断 0.5～3 mm 厚的金属材料、清理毛坯上的毛刺和飞边等。

1. 錾削工具

錾削工具主要是各种錾子和手锤。

1）錾子

錾子一般用碳素工具钢制造。錾子的切削部分需淬硬。錾子可分为平錾、槽錾和油槽錾三种,如图 6.45 所示。

（1）平錾。

平錾又称为扁錾。它的切削部分扁平,切削刃略带圆弧形,刃宽一般为 10～15 mm,錾削楔角在錾削铜、铝时可取 30°～50°,在錾削钢时可取 50°～60°,在錾削铸铁时可取 70°。平錾的构造如图 6.46 所示。

（2）槽錾。

槽錾又称为窄錾。它的切削刃较窄,刃宽一般约为 5 mm,从刃尖起两侧向后逐渐狭小,

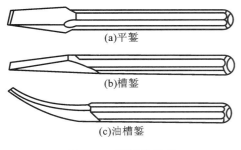

(a)平錾

(b)槽錾

(c)油槽錾

图 6.45 錾子的种类

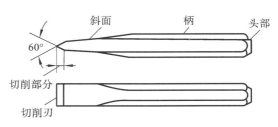

斜面　柄　头部

60°

切削部分

切削刃

图 6.46 平錾的构造

斜面有较大角度,从而使切削部分有足够的强度。它适用于錾削沟槽和分割曲形薄板等。

（3）油槽錾。

油槽錾的切削刃也较窄并呈圆弧形,錾子前端呈弯曲形状。油槽錾适用于錾削各种内表面润滑油槽。

2）手锤

手锤是钳工常用的敲击工具,一般由锤头、锤柄和楔子组成。手锤规格以锤头的重量表示。手锤常用 0.5 kg 重的锤头,锤柄长度约为 300 mm。

2. 錾削方法

1）手锤和錾子的使用

（1）手锤的握法。

手锤握持应放松自然,拇指与食指握住锤柄,其余三指自然握持,锤柄露出 15～30 mm,如图 6.47 所示。

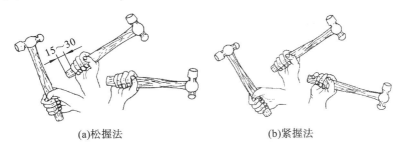

15～30

(a)松握法　　　　　　　　(b)紧握法

图 6.47 手锤及其握法

（2）錾子的握法。

錾子全长约 150 mm,握法有三种,如图 6.48 所示。錾子的握持应松动自如,主要用中指夹紧錾子,錾顶露出 20～25 mm。

（3）錾子的刃磨。

如图 6.49 所示,双手握住錾子,使切削刃高于砂轮水平中心线,轻轻靠在旋转的砂轮缘上进行左右平稳移动,并蘸水冷却,防止退火。刃磨后刃口平直对称,楔角符合錾削材料要求。

2）錾削平面

用扁錾錾削平面,每次錾削厚度为 0.5～2 mm。起錾一般有斜角起錾和正面起錾两种方法,如图 6.50 所示。起錾时,应将錾子握平或使錾头稍向下倾成负角 θ,以便錾刃切入工件。

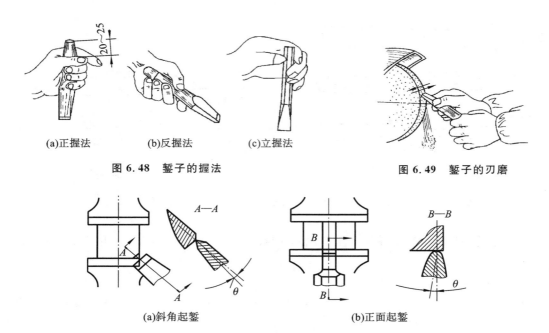

(a)正握法　　　(b)反握法　　　(c)立握法

图 6.48　錾子的握法

图 6.49　錾子的刃磨

(a)斜角起錾

(b)正面起錾

图 6.50　起錾方法

当錾削到接近尽头差 10~15 mm 时,应掉头錾去余下部分,如图 6.51 所示。当錾削大平面时,先用窄錾开槽,然后用扁錾錾平,如图 6.52 所示。

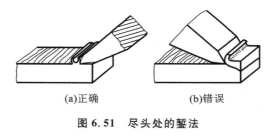

(a)正确　　　　　(b)错误

图 6.51　尽头处的錾法

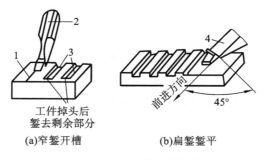

工件掉头后
錾去剩余部分

(a)窄錾开槽

前进方向　45°

(b)扁錾錾平

图 6.52　较大平面的錾法

3)錾槽

錾削键槽时,应先划出加工线,再在键槽一端或两端钻孔,然后用合适的窄錾进行錾削。錾削油槽时,应先在工件上划出油槽加工线,选用与油槽宽度相同的油槽錾錾削。錾子的倾角要灵活掌握,錾子应随加工面不停地移动,以使油槽的尺寸和粗糙度达到要求。

4）錾断

錾断薄板料和小直径棒料可在台虎钳上进行。錾子与薄板成 45°斜角从右向左錾削。錾断板料的厚度一般在 4 mm 以下,錾断棒料的直径在 12 mm 以下。较长或大型板料可以在铁砧上錾断。对于形状较复杂的板料錾断,可在工件轮廓周围钻出许多小孔,然后分别用窄錾和扁錾錾削。

◀ 6.4 钻孔、扩孔和铰孔、镗孔 ▶

6.4.1 钻孔

孔加工一般在钻床上完成,有的也在车床、铣床和镗床上进行,但钳工加工孔大多在钻床上进行。钻床除可以进行钻孔外,还可以进行扩孔、铰孔等操作。

钻头是钻孔的主要刀具。由于刚性较差,排屑、散热困难,因此钻头钻孔精度不高,一般为 IT12 左右,表面粗糙度 Ra 为 50 μm 左右。

钻头种类很多,有麻花钻、中心钻、锪钻等。钳工常用的钻头是麻花钻。麻花钻是用高速钢或碳素工具钢制造的。

1. 麻花钻的结构

麻花钻由刀柄、颈部和刀体(工作部分)组成,如图 6.53(a)所示。刀柄用来夹持和传递钻削动力,刀柄有直柄和锥柄两种。传递大扭矩的大直径钻头用锥柄,直径在 13 mm 以下的小钻头用直柄。颈部是刀体与刀柄的连接部分,为方便磨削而设有退刀槽,并刻有钻头规格。刀体包括切削和导向两个部分。切削部分位于前端,形状类似沿钻头轴线对称布置的两把车刀,如图 6.53(b)所示,有两个前面、两个后面、由前面与后面的交线形成的两条主切削刃、连接两条主切削刃的一条横刃和由两条刃带的棱边形成的两条副切削刃。两条主切削刃的夹角 (2φ) 称为顶角,通常为 116°～118°。导向部分上有两条刃带和螺旋槽,刃带上的副切削刃起修光孔壁和导向作用,螺旋槽起排屑作用。

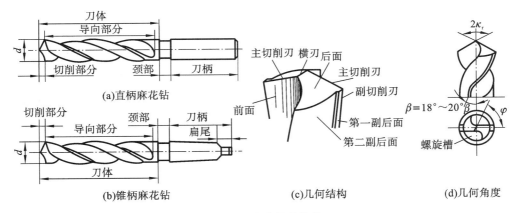

图 6.53 麻花钻的结构

2. 钻孔的方法

1) 钻头的安装

钻头用钻夹头、钻套进行安装,再固定在钻床主轴上使用。直柄钻头可直接用钻夹头装

图 6.54 钻夹头和紧固扳手

夹,用紧固扳手拧紧,这种方法简便,但夹紧力小,易产生跳动、滑钻。钻夹头和紧固扳手如图 6.54 所示。锥柄钻头可用钻套安装或直接安装在钻床主轴锥孔内,如图 6.55 所示。这种方法配合牢靠,同心度高,锥柄末端的扁尾可增加传递的力,避免刀柄打滑,并便于卸下钻头。

2) 工件的安装

为了保证加工质量和操作安全,一定要正确装夹工件。首先要擦净并调整好工作台面。调整时,可用角尺紧靠主轴,确定工件的安装基准面是否垂直,然后用压板、螺栓、垫铁、弯板或虎钳等夹紧工件,必要时还需要按已加工的表面或划好的线,用划针、角尺来找正。

钻孔时工件的安装如图 6.56 所示。

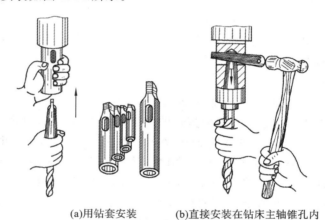

(a)用钻套安装　　　　(b)直接安装在钻床主轴锥孔内

图 6.55　锥柄钻头安装

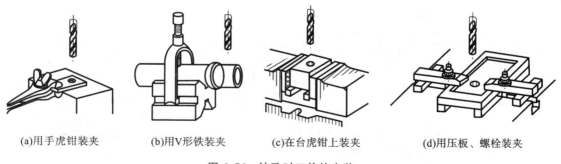

(a)用手虎钳装夹　　　(b)用V形铁装夹　　　(c)在台虎钳上装夹　　　(d)用压板、螺栓装夹

图 6.56　钻孔时工件的安装

3) 钻孔操作

首先用钻头在孔的中心钻一个小窝(大小为孔径的 1/4),检查小窝与所划圆是否同心。如果有偏离,可用样冲将中心冲大矫正或移动工件找正。

（1）钻通孔。

钻通孔时，工件的下面应放置垫块或把钻头对准工作台空槽，快钻透时，用力要轻，改自动为手动。批量生产时，应采用深度标尺定位和钻模板导向，以提高生产效率。

（2）钻盲孔。

控制钻孔深度有两种途径：一是调整钻床上深度标尺挡块；二是在钻头上加定位环和涂色。应注意，钻孔深度一般是指孔圆柱部分的深度。

（3）钻大孔。

当孔径超过 30 mm 时，应分两次钻削。第一次先用小钻头钻削，小钻头直径一般是孔径的 50%～70%；第二次用等于钻孔直径的钻头钻削。

（4）钻半圆孔或骑缝孔。

可把两个同样的工件合在一起钻孔，或在钻孔的一边靠上一块同样材料的垫块一起钻孔。钻头的中心应对准接缝处。钻骑缝孔时，如果两个工件的材料不同，应注意钻孔用的中心样冲眼应打在硬材料工件一边。由于材料软硬不同，钻孔时钻头会往软材料一边稍有偏移，将中心样冲眼打在硬材料工件一边，可以得到符合要求的骑缝孔。

当被钻孔工件材料较硬或孔较深时，应在钻孔时加注冷却液和不时停下排屑，以保证钻孔质量和保护钻头。

6.4.2 扩孔和铰孔

1. 扩孔

把原有的孔径进一步扩大，称为扩孔。扩孔主要用在钻孔孔径太大，不能一次钻出，需要分两次或更多次逐步把孔扩大到所需要的尺寸的场合。扩孔也可作为铰孔或磨孔的预加工工序。扩孔的精度等级可达 IT10，表面粗糙度可达 $Ra\ 3.2\ \mu m$。扩孔用的钻头称扩孔钻。常用的扩孔钻有整体式和套式两种。扩孔钻的结构如图 6.57 所示。当扩孔精度要求高或生产批量较大时，应采用专用整体式扩孔钻。它有 3～4 条切削刃，受力均匀，导向性好，螺旋槽浅，钻头槽截面面积大且刚性好，孔质量较好。

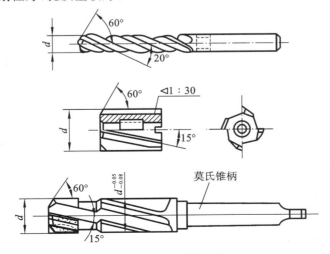

图 6.57　扩孔钻的结构

2. 铰孔

1）铰刀

铰孔是用铰刀对孔进行精加工的操作。对于直径小于或等于 25 mm 的孔,钻孔后可直接用铰刀铰孔;当孔的直径大于 25 mm 时,需扩孔后再铰孔。铰孔的精度等级可达 IT8 左右,表面粗糙度为 $Ra\ 3.2\sim0.8\ \mu m$。

常用的铰刀有锥销孔铰刀、套式机用铰刀、可调节手用铰刀和无刃铰刀等。部分铰刀的形状如图 6.58 所示。

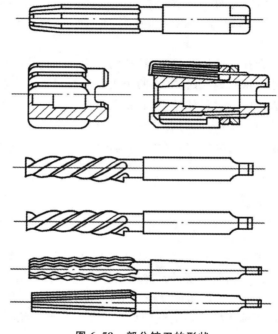

图 6.58 部分铰刀的形状

2）铰孔方法

（1）铰圆柱孔。

铰孔前的扩孔应做到使孔壁表面粗糙度 Ra 不低于 $3.2\ \mu m$,孔壁母线的直线性好。铰孔时由几个刀刃同时工作,进刀量可比钻孔时大,以提高生产效率,减少刀具磨损。机铰时,铰孔的切削速度要比钻孔时小一些,同时应加润滑冷却液,以降低孔的表面粗糙度。铰完孔后,应退出后停车,不许开反车退刀。

用手用铰刀铰孔时,应两手均匀地转动铰刀,在铰削过程中,如果发现阻力明显增大,则说明刀刃被切屑挤住或遇到硬点,应及时抽出铰刀,切不可再转动,否则会使刀刃崩裂或折断铰刀。用手用铰刀铰孔时应注意,铰刀不能倒转,以免切屑挤住铰刀,划伤孔壁。

（2）铰圆锥孔。

对于尺寸或锥度较小的锥孔,应先参考小头直径钻出圆柱孔,孔径比小头直径小 $0.1\sim0.2$ mm,然后用锥形铰刀铰削成锥孔。对于尺寸或锥度较大的锥孔,铰孔前可先钻出阶梯孔,然后用锥形铰刀铰削成锥孔。

6.4.3 镗孔

镗削是以镗刀的旋转作主运动、以工件或镗刀的直行作进给运动的切削加工方法。镗削时,工件被装夹在工作台上,并由工作台带动作进给运动,镗刀用镗刀杆或刀盘装夹,由主轴带动旋转作主运动。主轴在回转的同时,可根据需要作轴向移动,以取代工作台作进给运动。

1. 镗床及其工作

镗削在镗床上进行。常用的镗床有立式镗床、卧式镗床、坐标镗床等。

(1)在镗床上镗孔以镗刀的旋转为主运动。与以工件旋转为主运动的孔加工方式相比,镗削特别适用于箱体、机架等结构复杂的大型零件上的孔加工。

①大型工件旋转作主运动时,由于工件的外形尺寸大,转速不宜太高,工件上的孔或孔系直径相对较小,不易实现高速切削。

②工件结构复杂,外形不规则,孔或孔系在工件上往往不处于对称中心或平衡中心,工件旋转平衡较困难,容易因平衡不良而引起加工中的振动。

(2)镗削可以方便地加工直径很大的孔。

(3)镗削能方便地实现对孔系的加工。用坐标镗床、数控镗床进行孔系加工,可以获得很高的孔距精度。

(4)镗床上的多种部件能实现进给运动,因此,镗削工艺适应能力强,能加工形状多样、大小不一的各种工件的多种表面。

(5)镗孔的经济精度等级为 IT9~IT7,表面粗糙度 Ra 为 $3.2\sim0.8~\mu m$。

2. 卧式镗床

图 6.59 所示为 TP619 型卧式镗床的外形图。它的主轴直径为 90 mm,主要部件如下。

1)主轴箱

主轴箱上装有主轴和平旋盘。主轴可旋转作主运动,并可沿轴向移动作进给运动。主轴前端的莫氏 5 号锥孔,用以安装各类刀夹、镗刀杆等。平旋盘上有数条 T 形槽,用以安装刀

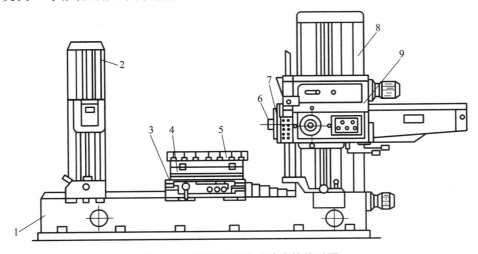

图 6.59　TP619 型卧式镗床的外形图

1—床身;2—后立柱;3—工作台;4—下滑座;5—上滑座;6—主轴;7—平旋盘;8—主立柱;9—主轴箱

架。利用刀架上的溜板,可在镗削浅的大直径孔时调节切削深度,或在加工孔侧面、端面时作径向进给。主轴箱可沿主立柱上的导轨上下移动,调节主轴的竖直位置和实现沿主立柱方向的上下进给运动。

2)工作台

工作台用于安装工件。由下滑座或上滑座实现工作台的纵向或横向进给运动。上滑座的圆导轨还可实现工作台在水平面内的旋转,以适应轴线互成一定角度的孔或平面的加工。

3)床身

床身用于支承镗床各部件,床身上的导轨为工作台的纵向进给运动导向。

4)主立柱

主立柱用于支承主轴箱,主立柱上的导轨引导主轴箱(主轴)的上升或下降。

5)后主柱

后立柱上有镗刀杆支承座,用以支承长镗刀杆的尾端,实现镗刀杆跨越工作台的镗孔。镗刀杆支承座可沿后立柱上的导轨升降,以调节镗刀杆的竖直位置。

卧式镗床的典型加工工序如图 6.60 所示。

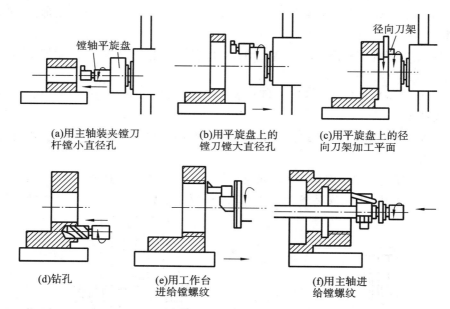

(a)用主轴装夹镗刀杆镗小直径孔

(b)用平旋盘上的镗刀镗大直径孔

(c)用平旋盘上的径向刀架加工平面

(d)钻孔

(e)用工作台进给镗螺纹

(f)用主轴进给镗螺纹

图 6.60　卧式镗床的典型加工工序

3. 工件的镗削

1)工件的装夹

在镗床上主要加工箱体类零件上的孔或孔系。在镗孔前,应将箱体类零件的基准平面(通常为底平面)加工好,镗削时将其用作定位基准。当被加工孔的轴线与基准平面平行时,可将工件直接用压板、螺栓固定在镗床的工作台上。当被加工孔的轴线与基准平面垂直时,可在镗床的工作台上用弯板(角铁)装夹工件,如图 6.61 所示。工件 2 以左端短圆柱面和阶台端面定位,用压板 1 夹紧在弯板 5 上,以保证被加工孔 3 的轴线与阶台端面垂直。

在成批生产中,对孔系的镗削常将工件装夹于镗床夹具(镗模)内,以保证孔系的位置精度和提高生产率。如图 6.62(a)所示,工件 4 以底面定位装夹于镗模 5 中,镗模 5 的导套为镗刀杆 3 定位并导向,万向接头 2 保证镗刀杆 3 与主轴 1 形成浮动连接。图 6.62(b)所示为万向接头放大示意图,它的莫氏锥柄与主轴莫氏锥孔配合连接。

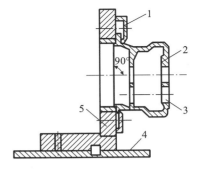

图 6.61　工件在弯板上装夹

1—压板;2—工件;3—被加工孔;
4—工作台;5—弯板

2)镗削单个孔

(1)对于直径不大的单一孔的镗削,刀头用镗刀杆夹持,镗刀杆锥柄插入主轴锥孔并随之回转。加工时,工作台(工件)固定不动,由主轴实现轴向进给运动。吃刀量通过调节刀头从镗刀杆的伸出长度来控制:粗镗时,常通过松开紧定螺钉,轻轻敲击刀头来实现调节;精镗时,常采用各种微调装置调节,以保证加工精度。

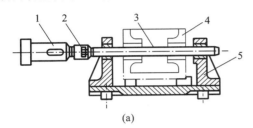
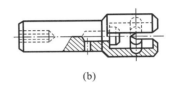

(a)　　　　　　　　　　　　　　(b)

图 6.62　工件用镗模装夹

1—主轴;2—万向接头;3—镗刀杆;4—工件;5—镗模

(2)镗削深度不大、直径较大的孔时,可使用平旋盘,在平旋盘上安装刀架与镗刀,由平旋盘旋转带动刀架和镗刀回转作主运动,工件由工作台带动作纵向进给运动。吃刀量通过移动刀架溜板调节。此外,移动刀架溜板作径向进给,还可以加工孔边端面和内槽。

3)镗削孔系

孔系是指两个或两个以上在空间具有一定相对位置的孔。常见的孔系有同轴孔系、平行孔系和垂直孔系,如图 6.63 所示。

(1)镗削同轴孔系使用长镗刀杆,长镗刀杆一端插入主轴锥孔,另一端穿越工件预加工孔由后立柱支承,主轴带动镗刀旋转作主运动,工作台带动工件作纵向进给运动,即可镗出直径相同的(两)同轴孔。镗削单一深度大的孔的方法与此相同。若同轴孔系诸孔直径不等,可在镗刀杆轴向相应位置安装几把镗刀,将同轴孔先后或同时镗出。

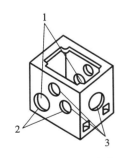

图 6.63　箱体上的孔系

1—同轴孔系;2—平行孔系;
3—垂直孔系

(2)镗削平行孔系时,若两平行孔的轴线在同一水平面内,可在镗削完一个孔后,将工作台(工件)横向移动一个孔距,对另一个孔进行镗削。镗削轴线在同一垂直面内的平行孔系如图 6.64 所示。若两平行孔轴线既不在同一水平面内,又不在同一垂直面内,可在加工完一个孔后,用先横向移动工作台,再垂直移动主轴箱的方法,确定工件与刀具的相对位置。

(3)镗削垂直孔系时,若两孔轴线在同一水平面内相交垂直,在镗削完第一个孔后,将工作台连同工件旋转 90°,再按需横向移动一定距离,即可镗削第二个孔,如图 6.65 所示。若两孔轴线呈空间交错垂直,则在上述调整方法的基础上,再将主轴箱沿主立柱向上(下)移动一定距离后进行第二个孔的镗削。

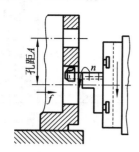

图 6.64　镗削轴线在同一垂直面内的平行孔系

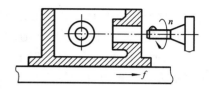

图 6.65　镗削垂直孔系

4)镗床的其他加工内容

(1)钻孔、扩孔和铰孔。

若孔径不大,可在镗床主轴上安装钻头、扩孔钻、铰刀等刀具,由主轴带动刀具旋转作主运动,主轴在轴向的移动实现进给运动,实现对箱体工件的钻孔、扩孔和铰孔。

(2)镗削螺纹。

将螺纹镗刀装夹于可调节切削深度的特制刀架(或刀夹)上,再将刀架(或刀夹)安装在平旋盘上,由主轴箱带动旋转,工作台带动工件沿床身按刀具每回转一周移动一个导程的规律作进给运动,便可以镗出箱体工件上的螺纹孔。如果将螺纹镗刀刀头指向轴心装夹,则可以镗削长度不大的外螺纹。将装有螺纹镗刀的特制刀夹装在镗刀杆上,镗刀杆既回转,又按要求作轴向进给,也可以镗削内螺纹。

(3)用镗床铣削。

在镗床主轴锥孔内装上立铣刀或端铣刀,可进行箱体工件侧面、上平面和沟槽的铣削。

◀◀ 6.5　攻丝和套丝 ▶

6.5.1　攻丝

用丝锥切削出螺孔的方法称为攻丝。

1. 丝锥

丝锥是用于切削内螺纹的工具,如图 6.66 所示。它由工作部分和柄部组成。工作部分又分为带锥度的切削部分和不带锥度的校准部分。切削部分的作用是修光螺纹和引导丝锥。柄部一般做出方榫,以传递扭矩。工作部分开出 3~4 个容屑槽,容屑槽形成丝锥的前角 γ(为 8°~10°)。按照使用条件,丝锥可分为手用丝锥和机用丝锥两种。手用丝锥后角 α 为 6°~8°,机用丝锥后角 α 为 10°~12°。

1)手用丝锥

手用丝锥一般 M6~M24 每种规格由两支丝锥即头攻丝锥和二攻丝锥组成,M6 以下及

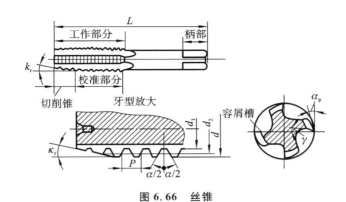

图 6.66 丝锥

M24 以上每种规格由三支丝锥即头攻丝锥、二攻丝锥、三攻丝锥组成。它们采用等径设计,即直径一样,只是切削部分长度不同,如图 6.67 所示。丝锥用优质碳素工具钢或合金工具钢制成。

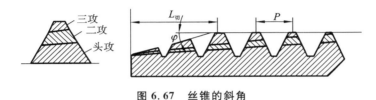

图 6.67 丝锥的斜角

2)机用丝锥

机用丝锥通常是每种规格一支,也有两支或三支为一组的。成组的机用丝锥采用不等径设计,牙型经过磨削加工。机用丝锥用高速钢制成。

2. 攻丝方法

(1)确定钻螺纹底孔钻头的直径。

攻丝前要先钻出螺纹底孔,螺纹底孔的直径要比螺纹的小径稍大一些,这是为了防止因攻丝时螺纹孔内金属塑性变形而导致螺纹缺损,而且不致挤住丝锥。钻螺纹底孔的钻头直径可用经验公式计算。经验公式如下。

①加工韧性材料(如铜和黄铜等):

螺距 $P < 1$ mm 时, $\qquad d_底 = D - t$

螺距 $P \geq 1$ mm, $\qquad d_底 = D - 1.05t$

②加工脆性材料(如铸铁和青铜等):

$$D_底 = D - 1.08P$$

式中:$D_底$——螺纹底孔钻头的直径;

D——螺纹公称直径;

P——螺距。

(2)手工攻丝时,应选用符合丝锥柄部方榫的铰杠。铰杠选用可参考表 6.2。

表 6.2 铰杠选用表

铰杠长度/mm	130	180	230	280	380	480	600
适用丝锥	M2~M4	M5~M8	M8~M12	M12~M14	M14~M16	M16~M22	M24~M27

（3）将夹在铰杠中的丝锥插入螺纹底孔的孔口，两手均匀施加压力，并旋转铰杠，将丝锥拧入孔内。攻入孔内1～2圈后，应注意检查丝锥是否与孔口垂直。可目测或用直角尺在互相垂直的两个方向上检查。

（4）攻丝时，每攻入半圈到一圈，应将丝锥倒回四分之一转，使切屑断掉，然后继续向前旋进。

（5）用二攻丝锥时，要轻轻旋入头攻丝锥攻出的螺孔内，放正后，用力扳铰杠往里攻。在较硬的材料上攻丝时，可先用头攻丝锥攻进一段，再换二攻丝锥攻完这段，接着换成头攻丝锥攻进下一段，以此反复，直到攻完为止。攻丝时，应使用润滑冷却液，以降低螺纹的表面粗糙度，并延长丝锥的使用寿命。

（6）攻不通孔的螺纹，螺纹底孔的钻孔深度应不小于螺纹孔深度与四倍螺距之和。攻丝前应把钻孔时残留在孔内的切屑清除干净。在攻丝快要到底时，应特别注意扭矩的变化，若扭矩明显增大，应头攻丝锥、二攻丝锥交替使用。

6.5.2 套丝

用板牙切削出外螺纹的方法称为套丝。

1. 板牙

板牙有固定式和开缝式两种。两种板牙结构基本相同，都有切削部分、校准部分和夹持部分。开缝式板牙如图6.68所示。

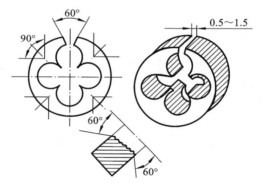

图6.68 开缝式板牙

1）切削部分

切削部分是切削螺纹的主要部分，由排屑孔形成切削刃的前面，具有15°～25°的前角、7°～9°的后角。切削部分的切削锥角一般为60°。

2）校准部分

校准部分起修光和校准螺纹尺寸的作用，它的后角为0°，前角为15°～25°。

3）夹持部分

在板牙的外圆上，一般有两个装卡螺钉锥窝及两个调整螺钉锥窝和一个缺槽。两个装卡螺钉锥窝用于在板牙架（板杠）上固定板牙。两个调整螺钉锥窝和一个缺槽用于在板牙架上调整开缝式板牙的尺寸。板牙架如图6.69所示。

当固定式板牙使用时间过长，校准部分螺纹尺寸磨损过大以致超出公差范围时，可用薄的切割砂轮将缺槽磨开，将其改成开缝式板牙，用以粗套丝或对精度要求较低的螺纹套丝。

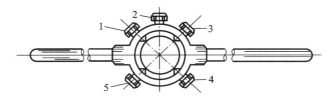

图 6.69　板牙架

1,3—调整板牙螺钉;2—撑开板牙螺钉;4,5—固定板牙螺钉

2. 套丝方法

用板牙套丝时,考虑到在切削过程中工件的塑性变形,工件的螺纹直径比套丝前要大一些。普通螺纹(粗牙)套丝可按表 6.3 来确定工件的直径。一般情况下,工件的直径应比螺纹直径小 0.10～0.40 mm,工件的端部应有 15°～40°的倒角。

表 6.3　普通螺纹(粗牙)套丝前的工件直径

螺纹直径 /mm	工件直径 /mm	公差 /mm	螺纹直径 /mm	工件直径 /mm	公差 /mm	螺纹直径 /mm	工件直径 /mm	公差 /mm	螺纹直径 /mm	工件直径 /mm	公差 /mm
3	2.94	−0.06	8	7.90	−0.10	16	15.88	−0.12	30	29.86	−0.14
3.5	3.42	−0.08	9	8.90	−0.10	18	17.88	−0.12	33	32.83	−0.17
4	3.92	−0.08	10	9.90	−0.10	20	19.86	−0.14	36	35.83	−0.17
5	4.92	−0.08	11	10.88	−0.12	22	21.86	−0.14	39	38.83	−0.17
6	5.92	−0.08	12	11.88	−0.12	24	23.86	−0.14	42	41.83	−0.17
7	6.90	−0.10	14	13.88	−0.12	27	26.86	−0.14	45	44.83	−0.17

开始套丝时,把板牙装入板牙架内,用固定板牙螺钉把板牙固定好后拧紧固定板牙螺钉。把工件夹紧固定,两手均匀施力旋转板牙架,在这一过程中应注意使板牙架与工件垂直。在旋进 1～2 圈后,可以不加压力继续扳转板牙架,并经常倒转板牙架使切屑碎断。为了降低螺纹的粗糙度、延长板牙的使用寿命、减小切削阻力,套丝时应加机油润滑。

6.6　装　　配

机械产品是由零件、组件、部件组合而成的。装配就是把零件、组件、部件按照图纸技术条件连接组合起来,保证各零部件之间的配合、相对位置以及达到其他技术要求,获得合格的机械产品。

6.6.1　装配工艺过程和常用的装配方法

1. 装配工艺过程

装配前准备(了解图纸装配技术要求,掌握必要工具的使用方法)—零件检验—清理,清洗—组件装配—部件装配—整机装配—调试,试验,检验—油漆—验收—包装。

2. 常用的装配方法

装配方法有很多。应根据机械产品的生产批量、精度要求、尺寸链等因素来选择不同的装配方法。

1）零件完全互换法

零件完全互换法的特点是尺寸链较短,零件加工精度较高,装配容易,生产率高。零件完全互换法适用于零件数量少、批量大的机械产品装配。

2）零件不完全互换法

零件不完全互换法的特点是零件公差比采用零件完全互换法宽,装配容易,生产率高。零件不完全互换法适用于零件略多、生产批量大的机械产品装配。

3）分组选配法

分组选配法的配合精度高,零件加工精度可适当放宽,零件按尺寸分为若干组,对应组装配可互换,零件分组多用专用量具或自动化检验分组设备进行,尺寸链短。分组选配法适用于成批、大量生产,装配精度要求较高的场合。

4）调整法

调整法是指通过在零件组装尺寸链中利用调整件(如垫片、套筒等),消除相关零件的累积误差,实现较高的装配精度。采用调整法,零件制造较为简单,装配中调整也比较容易。调整法适用于中小批量的机械产品装配。

5）修配法

修配法是指通过在装配时除去零件上的修配余量,达到较高的装配精度。修配法对零件加工精度要求不高,有利于降低产品的生产成本,但增加了装配工作量,适用于单件或小批量、对装配精度要求高而组件不多的机械产品装配。

3. 装配的组织形式

被装配机械产品的尺寸、精度和生产批量不同,装配的组织形式也有所不同,如表 6.4 所示。

表 6.4　装配的组织形式

形　式	方　　式	特　　点	应　　用
固定装配	集中装配	被装配机械产品是固定的,零件装配成部件和产品的全部过程均由一个小组来完成,对装配工人的技术水平要求较高,工作场地面积大,装配周期长	单件和小批生产,装配高精度机械产品,调节时间较多
	分散装配	把机械产品装配的全部工作分散为各种部件的装配,装配工人密度增加,生产率高,装配周期短	成批生产
移动装配	被装配机械产品按自由节拍移动	装配工序是分散的,每一组装配工人只完成一定的装配工序,每一装配工序没有一定的节拍,对装配工人的技术水平要求较低	大批生产
	被装配机械产品按一定节拍周期移动	装配分工的原则同上一种组织形式,每一装配工序是按一定节拍进行的,被装配机械产品经传送工具按节拍周期性地送到下一工作点,对装置工人的技术水平要求较低	大批和大量生产
	被装配机械产品按一定速度连续移动	装配分工的原则同上一种组织形式,被装配机械产品经传送工具按一定速度移动,每一装配工序的工作必须在一定的时间内完成	大批和大量生产

4. 装配工作要点

(1) 装配前必须仔细检查与装配有关的零件尺寸,并注意零件上的标记,防止错装;重要零件必须做专项检查,如缸体、泵阀体要进行水压试验。

(2) 清理、清洗零件要彻底,特别是箱体类零件,不允许残留砂粒、粉末、灰尘等杂物。

(3) 装配一般按从里到外、自下而上的顺序进行。

(4) 装配旋转类零件或部件要进行平衡试验,目的在于消除旋转类零件或部件的不平衡质量,从而消除机器在运转时由离心力所引起的振动。

(5) 滑动零部件的连接表面、接触面必须有足够的润滑。各种管道和密封部件装配后不得有渗油、漏气现象。

6.6.2 典型零件装配

1. 螺纹连接的装配

(1) 螺纹配合应做到用手能自由旋入。如果无预紧力要求,可用普通扳手、风动扳手或电动扳手或敲紧法拧紧,拧紧力矩与螺栓材料的屈服强度有关。对于规定预紧力的螺纹连接,常采用定扭矩法、扭角法、扭断螺母法。

(2) 螺母端面应与螺纹轴线垂直,以使受力均匀。螺母与零件的贴合面应平整光滑,否则螺纹容易松动。为了提高贴合质量,可加平垫圈。有振动的部位可增加弹簧垫圈。

(3) 装配成组螺纹连接件时,应按对应或对称顺序,分2~3次拧紧,使每个螺纹承受的载荷均匀、贴合面受力均匀。拧紧成组螺母的顺序如图6.70所示。

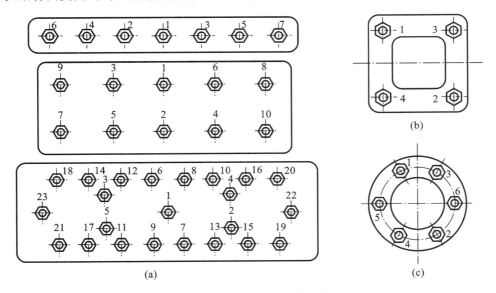

图 6.70 拧紧成组螺母的顺序

(4) 螺纹连接件装好后,螺栓的端头应伸出螺帽,伸出量应不少于螺纹的2个螺距。对于螺钉连接,应在连接旋合前在螺孔内抹少许润滑脂,以防止生锈将来不便拆卸。

(5) 螺纹连接在许多情况下要有防松措施,常用的防松措施如图6.71所示。

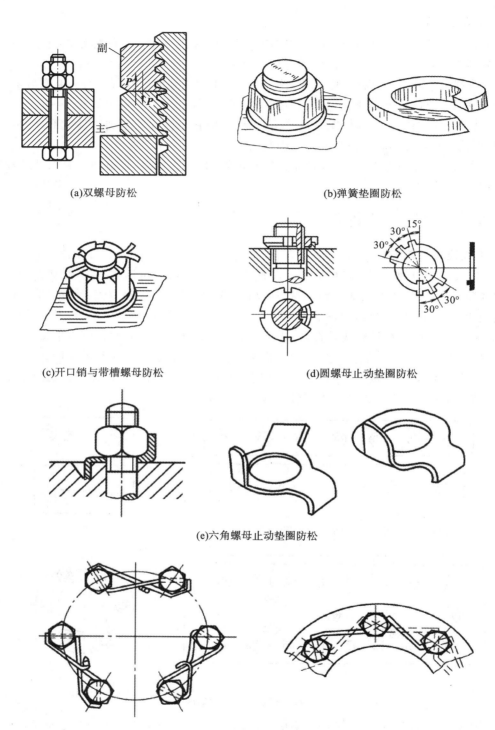

(a)双螺母防松　　　　　　　　　(b)弹簧垫圈防松

(c)开口销与带槽螺母防松　　　　(d)圆螺母止动垫圈防松

(e)六角螺母止动垫圈防松

(f)串联钢丝防松

图6.71　螺纹连接防松措施

2. 锥销连接的装配

锥销是常用的连接件。对锥销连接的装配要求是:锥度配合要好;敲紧锥销后,销端要完整,不得有锤击痕迹,销端稍露出被连接件,露出量约为锥销的倒角宽度。

为保证锥销与锥孔的配合质量,通常用锥度塞规或在锥销锥面上画一道铅笔道后与锥孔配研检查接触情况。为了保证装配的牢固性,锥销塞入孔内,应留出 1~2 mm 的长度,将锥销敲入后即可得到牢固可靠的配合。

3. 滚动轴承装配

(1)装配滚动轴承时,必须始终保持轴、轴承、轴承座等零件的清洁,这些零件不得有任何污物。安装时,应把轴承座圈的打印端面朝外,以便使用和拆卸时能够看到轴承的号码。

(2)滚动轴承的内圈与轴颈、外圈与机体孔之间的配合多为较小的过盈配合,常用铜棒、软金属套管和压力机压装。手锤通过敲击铜棒或软金属套管装入轴承时,用力要均匀对称,用压力机压装要用垫套压入。当轴承压入轴承孔内时,应加压在轴承外圈上;若轴承压装轴上,应加压在轴承内圈上,如图 6.72 所示。

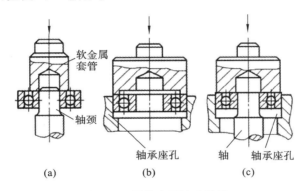

图 6.72　用垫套压滚珠轴承

(3)当轴承与轴颈之间的配合是较大的过盈配合时,应采用加热装配法,将轴承吊在 80~100 ℃ 的热油中加热,然后趁热装入。

(4)轴承装配后,轴承内圈必须与轴肩贴紧。

4. 圆柱齿轮的装配

圆柱齿轮装配的主要技术要求是保证齿轮传递运动的准确性、相啮合的轮齿表面接触良好和齿侧间隙符合规定等。

为保证达到上述要求,齿轮装到轴上后,首先,应检查齿圈的径向跳动和端面跳动(应控制在公差范围内)。单件小批生产时,可把装有齿轮的轴放在两顶尖之间,用百分表进行检查,如图 6.73 所示。其次,应检查轮齿表面接触是否良好。可用涂色法进行检查:先在主动齿轮的工作齿面涂上红丹油,使相啮合的齿轮试转几圈,然后查看被动齿轮啮合齿面上接触斑点的位置、形状和大小。具体接

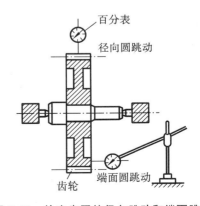

图 6.73　检查齿圈的径向跳动和端面跳动

触状况如图 6.74 所示。最后,检查齿侧间隙。齿侧间隙一般可用塞规插入齿隙中进行检查,或将铅片放在齿间挤压,然后测量压薄后的铅片厚度进行检查。

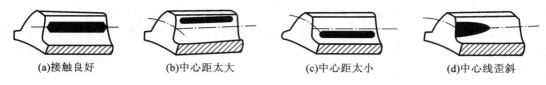

(a)接触良好　　　　(b)中心距太大　　　　(c)中心距太小　　　　(d)中心线歪斜

图 6.74　齿轮接触表面的检查

◀ 6.7　钳工操作安全规程 ▶

（1）工作前要按规定穿戴好防护用品,女生发辫要装入工作帽内;同时应遵守各类设备的安全操作规程。

（2）所使用的工具必须齐备、完好、可靠才能开始工作,禁止使用有裂纹、带毛刺、手柄松动等不符合安全要求的工具。

（3）工作地点要保持清洁,油液、污水不得流在地上,以防人滑倒受伤。

（4）工作中注意周围人员及自身安全,防止因工具脱落、工件飞出和铁屑飞溅造成伤害,两人以上一起工作要注意协调配合。

（5）工作时思想要集中,禁止做与工作无关的事,要做到文明生产。

（6）高空作业前要检查梯子、脚手架是否坚固可靠,工具必须放在工具袋里,不准放在其他地方,安全袋应扎好并系在牢固的结构件上,不准穿硬底鞋,不准往下扔东西。

（7）采用梯子登高时要有防护措施,梯子斜度以 60°为宜,必要时设人看护,人字梯中部要用结实的绳索拉住。

（8）登高作业平台不准置于带电的母线或高压线下面,平台上应有绝缘垫以防触电,平台上应设立栏杆。

（9）拆卸下来的零件应按规定放在一起,不要乱丢乱放。

（10）所用手锤等工具要经常检查,不得有裂纹、飞边、毛刺,顶部不得淬火,手锤柄要安装牢固。

（11）不准用大锤在台虎钳上打击工件,台虎钳夹持大工件时应使大工件落到钳底,对精密工件进行加工要用铜钳口或铝钳口。

（12）装配精密件时必须用木槌、铜棒,有软材料时方可使用铁锤打击。

（13）手工锯削时不要用力过猛,当要锯断时应缓慢,以免折断锯条从而导致伤手、砸脚。

（14）使用手电钻和手砂轮时,必须有接地线,必须戴绝缘手套,使用前应先找电工检查绝缘情况,如有漏电严禁使用,雨天禁止在室外钻孔、打磨。

（15）活动扳手不能反向使用,使用时不要用力过猛。

（16）检修设备时,首先必须切断电源。在拆卸、修理的过程中,拆下的零件应按拆卸程序有条理地摆放,并做好标记,以免安装时弄错,拆修完毕要认真清点工具、零件是否有丢失,严防工具、零件丢入转动的机器内部。经盘车后方可进行试车,办理移交手续。

（17）设备在安装和检修的过程中,应认真做好安装和检修的技术数据记录,如设备有缺陷,或进行了技术改进,应全面做好处理缺陷或改进的施工详细记录。

（18）工作完毕或因故离开工作岗位,必须将设备和工具的电、气、水、油源关闭,工作结束后,清理干净现场铁屑等杂物,必须使用工具进行清理,禁止手拉嘴吹,以免伤人。

思 考 题

1. 划线的作用是什么？划线的精度是多少？

2. 什么叫划线基准？如何选择划线基准？

3. 为什么锯削管子和锯削薄板时容易发生崩齿现象？如何防止崩齿现象？

4. 在哪些情况下锯条会折断？为什么？

5. 钻头、扩孔钻、铰刀在结构上有哪些异同？这对孔的加工精度和表面粗糙度有哪些影响？

6. 攻丝前螺纹底孔的直径和套丝前圆杆的直径应该怎样确定？

7. 要装配好一台机器,你认为需要考虑哪些主要问题？

8. 为什么在将钻通时容易产生钻头扎住不转或折断的现象？为什么钻头在斜面上不好钻孔？可以采用哪些办法来解决这个问题？

车工

◀ 模块导入

图 7.1 所示为阶梯轴。它的工艺方案如下。

(1) φ38f7 外圆表面的加工方案:粗车—半精车—精车。

(2) 2×φ28g6 外圆表面的加工方案:粗车—半精车—精磨。

(3) φ20h6 外圆表面的加工方案:粗车—半精车—磨削—超精加工。

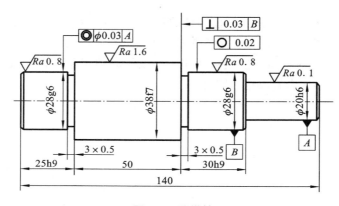

图 7.1 阶梯轴

◀ 问题探讨

1. 如何合理选用车削用量?

2. 车刀材料有哪些? 如何选用车刀材料?

3. 如何刃磨车刀?

4. 如何提高车削加工质量和劳动生产率?

◀ 学习目标

1. 了解普通车床的基本结构和用途,懂得金属切削加工原理,掌握车工常用的计算,能正确安排零件的加工操作步骤。

2. 具有安全生产、文明生产的习惯,养成良好的职业行为习惯;熟练掌握常用车刀的几何角度及刃磨姿势、要求和方法,并能合理选用刀具;能熟练使用车工用的各种夹具、量具;熟练掌握试车法;能合理选择切削用量,达到粗车、精车有明显区别;熟练掌握车工的基本操作技能,完成车工中级技术等级工件的加工;养成对工件去毛刺、倒角的好习惯,养成良好的职业行为习惯。

◀ 职业能力目标

通过本模块的学习,学生应能掌握车工基本操作,能看懂简单的工件零件图,掌握车刀的刃磨,正确使用量具进行测量,独立完成一般零件的加工;能适应企业实际工作的需要,对本工种设备和工、夹、量、刀具做到合理的使用和维护,并能排除一般故障;能熟练掌握安全知识,养成安全生产的习惯。

◆ 课程思政目标

通过本模块的学习,培养学生的规矩和安全意识,使学生懂得尊重生命、明白纪律和法律只是一线之隔;培养学生的职业道德,引导学生热爱劳动、爱岗敬业;培养学生积极探索、创新的科学精神、"科学严谨""精益求精"的工匠精神。

◀ 7.1 车削基本知识 ▶

7.1.1 车削工艺范围

车床主要用于加工外圆柱面、圆锥面、端面、成形回转表面以及内外螺纹等。车削工艺范围如图 7.2 所示。

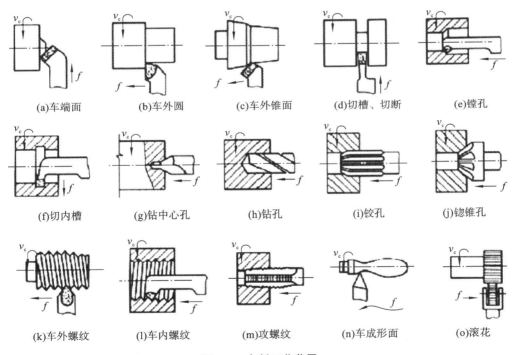

(a)车端面　(b)车外圆　(c)车外锥面　(d)切槽、切断　(e)镗孔

(f)切内槽　(g)钻中心孔　(h)钻孔　(i)铰孔　(j)锪锥孔

(k)车外螺纹　(l)车内螺纹　(m)攻螺纹　(n)车成形面　(o)滚花

图 7.2　车削工艺范围

车工是机械加工的主要工种之一。车床占金属切削机床总数的一半左右,无论是在成批大量生产中,还是在单件小批生产中和机械维修方面,车削都占有十分重要的地位。

7.1.2 车床的型号和组成部分

1. 车床的型号

型号用来简明表示机床的类型、主要技术参数、使用和结构特性等,由汉语拼音字母和阿拉伯数字按一定规律排列组成。例如 C618 和 CM6140,其中,C 表示类代号,6 表示组代号,18 表示主参数折算值(车床中心高的 1/10),M 表示通用特性代号(精密),1 表示系代号,40 表示主参数折算值(床身最大工件回转直径的 1/10)。

1)通用特性代号

通用特性代号用汉语拼音字母表示,排在机床类代号的后面,代表机床具有某些特殊性能。一般在一个型号中,只表示最主要的一个通用特性。机床的通用特性代号如表 7.1 所示。

表 7.1 机床的通用特性代号

通用特性	高精度	精密	自动	半自动	数字程序控制	自动换刀	仿形	轻型	万能	简式
代号	G	M	Z	B	K	H	F	Q	W	J

2)结构特性代号

对于主参数相同而结构不同的机床,在型号中加结构特性代号(用汉语拼音字母表示)予以区别。例如 CA6140 型车床,A 是结构特性代号,表示 C6140 型车床在结构上做了重大改进。当有通用特性代号时,结构特性代号应排在通用特性代号之后,通用特性代号已用的字母以及字母"I""O"均不能作为结构特性代号。

3)机床的重大改进序号

当机床的特性和结构有重大的改进和提高时,在机床型号的尾部加上改进的序号,以区别于原机床型号。机床的重大改进序号可按 A,B,C,⋯字母顺序选用。例如,C6140A 型车床是 C6140 型车床经过第一次重大改进的车床。C618、C620-1 等,这些型号中只有组代号"6",无系代号。主参数表示车床中心高,机床的重大改进序号可用数字 1,2,3,⋯按顺序选用,放在机床型号尾部,用"-"与主参数分开。例如,C620-3 型车床表示中心高为 200 mm,经过第三次重大改进的普通车床。

2. 车床的组成部分

普通卧式车床外形图如图 7.3 所示。

普通卧式车床的主要组成部件及其功能如下。

1)主轴部分

主轴为空心轴,内部有锥孔,用以安装顶尖。

(1)主轴箱。

主轴箱用于安装主轴和主轴的变速机构,内有多组齿轮和变速机构,可实现机械的啮合传动。

(2)卡盘。

卡盘用来夹持工件并带动工件一起旋转。

(3)叠套手柄。

叠套手柄用来变换手柄位置,以使主轴得到不同的转速。

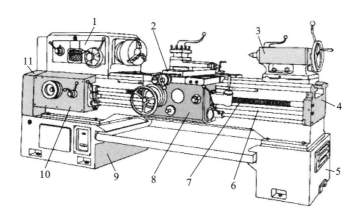

图 7.3　普通卧式车床外形图

1—主轴箱;2—刀架;3—尾座;4—床身;5—右床腿;
6—光杆;7—丝杆;8—溜板箱;9—左床腿;10—进给箱;11—挂轮

（4）螺纹转向变换手柄。

螺纹转向变换手柄用来实现力的传递或改变方向。

2）尾座

尾座位于床身的尾架导轨上,能在车床导轨上作纵向移动,并可随时固定于需要的位置,用来装夹顶尖,支顶较长的工件。尾座还可以装夹钻头、铰刀、中心钻等,用以加工工件上的孔和中心孔。

3）溜板部分

溜板部分主要包括以下结构。

（1）溜板箱。

溜板箱固定在刀架的底部,是操纵车床实现进给运动的主要部分,利用自动走刀手柄完成车床的自动进给。按下开合螺母,溜板箱和丝杆啮合,用来车削螺纹。

（2）滑板。

滑板分为床鞍、中滑板、小滑板三个部分。

①床鞍:作纵向移动,控制车削长度。

②中滑板:作横向移动,控制车刀的背吃刀量。

③小滑板:作纵向移动,用于控制纵向切深和纵向车削较短的工件或角度工件。

（3）刀架。

刀架位于小滑板的上部,用来安装车刀。

4）床身

床身是车床的基础件,用来支承和安装车床的上述零部件。床身上有两条相互平行的 V形导轨和平面导轨,以便溜板和尾座作纵向直线移动。

5）进给部分

进给部分主要包括以下结构。

（1）进给箱。

进给箱固定在车床的左前侧,主要安装进给变速机构。利用进给箱内部的齿轮传动机构,可以把主轴传递来的旋转动力传递给光杆或丝杆。变换进给箱上手柄的位置,可使光杆或丝杆获得不同的进给速度或螺距。

（2）丝杆。

丝杆用来车削螺纹。车削时,将运动给丝杆,使拖板和车刀按要求的速比作精确的直线移动。

（3）光杆。

光杆用来传递动力,把进给箱的运动传给拖板箱,带动床鞍、中滑板,使车刀作纵向、横向直线进给运动。

6）挂轮部分

挂轮部分又称变换齿轮箱或挂轮箱。它位于车床的最左侧,作用是把主轴的旋转运动传送给进给箱。调换挂轮箱内的齿轮,并与进给箱和长丝杆配合,可以车削各种不同螺距的螺纹。

7）附件

（1）跟刀架。

车削细长轴时,跟刀架用来增加刚性,减少细长轴在车削时的变形和振动。跟刀架固定在床鞍上,能随大滑板一起移动。跟刀架如图 7.4(a)和图 7.4(b)所示。

（2）中心架。

车削较长工件时,中心架用来支承工件,防止工件振动。中心架固定在车床的床身上,用来保持工件轴线位置,缩短工件的悬臂长度,增加工艺系统刚度,减少切削力对车削精度的影响。中心架不随大滑板一起移动,中心架如图 7.4(c)所示。

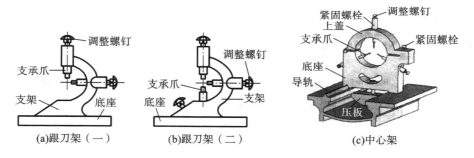

图 7.4　跟刀架和中心架

（3）三爪自定心卡盘。

三爪自定心卡盘是车床上夹持工件的主要夹具。三爪自定心卡盘的结构如图 7.5(a)所

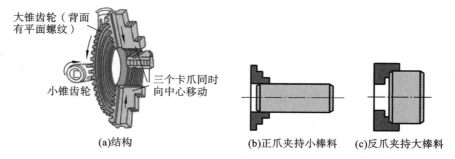

图 7.5　三爪自定心卡盘的结构及其装夹工件方式

示,用手柄转动小锥齿轮,通过大锥齿轮带动三个卡爪同时向中心或远离中心方向移动,夹紧和松开夹持工件。图7.5(b)所示为用三爪自定心卡盘的正爪夹持小棒料,图7.5(c)所示为用三爪自定心卡盘的反爪夹持大棒料。

7.1.3 车床的传动系统

1. 车床的传动路线

图7.6所示是车床传动系统示意图。电动机1输入的动力,经三角皮带2传给主轴箱,变换主轴箱上手柄的位置,可使主轴箱内不同的齿轮组4啮合,从而使主轴5得到不同的转速。主轴5通过卡盘6带动工件旋转。

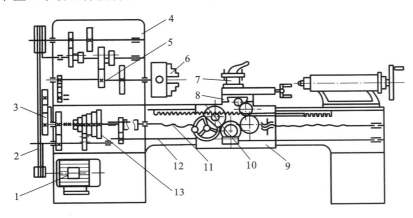

图7.6 车床传动系统示意图

1—电动机;2—三角皮带;3—挂轮;4—齿轮组;5—主轴;6—卡盘;7—刀架;
8—中滑板;9—溜板;10—齿轮齿条机构;11—丝杆;12—光杆;13—进给箱

同时,主轴5的旋转通过挂轮3、进给箱13、光杆12(或丝杆11)、齿轮齿条机构10,使溜板9带动刀架7沿床身导轨作纵向进给运动;或通过齿轮传动带动中滑板8作横向进给运动。车螺纹时,通过丝杆11和开合螺母使溜板箱带动刀架7作纵向运动。

2. 车床各部分传动的关系

车床的传动分为主运动和进给运动,它们是相互配合的关系。电动机输出的动力,经三角皮带传给主轴箱带动主轴、卡盘和工件作旋转运动。此外,主轴的旋转运动还通过挂轮箱、进给箱、光杆或丝杆传到溜板箱,带动溜板、刀架和车刀沿床身导轨作直线运动。

7.1.4 车床的润滑和维护保养

要使车床保持正常的运转和减少摩擦,必须经常对车床的所有摩擦部分进行润滑,延长其使用寿命。

1. 车床常用的六种润滑方式

1)浇油润滑

车床外露的滑动表面,如床鞍,中、小滑板等,擦净后用油壶浇油润滑。

2)溅油润滑

溅油润滑用于车床密封的箱体中,如车床的主轴箱。它利用齿轮转动把润滑油飞溅到油槽中,然后输送到各处进行润滑。

3）油绳导油润滑

油绳导油润滑用于车床进给箱和溜板箱中。它利用毛线吸油和渗油的能力,把车床进给箱和溜板箱油池中的机油慢慢地引到需要润滑的部位。

4）弹子油杯润滑

弹子油杯润滑用于车床尾座和中、小滑板手柄转动的轴承处。注油时,用油嘴把弹子撤下,滴入润滑油。使用弹子油杯是为了防尘防屑。

5）黄油（油脂）杯润滑

黄油（油脂）杯润滑用于车床挂轮箱的中间轴。使用时,先在黄油（油脂）杯中装满工业油脂。当拧进油杯盖时,油脂就挤进轴承套内。黄油（油脂）杯润滑的优点是:存油期长,不需要每天加油。

6）油泵输油润滑

油泵输油润滑通常用于转速高、需油量大的机构中。例如,主轴箱一般采用油泵输油润滑。

上述六种润滑方式中,浇油润滑、油绳导油润滑、弹子油杯润滑为每班加一次 30 号机油,溅油润滑、油泵输油润滑为三个月加一次 30 号机油,黄油（油脂）杯润滑为每周加一次黄油。

2. 车床的清洁维护保养要求

（1）每班工作后应擦净车床的三个导轨面,要求无油污,无铁屑,并浇油润滑。

（2）每周要求清洁并润滑车床的三个导轨面和转动部位,保证油眼畅通,油标窗清晰;清洗护床油毛毡,并保持车床外表清洁和场地整齐等。

◀ 7.2 车 刀 ▶

7.2.1 车刀常用材料

切削加工性能好的刀具材料,能够提高切削加工生产率和加工质量。在切削过程中,刀具的耐用度在很大程度上取决于刀具材料的选择。

1. 刀具材料应具备的性能

刀具切削部分在工作时,要承受较大的切削力、较高的温度以及剧烈摩擦、冲击和振动。因此,刀具材料必须具备以下几个方面的性能。

1）足够的硬度和耐磨性

刀具材料的硬度应高于被加工材料的硬度,刀具材料的常温硬度一般应在 60 HRC 以上。耐磨性是指材料抵抗磨损的能力,刀具应具有长时间工作仍能保持锋利的性能。刀具材料的硬度越高,耐磨性越好。

2）足够的强度和韧性

为了承受切削力、冲击和振动,避免车刀崩刃和折断,刀具材料应具有足够的抗弯强度和冲击韧性。

3）高的耐热性

耐热性是指在高温下,保持材料硬度、耐磨性、强度和韧性的性能。刀具材料的高温硬度越高,耐热性越好,允许的切削速度越高。

4）良好的导热性

刀具材料的导热系数越大,刀具传导热量的能力就越大。刀具具有良好的导热性,有利于将切削区的热量传出,降低切削温度,提高刀具的使用寿命。

5）良好的工艺性能和经济性

为了便于刀具本身的加工制造,要求刀具材料具有良好的锻造性能、焊接性能、热处理性能、高温塑性变形性能、切削加工性能和磨削加工性能。

2. 车刀材料的分类

车刀切削部分的材料主要有高速钢、硬质合金、陶瓷材料和超硬刀具材料。常用的刀具材料有高速钢和硬质合金两大类,高速钢的类别、成分、常用牌号和性质如表 7.2 所示,硬质合金的类别、成分、常用牌号、适用加工阶段和适用范围如表 7.3 所示。

表 7.2　高速钢的类别、成分、常用牌号和性质

类　别	成　分	常用牌号	性　质
钨类	W+Cr+V	W18Cr4V	性能稳定,刃磨和热处理工艺控制较方便
钨钼类	W+Mo+Cr+V	W6Mo5Cr4V2	高温塑性和硬度都超过 W18Cr4V,而切削加工性能与 W18Cr4V 大致相同,主要用于制造麻花钻等
		W9Mo3Cr4V	强度和韧性都比 W6Mo5Cr4V2 好,高温塑性和切削加工性能好

表 7.3　硬质合金的类别、成分、常用牌号、适用加工阶段和适用范围

类　别	成　分	常用牌号	适用加工阶段	适用范围
钨钴类	WC+Co	YG3	精加工	适于加工短切屑的黑色金属、有色金属及非金属材料
		YG6	半精加工	
		YG8	粗加工	
钨钛钴类	WC+TiC+Co	YT30	精加工	适于加工长切屑的黑色金属
		YT15	半精加工	
		YT5	粗加工	
钨钛钽(铌)钴类	WC+TiC+TaC(NbC)+Co	YW1	半精加工,精加工	适于加工黑色金属和有色金属
		YW2	粗加工,半精加工	

7.2.2　车刀的组成部分

如图 7.7 所示,车刀由刀头 1 和刀杆 2 组成。刀头是车刀的切削部分,刀杆是车刀的夹持部分。刀头是一个几何体,由若干刀面和刀刃组成。

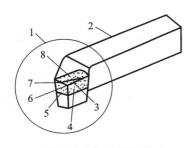

图 7.7　车刀的组成

1—刀头;2—刀杆;3—主切削刃;
4—主后面;5—副后面;6—刀尖;
7—副切削刃;8—前面

切削刃完成切削工作。

（6）切屑沿前面排出。

刀头的组成部分如图 7.7 所示。

（1）主切削刃为前面和主后面的相交部位,担负主要切削工作。

（2）主后面为与工件上过渡表面相对的刀面。

（3）副后面为与工件上已加工表面相对的刀面。

（4）刀尖为主、副切削刃的连接部位。为了提高刀尖的强度和车刀的耐用度,刀尖常磨成圆弧形或直线形过渡刃。一般硬质合金车刀的刀尖圆弧半径为 0.5～1 mm。

常见的刀尖有三种:点状刀尖、修圆刀尖、倒角刀尖。

（5）副切削刃为前面和副后面的相交部位,配合主切削刃完成切削工作。

7.2.3　车刀的几何角度

1. 确定车刀几何角度的辅助平面

为了确定车刀各刀面、切削刃的空间位置,需要假想三个辅助平面作基准,即基面、切削平面、正交平面,如图 7.8 所示。

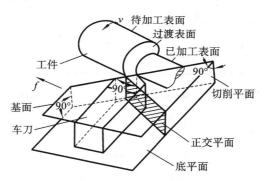

图 7.8　确定车刀几何角度的辅助平面

（1）基面 P_r:通过切削刃上某一选定点,与主运动方向垂直的平面。

（2）切削平面 P_s:通过切削刃上某一选定点与切削刃相切并同时垂直于基面的平面。

（3）正交平面 P_o:通过切削刃上某一选定点并同时垂直于基面和切削平面的平面。

通过车刀主切削刃上某一选定点,同时垂直于该点的切削平面和基面的平面称为主截面。

通过车刀副切削刃上某一选定点,同时垂直于该点的切削平面和基面的平面称为副截面。

2. 车刀静状态下的几何角度和作用

车刀静状态下的几何角度如图 7.9 所示。

1）在主截面内测量的角度

在主截面内测量的角度如下。

（1）前角 γ_o。

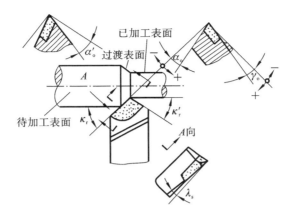

图 7.9　车刀静状态下的几何角度

前角是指前面与基面之间的夹角。前角的作用是使切削刃锋利,减少切削变形,使切削加工省力,并使切屑顺利排出。负前角能增加切削刃的强度并使切削刃耐冲击。

工件材料软,可选较大的前角;工件材料硬,可选较小的前角。车削塑性材料,可选较大的前角;车削脆性材料,可选较小的前角。粗加工,尤其是车削有硬皮的锻件、铸件时,为了保证切削刃有足够的强度,应取较小的前角;精加工时,为了减小工件的表面粗糙度,一般应取较大的前角。

车刀材料的强度低、韧性差,前角应取小值;反之,可取较大值。

(2) 后角 α_o。

后角是指后面和切削平面之间的夹角。后角总是锐角。后角的作用是减少车刀后面与工件表面之间的摩擦。后角太大,会降低切削刃和刀头的强度;后角太小,会增加后面与工件表面之间的摩擦。

粗加工时,应取较小的后角(硬质合金车刀,$\alpha_\mathrm{o}=5°\sim7°$;高速钢车刀,$\alpha_\mathrm{o}=6°\sim8°$);精加工时,应取较大的后角(硬质合金车刀,$\alpha_\mathrm{o}=8°\sim10°$;高速钢车刀,$\alpha_\mathrm{o}=8°\sim12°$);工件材料较硬,后角应取小值;工件材料软,后角应取较大值。副后角(α_o')一般磨成与后角(α_o)相等。但在切断刀等特殊情况下,为了保证刀具的强度,副后角应取很小的数值($\alpha_\mathrm{o}'=1°\sim2°$)。

2) 在基面内测量的角度

在基面内测量的角度如下。

(1) 主偏角 κ_r。

主偏角是指主切削刃在基面上的投影与进给运动方向之间的夹角。主偏角总是正值。主偏角的主要作用是改变主切削刃和刀尖的受力和散热情况。当进给量不变时,改变主偏角可以使切屑变薄或变厚。

选择主偏角时首先应考虑工件的形状。例如,加工台阶轴之类的工件,车刀的主偏角必须等于或大于 90°;加工从中间切入的工件,一般选用 45°～60°的主偏角。

(2) 副偏角(κ_r')。

副偏角是指副切削刃在基面上的投影与背离进给运动方向之间的夹角。副偏角一般为锐角。副偏角的作用是减少副切削刃与工件已加工表面之间的摩擦。减小副偏角,可以减小工件的表面粗糙度。相反,副偏角太大时,刀尖角(ε_r)减小,影响刀头的强度。副偏角一般为 6°

~8°。当加工从中间切入的工件时,副偏角应取较大值($\kappa_r' = 45° \sim 60°$)。

3)在切削平面内测量的角度

在切削平面内测量的角度是刃倾角(λ_s)。刃倾角是指主切削刃与基面之间的夹角。它的作用是控制排屑方向。刃倾角有正值、负值和零值 3 种。当刀尖位于主切削的最高点时,刃倾角为正值($+\lambda_s$),切削时,切屑排向待加工表面,不易擦毛已加工表面,车出的工件表面粗糙度小,但车刀刀尖的强度较差,具有正刃倾角的车刀适用于精车;当刀尖位于主切削的最低点时,刃倾角为负值($-\lambda_s$),切削时,切屑排向工件已加工表面,容易擦毛已加工表面,但车刀刀尖的强度好,在断续切削和车削有冲击的工件时,冲击点先接触远离刀尖的切削刃,从而保护了刀尖,具有负刃倾角的车刀适用于粗车;当主切削刃和基面平行时,刃倾角为零($\lambda_s = 0°$),切削时,切屑基本上沿垂直于主切削刃的方向排出。一般车削(工件圆整、切削厚度均匀)时,刃倾角取为 0°。

4)车刀的派生角度

车刀的派生角度如下。

(1)楔角(β_o)。

楔角是指在主截面内,前面与后面之间的夹角。楔角影响刀头的强度。它的计算公式是:$\beta_o = 90° - (\gamma_o + \alpha_o)$。

(2)刀尖角(ε_r)。

刀尖角是指主切削刃和副切削刃在基面上的投影间的夹角。刀尖角影响刀尖的强度和车刀的散热性能。它的计算公式是:$\varepsilon_r = 180° - (\kappa_r + \kappa_r')$。

7.2.4 车刀的刃磨

在车床上加工工件主要靠工件的旋转运动和刀具的进给运动来完成。在切削过程中,车刀的前面和后面处于剧烈的摩擦和切削热的作用下,使车刀的切削刃刃口变钝而失去切削加工能力,这时必须通过刃磨来恢复车刀切削刃刃口的锋利和正确的车刀几何角度。刃磨质量直接影响工件的加工质量和切削效率。车削好一个工件,首先必须在车刀的刃磨上下苦功夫(打好基础),必须掌握好手工刃磨车刀的技术。

这里以 90°外圆车刀(见图 7.10)为例介绍车刀的一般刃磨过程。学生在刚开始练习车刀刃磨时,建议选用 16 mm×16 mm×150 mm 的方钢练习,在把角度和手性掌握好后,再刃磨 YT5 硬质合金车刀。

(1)刃磨姿势。

①操作者站在与砂轮轴线成 45°左右的侧面,以防砂轮碎裂时碎片飞出伤人。

②两手握刀具的距离放开,两肘夹紧腰部,以减少磨刀时的抖动。

③磨刀时手应放在砂轮的托架上,不能悬空,并且接触砂轮要轻。

手部刃磨姿势如图 7.11 所示。

(2)磨去前面、后面的焊渣。可选用粒度为 24# ~ 36# 的氧化铝砂轮。

(3)粗磨副后面。

粗磨副后面如图 7.12 所示。刀杆尾部向右偏一个副偏角的角度($\kappa_r' = 8°$),刀杆底部向砂轮方向倾斜一个副后角的角度($\alpha_o' = 6° \sim 8°$)。可选用粒度为 36# ~ 60#,硬度为 G、H 的碳化

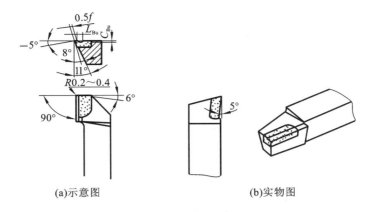

(a)示意图　　　　　　　　(b)实物图

图 7.10　90°外圆车刀

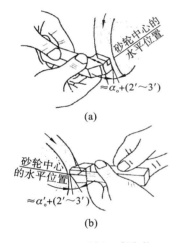

图 7.11　手部刃磨姿势

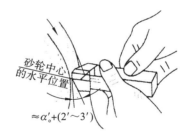

图 7.12　粗磨副后面

硅砂轮。

粗磨副后面,磨至刀尖处。

（4）粗磨主后面。

粗磨主后面如图 7.13 所示。刀杆尾部向左偏一个主偏角的角度（$\kappa_r = 90° \sim 93°$），刀杆底部向砂轮方向倾斜一个主后角的角度（$\alpha_o = 6° \sim 8°$）。砂轮的选用与粗磨副后面相同。粗磨主后面,也磨至刀尖处。

（5）粗磨前面。

粗磨前面如图 7.14 所示。前面正对着砂轮,刀杆向右偏一个刃倾角的角度（$\lambda_s = 0° \sim 3°$）,刀杆底部向砂轮方向倾斜一个前角的角度（$\gamma_o = 5° \sim 15°$）。

（6）刃磨断屑槽。

刃磨断屑槽如图 7.15 所示。先把砂轮的外圆与平面的交角处修成相应的圆弧,刃磨时刀头向上,车刀前面应与砂轮外圆成一夹角（即前角）,刃磨时的起点位置应离主切削刃 2～3 mm,左手大拇指和食指握刀头上部,右手握刀头下部,车刀前面接触砂轮的左侧,并沿刀杆方向向上缓慢移动进行刃磨。

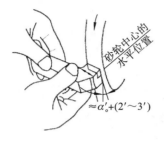
图 7.13 粗磨主后面

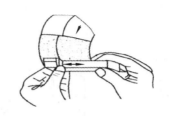
图 7.14 粗磨前面

图 7.15 刃磨断屑槽

7.2.5 车刀的使用寿命

一把刃磨好的刀具从开始进行切削至磨损量达到磨钝标准所使用的时间,称为刀具寿命。新刃磨好的刀具从开始进行切削,经过反复刃磨、使用,直至完全失去切削加工能力而报废的实际总切削时间,称为刀具的总寿命。

1. 车刀的磨损

1) 车刀的正常磨损

(1) 后面磨损。

后面磨损主要发生在后面上,形成 $\alpha_o = 0°$ 的磨损带。一般在切削脆性金属或以较低切削速度、较小进给量切削塑性金属时产生后面磨损。

(2) 前面磨损。

前面磨损主要发生在前面上,在近切削刃处出现月牙洼。一般在高速、大进给量切削塑性材料时产生前面磨损。

(3) 前后面同时磨损。前后面同时磨损是一种前面有月牙洼,后面有磨损带的综合性磨损。在中等切削速度、中等进给量、切削厚度为 $a_p = 0.1 \sim 0.5$ mm 的情况下切削塑性金属时产生前后面同时磨损。

2) 车刀的非正常磨损

车刀的非正常磨损是指由于冲击、振动、热效应等原因,车刀崩刃、碎裂而损坏。

2. 影响车刀使用寿命的因素

(1) 工件材料。

工件材料的强度高、硬度高、热导率小,车刀磨损快,车刀的使用寿命降低。

(2) 车刀材料。

车刀材料高温硬度高、耐磨性好,车刀的使用寿命长。

(3) 车刀几何参数。

前角增大,切削温度降低,车刀的使用寿命延长;但前角太大,散热体积减小,车刀的使用寿命下降。

减小主偏角 κ_r、副偏角 κ_r',增大刀尖圆弧半径 r_ε,减小散热体积,车刀的使用寿命延长。

(4) 切削用量。

切削速度 v_c 增大,切削温度升高,车刀的使用寿命下降。

◀ 7.3　典型表面的车削 ▶

7.3.1　外圆表面与端面的车削

外圆表面、端面是构成各种机器零件形状的基本表面。将工件安装在卡盘上使其作旋转运动,将刀具夹持在刀架上使其作纵向运动,就能车出外圆表面;若刀具作横向移动,就能车出端面。

在车削加工前,在卡盘上装夹工件,找正外圆表面、端面并夹紧;按要求装好车刀,使车刀对准工件中心,并调整转速和进给量;启动机床,使工件旋转。

1. 车刀的安装

车刀的安装如图 7.16 所示。车刀安装要求如下。

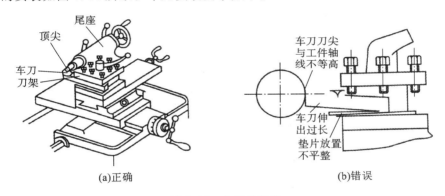

(a)正确　　　　　　　　(b)错误

图 7.16　车刀的安装

(1)车刀刀尖的高度。

车刀刀尖应与工件轴线等高,可按尾部顶尖高度调整车刀刀尖高度,也可用钢直尺测量并调整高速车刀刀尖高度。车刀刀尖太高,车刀的主后面会与工件表面产生强烈的摩擦;车刀刀尖太低,切削不顺利,甚至工件会被抬起来,使工件从卡盘上掉下来,或把车刀折断。

车刀安装在刀架上时,车刀刀尖不可能刚好对准工件轴线,一般会低于工件轴线,因此可用一些厚薄不同的垫片来调整车刀刀尖的高低。所用垫片必须平整,宽度应与刀杆一样,长度应与刀杆被夹持部分一样,同时垫片数量宜少,最好为 1～4 片,垫片用得过多会造成车刀在车削时接触刚度变差而影响加工质量。

(2)车刀的伸出长度。

车刀的伸出长度应不超过刀杆厚度的 1～1.5 倍。车刀伸出太长,车刀易发生振动,使车出来的工件表面粗糙,甚至使车刀折断;车刀伸出太短,刀架易与卡盘碰撞,使车削不方便,也不便于观察车削状况。

(3)车刀位置装正后,应交替拧紧刀架螺钉。装好工件和刀具后,检查加工极限位置是否会产生干涉、碰撞现象。

2. 外圆表面的车削

车削外圆表面时,一定要进行试车。为了确保外圆表面的车削长度,通常先采用刻线痕法,后采用测量法进行车削。常用的外圆车刀和车削外圆表面的方法如图7.17所示。图7.17(a)所示为用直头车刀车削外圆表面,图7.17(b)所示为用弯头车刀车削外圆,图7.17(c)所示为用90°外圆车刀车削外圆。

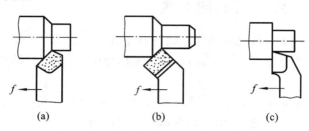

图7.17 常用的外圆车刀和车削外圆表面的方法

3. 端面的车削

常用的端面车刀和车削端面的方法如图7.18所示。

启动机床使工件旋转。用外圆车刀刀尖或45°车刀的左刀尖轻轻对刀,利用小滑板或床鞍控制吃刀深度,摇动中滑板作横向进给,由工件外向中心或由工件中心向外车削。

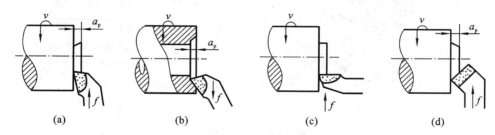

图7.18 常用的端面车刀和车削端面的方法

7.3.2 车槽与切断

1. 切断刀

图7.19所示为切断刀的几何结构和外形图。

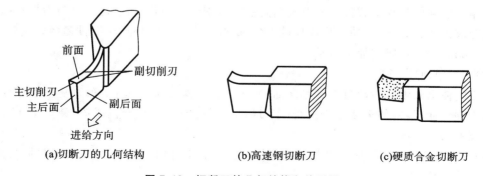

(a)切断刀的几何结构　　　　(b)高速钢切断刀　　　　(c)硬质合金切断刀

图7.19 切断刀的几何结构和外形图

切断刀的安装要求如下。

（1）安装时，切断刀不宜伸出过长，同时切断刀的中心线需装得与工件中心线垂直，保证两副偏角对称；切断刀的主切削刃需装得与工件中心等高，否则不能车削到中心。

（2）切断刀的底面应平整，保证两副后角对称。

2．车槽的方法

车槽和车端面很相似，车槽时车槽刀如同左、右偏刀在一起同时车左、右两个端面。

（1）车窄槽（槽宽在 5 mm 以下）时，可用刀宽等于槽宽的切槽刀采用直进法一次进给车出。

（2）精度要求高的矩形槽一般采用二次直进法车出，即第一次车槽时，槽壁两侧留有精车余量；第二次用等宽车刀修整，也可用原车刀进行精车。

（3）宽槽可采用多次直进法进行车削，并在槽壁两侧留一定的精车余量，然后根据槽深、槽宽进行精车。

3．工件的切断方法

（1）直进法：如图 7.20(a)所示，刀具进给垂直于工件轴线方向进行切断。此法切断效率高，但对车床及切断刀的韧度和安装有较高的要求，否则造成切断刀刀头折断。

（2）左右借切法：如图 7.20(b)所示，切断刀在工件轴线方向反复地往返移动，随后两侧径向进给直至将工件切断。此法适合在刀具、工件和车床刚性不足的情况下采用。

（3）反切法：如图 7.20(c)所示，工件反转，切断刀反向安装。此法适用于较大工件的切断。

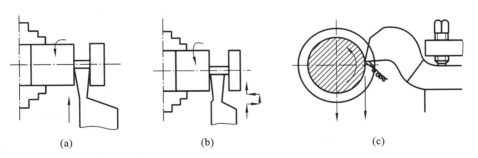

(a)   (b)   (c)

图 7.20　工件外圆切槽示意图

切断要用切断刀。切断刀的形状与切槽刀相似，但切断刀因刀头窄而长，很容易折断。切断时：切断点应距卡盘近些，避免在顶尖安装的一侧切断；要尽可能减小主轴与刀架滑动部分的间隙，以免工件和切断刀振动，使切断难以进行；用手进给时一定要均匀，即将切断时需放慢进给速度，以免刀头折断。

为了使被切断工件不带小凸头，或使带孔工件不留变形毛刺，可将切断刀的主切削刃稍磨斜些。斜刃切断刀如图 7.21 所示。

4．切断操作注意事项

（1）切断毛坯表面时，应先用外圆车刀将工件切断处外圆车圆整，从而防止因冲击而损坏切断刀。

（2）手动进给要连续、均匀，不能太快，也不能太慢，以免由于车削过程中的停顿造成切断刀与工件摩擦，使工件产生冷硬现象和加剧切断刀的磨损。切断中若要停止切削加工，应先退

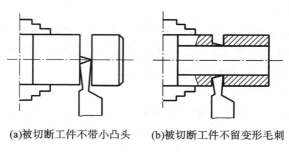

(a)被切断工件不带小凸头　　　(b)被切断工件不留变形毛刺

图 7.21　斜刃切断刀

出切断刀再停车。

（3）切断用卡盘装夹的工件时,切断位置应离卡盘的距离尽可能近一些。

（4）对于一夹一顶装夹的工件,不能直接在车床上完全切断,应停车卸下工件,用手或其他工具将工件折断。

（5）切断工件不允许采用两顶尖装夹工件的方法,否则工件在切断时易飞出伤人。

7.3.3　内圆表面的钻削和车削

内圆表面即孔的加工方法很多。根据零件的加工质量要求不同,常用的内圆表面加工方法有钻孔、车削内孔、扩孔、铰孔、镗孔等。

1. 钻孔

用麻花钻在实心材料上钻削出盲孔或通孔,并能对已有的孔进行扩孔的加工称为钻孔。

钻孔粗加工可达到的尺寸公差等级在 IT10 级以下,表面粗糙度 Ra 的值为 12.5 μm。

（1）麻花钻的装夹与拆卸。

①装夹。

a.用钻夹头装夹。直柄麻花钻用钻夹头直接装夹,再将钻夹头的锥柄插入尾座的锥孔中。

b.用过渡套装夹。锥柄麻花钻可直接安装或用莫氏变径套(过渡套)插入尾座的锥孔中。

②拆卸。

用扳手(也叫钥匙)将钻夹头三个卡爪松开,就可取下直柄麻花钻;对于锥柄麻花钻,用斜铁插入过渡套的腰形孔中,再敲击斜铁就可把锥柄麻花钻卸下来。

（2）钻孔的方法。

①钻孔前先将工件端面车平,工件端面中心处不允许留有凸台,以保证麻花钻的正确定心。

②找正尾座,使麻花钻中心对准工件的旋转中心,否则可能会扩大孔径,甚至使麻花钻折断。

③启动车床,摇动尾座手轮,待麻花钻的主后面完全嵌入工件端面时,用钢直尺量出尾座套筒的伸出长度,钻孔的深度应控制为所能测长度加上孔深;也可直接在麻花钻上面做标记。

车床钻孔示意图如图 7.22 所示。

2. 车削内孔

车削内孔就是用车削的方法扩大工件的孔或加工空心工件的内表面的加工手段,是车削加工的主要内容之一。车孔后的工件可达到的尺寸公差等级为 IT8、IT7 级,表面粗糙度 Ra

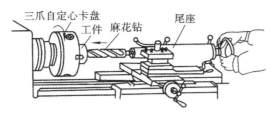

图 7.22 车床钻孔示意图

值为 3.2 μm,精加工后可达 Ra 1.6 μm。车削不同类型内孔采用的车刀不同,内孔具体加工示意图如图 7.23 所示。车削内孔时,车床主轴带动工件作旋转运动,刀具沿着轴线方向作进给运动。

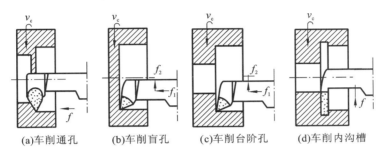

(a)车削通孔   (b)车削盲孔   (c)车削台阶孔   (d)车削内沟槽

图 7.23 车削内孔示意图

3. 内孔车刀的安装

(1)内孔车刀的刀尖应与工件中心线等高或略高于工件中心线。若内孔车刀的刀尖低于工件的中心线,在切削抗力的作用下,刀杆容易被压低,从而产生"扎刀"现象,并可造成孔径扩大。

(2)为了增加刚性,防止产生振动,内孔车刀刀杆伸出长度不宜过长,只需比加工的孔长 5～10 mm 即可。

(3)内孔车刀刀杆的长度应保证内孔车刀在孔内有足够的横向退刀余地。

(4)内孔车刀的刀杆应与工件轴线基本平行,否则车到一定深度后,刀杆后来部分会与工件孔壁相碰。

(5)为了确保安全,通常在车孔前把内孔车刀在孔内试走一遍,观察内孔车刀与工件孔壁有无碰撞,这样才能保证车削内孔顺利进行。

7.3.4 圆锥面的车削

在机器中,为了消除配合面间的间隙,一般都采用圆锥配合,如车床主轴锥孔与顶针的配合、车床尾座锥孔与麻花钻锥柄的配合、铣床主轴与刀杆锥体的配合等。圆锥配合由于具有配合紧密,同轴度高;当圆锥角小于 3°时,能传递很大的扭矩;装卸方便,定心准确;发生磨损时仍然保持精密的定心和配合作用等优点,得到广泛应用。

加工圆锥面时,除了尺寸精度、几何精度和表面粗糙度要求较高以外,角度的精度要求也很高。角度的精度用加减角度的分或秒表示,如 2°51′45″±4′。一般角度用万能角度尺测量。对于精度要求较高的圆锥面,常用涂色法检验圆锥角,圆锥角的精度以接触面的大小来评定。

1. 圆锥的尺寸标注和计算

圆锥分为外圆锥和内圆锥两种,如图 7.24 所示。

2. 圆锥角的计算

圆锥角 α 是指通过圆锥轴线的截面内两条素线之间的夹角,单位为度(°)。圆锥半角 α/2 是圆锥角的一半,是车圆锥面时小滑板转动的角度,单位为度(°)。圆锥角计算示意图如图 7.25所示。

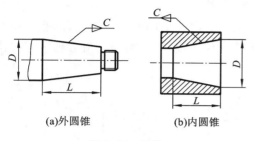

(a)外圆锥 (b)内圆锥

图 7.24 圆锥

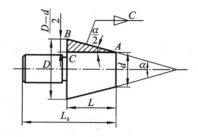

图 7.25 圆锥角计算示意图

D—最大圆锥直径;d—最小圆锥直径;
α—圆锥角度;α/2—圆锥半角;
L—圆锥长度;C—锥度;L_0—工件全长

圆锥半角的计算公式为

$$\tan \frac{\alpha}{2} = \frac{D-d}{2L} = \frac{C}{2}$$

$$\frac{\alpha}{2} = 28.7° \times C = 28.7° \times \frac{D-d}{L}$$

3. 车削圆锥的方法

车削圆锥既要保证尺寸精度,又要满足角度要求。车削外圆锥面的方法主要有四种,一是转动小滑板法,二是偏移尾座法,三是仿形法,四是成形法。

在此主要介绍转动小滑板法。此法就是先松开固定小滑板的螺母,使小滑板绕转盘转一个圆锥半角 α/2,然后把固定小滑板的螺母拧紧,均匀转动小滑板手柄,车刀即沿圆锥面的母线移动,车出所需要的圆锥面。

转动小滑板法车削圆锥面如图 7.26 所示。

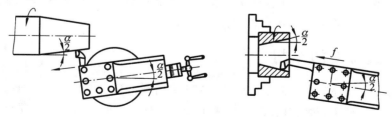

图 7.26 转动小滑板法车削圆锥面

(1)调整角度。

将小滑板下面转盘上的螺母松开,把转盘转到所需的圆锥半角 α/2 的刻度上(注意转动方向),如图 7.27 所示,使转盘与基准零线对齐,然后拧紧转盘上的螺母。如果角度不是整数,如 α/2=2°52′,可在 2.5°~3°范围内估计,角度一般事先调得稍大一点,然后逐步找正。

（2）对刀。

移动中、小滑板,使车刀刀尖与靠近端面处的外圆面轻轻接触,如图 7.28 所示,然后退出小滑板,将中滑板刻度调至零位,作为粗车外圆锥面的起始位置。

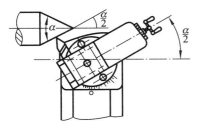

图 7.27　调整角度示意图

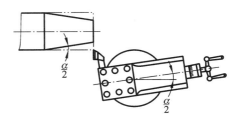

图 7.28　对刀示意图

（3）试车。

按刻度移动中滑板向前调整吃刀量,启动车床,双手交替转动小滑板手柄,手动进给速度应保持均匀一致和不间断,当车至中端时,将中滑板退出,小滑板迅速后退复位,如图 7.29 所示。

（4）试测量。

用万能角度尺测量角度的大小。将万能角度尺调整到所要测量的角度大小,基尺必须通过工件中心靠在端面上,刀口尺靠在圆锥面素线上,用透光法测量,大端透光,说明角度小了;小端透光,说明角度大了。角度测量示意图如图 7.30 所示。

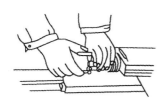

图 7.29　试车示意图

图 7.30　角度测量示意图

（5）圆锥长度控制。

①按比例计算:根据未车圆锥面长度,按比例（锥度）计算出中滑板的进刀量 a_p。移动中、小滑板,使车刀轻轻接触工件小端外圆锥面,然后退出小滑板,按计算的中滑板的进刀量 a_p 进刀,移动小滑板手动进给,精车外圆锥面。

②中滑板控制:移动床鞍到圆锥长度终点位置,移动中滑板,轻轻碰一下圆锥长度终点外圆面,记住中滑板的刻度,将中滑板横向退出（大滑板不动）,使小滑板迅速后退复位,然后中滑板按记住的刻度进刀,转动小滑板把锥度车到所需长度。

（6）配套圆锥面车削。

在车削好外圆锥体基础上,不变动小滑板的角度,把车孔刀反装,使切削刃向下、主轴旋转,即可车削圆锥孔了,如图 7.31 所示。对于左右对称的圆锥孔工件,也可用此法来保证精度:先把外端圆锥孔车削正确,不变动小滑板的角度,把车刀反装,车削里面的圆锥孔,如图 7.32所示。

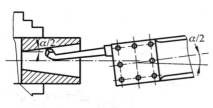

图 7.31 车削配套圆锥面

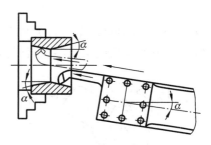

图 7.32 车削左右对称圆锥面

7.3.5 螺纹的车削

螺纹是车削加工的主要表面之一,常用于零件间的连接。螺纹的旋向有左旋和右旋两种。正确判断螺纹旋向是加工螺纹的基本常识。

螺纹的旋向可用图 7.33 所示的方法判断,即把螺纹垂直放置,右侧高的为右旋螺纹,左侧高的为左旋螺纹。也可以用右手法则来判断螺纹的旋向,即伸出右手,掌心对着自己,四指并拢与螺纹轴线平行,并指向旋入方向,若螺纹的旋向与拇指的指向一致,则为右旋螺纹,反之则为左旋螺纹,如图 7.34 所示。

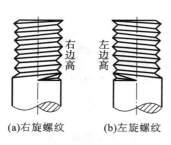

(a)右旋螺纹　(b)左旋螺纹

图 7.33 螺纹的旋向判断

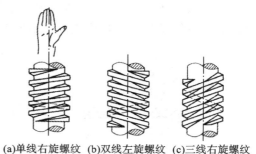

(a)单线右旋螺纹 (b)双线左旋螺纹 (c)三线右旋螺纹

图 7.34 用右手法则判断螺纹旋向

1. 三角形螺纹车刀

1) 高速钢三角形外螺纹车刀

为了使车削顺利,高速钢三角形外螺纹粗车刀径向前角取 0～15°,径向后角取 6°～8°,刀尖处还应适当倒圆。为了获得较正确的牙型,高速钢三角形外螺纹精车刀应选用较小的径向前角(6°～10°),刀尖角应等于牙型角。高速钢三角形外螺纹车刀如图 7.35 所示。

2) 高速钢三角形内螺纹车刀

内螺纹车刀除了刀刃几何形状应具有外螺纹车刀的几何形状特点外,还应具有内孔车刀的特点。由于内螺纹车刀的大小受内螺纹孔径的限制,因此内螺纹车刀刀体的径向尺寸应比螺纹孔径小 3～5 mm。高速钢三角形内螺纹车刀如图 7.36 所示。

3) 硬质合金三角形外螺纹车刀

硬质合金三角形外螺纹车刀径向前角应为 0°,后角取 4°～6°。当螺距较大($P<2$ mm),以及被加工材料硬度较高时,在硬质合金三角形外螺纹车刀的两个主切削刃上磨出 0.2～0.4

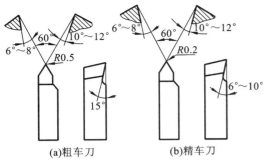

(a)粗车刀　　(b)精车刀

图 7.35　高速钢三角形外螺纹车刀

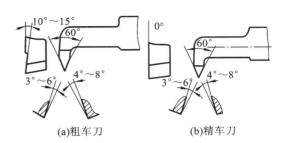

(a)粗车刀　　(b)精车刀

图 7.36　高速钢三角形内螺纹车刀

mm 宽、前角为 $-5°$ 的侧棱。另外,由于高速切削部位受到挤压力的作用,牙型角要扩大,因此硬质合金三角形外螺纹车刀刀尖角应适当减小 $1°\sim2°$,且刀尖处应适当倒圆。硬质合金三角形外螺纹车刀的前后面的表面粗糙度必须很小。硬质合金三角形外螺纹车刀如图 7.37 所示。

4)硬质合金三角形内螺纹车刀

硬质合金三角形内螺纹车刀的基本结构特点与高速钢三角形内螺纹车刀相同。硬质合金三角形内螺纹车刀如图 7.38 所示。

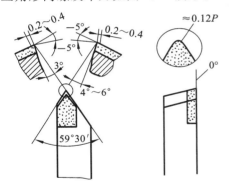

图 7.37　硬质合金三角形外螺纹车刀

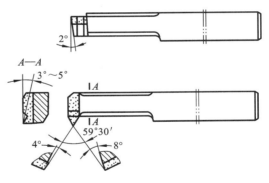

图 7.38　硬质合金三角形内螺纹车刀

2. 三角形螺纹车刀的刃磨要求

三角形螺纹车刀的刃磨要求如下。

(1)刀尖角应等于牙型角($60°$)。

(2)左右切削刃必须是直线,不能歪斜,更不能出现崩刃。

(3)进刀后角因受螺纹升角的影响应磨得较大些,退刀方向上的后角应磨得小些。

(4)前面和两个工作面的表面粗糙度值要小。

(5)三角形内螺纹车刀的刀尖角的角平分线必须与刀柄垂直。

(6)三角形内螺纹车刀的后角应适当增大。像内孔车刀一样,三角形内螺纹车刀磨成双重后角。

3. 螺纹车刀的刃磨方法和步骤

(1)粗精磨两侧后面,逐步形成两刀刃间的夹角。

①磨进给方向上的后面,保证刀尖半角和后角。具体操作是:双手持车刀,使刀柄与砂轮

外圆水平方向成30°夹角,在垂直方向上倾斜8°~10°,车刀与砂轮接触后稍加压力并匀速缓慢移动磨出后面。

②磨背离进给方向的后面,保证刀尖角和后角。具体操作参照步骤①。

粗精磨螺纹车刀侧面如图7.39所示。

(2)粗精磨前面,逐步形成刀尖角。

将车刀前面相对于砂轮水平方向倾斜10°~15°,同时在垂直方向上微量倾斜车刀,使左侧切削刃略低于右侧切削刃,前面与砂轮接触后稍加压力刃磨,逐渐磨到刀尖处,即磨出前角。粗精磨螺纹车刀前面如图7.40所示。

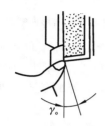

图7.39 粗精磨螺纹车刀侧面

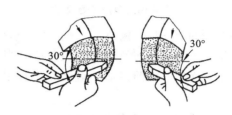

图7.40 粗精磨螺纹车刀前面

(3)粗精磨后面。

保证后角和刀尖角,刀尖角用螺纹样板检查修正,样板的水平线应与车刀的角平分线垂直,把刀尖角与样板粘合,对准光源,仔细观察两边的粘合间隙。如果刀尖处透光,说明角度磨大了,应修磨后面;如果后面透光,则角度小了,应修磨刀尖。

(4)修磨刀尖。

刀尖倒棱(或磨成圆弧)宽度为 $0.12P$。修磨螺纹车刀刀尖如图7.41所示。

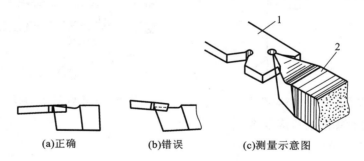

(a)正确　　　　(b)错误　　　　(c)测量示意图

图7.41 修磨螺纹车刀刀尖

1—样板;2—螺纹车刀

4. 三角形螺纹的车削

1)三角形外螺纹车刀的安装

(1)三角形外螺纹车刀刀尖应与车床主轴轴线等高。

(2)三角形外螺纹车刀的两刀尖半角的对称中心线应与工件轴线垂直。

装刀时可用对刀样板调整,如果把三角形外螺纹车刀装歪了,会产生倒牙现象。三角形外螺纹车刀伸出不宜过长,一般伸出长度为25~30 mm。

三角形外螺纹车刀的安装如图7.42所示。

2）三角形内螺纹车刀的安装

（1）三角形内螺纹车刀刀柄伸出长度比三角形外螺纹车刀刀柄长 10～15 mm。

（2）三角形内螺纹车刀刀尖严格对准工件的回转中心。

（3）用螺纹样板进行对刀，调整好后夹紧车刀。

装夹好的三角形内螺纹车刀应在底孔内手动试走一次，以防止刀柄与内孔相碰而影响车削。

三角形内螺纹车刀的安装如图 7.43 所示。

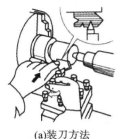 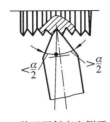 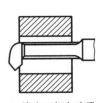

(a)装刀方法　　(b)装刀歪斜产生倒牙　　　　　　(a)装刀方法　　(b)检查刀柄与底孔

图 7.42　三角形外螺纹车刀的安装　　　图 7.43　三角形内螺纹车刀的安装

5. 三角形螺纹的车削方法

三角形螺纹的车削方法有直进法、斜进法和左右车削法。

低速车削三角形螺纹时，可采用直进法、斜进法和左右车削法，使用高速钢三角形螺纹车刀，分粗车和精车对螺纹进行车削。采用低速车削，螺纹的精度高，表面粗糙度较小，但效率低。高速车削时，只能采用直进法，使用硬质合金三角形螺纹车刀。与低速车削相比，高速车削切削速度提高 15～20 倍，行程次数减少 2/3 以上。

6. 车削螺纹的操作方法

车削螺纹的操作方法有开正反车法和提开合螺母法。

1）开正反车法

具体操作是：对刀—调整中滑板刻度（至零位）—中滑板进刀（0.05 mm）—按下开合螺母—提起操纵杆开车试车，车削至螺纹终止线处，中滑板快速横向退出—压下操纵杆，反车退刀—停车检查螺距—（螺距合格后）提起操纵杆，继续车削，直至螺纹合格。

2）提开合螺母法

具体操作是：对刀—调整中滑板刻度（至零位）—中滑板进刀（0.05 mm）—按下开合螺母—提起操纵杆开车试车，车削至螺纹终止线处—右手提起开合螺母（左手同时快速横向退出中滑板）—左手摇动床鞍退刀—停车检查螺距—（螺距合格后）按下开合螺母继续车削，直至螺纹合格。

7. 车削螺纹的步骤

螺纹的车削一定要按操作步骤进行，否则可能导致螺距不对，把螺纹车废，甚至损坏机床。

1）对刀

启动车床，移动床鞍和中滑板，使螺纹车刀与工件轻微接触，作为进刀起点，向右退出车刀。对刀如图 7.44 所示。

2）试车螺纹

将床鞍摇至离工件端面8～10牙处，横向进刀0.05 mm左右。开车，合上开合螺母，在工件表面车出一条螺旋线，至螺纹终止线处横向退出车刀。试车螺纹如图7.45所示。

3）检查螺距

开反车把车刀退到工件右端，停车，用钢直尺检查螺距是否正确。检查螺距如图7.46所示。

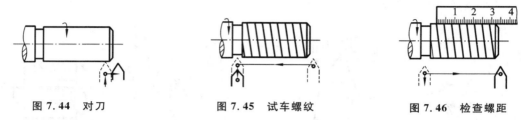

图7.44　对刀　　　　　图7.45　试车螺纹　　　　　图7.46　检查螺距

4）车第一刀

用中滑板刻度盘调整背吃刀量，背吃刀量的深度呈逐渐递减趋势，然后开车车削。车第一刀如图7.47所示。

5）退刀

车刀将至终点时，应做好退刀停车准备。先快速退出车刀，然后开反车退出车架。退刀如图7.48所示。

6）车至结束

再次横向进刀，继续车削，直至螺纹合格。重复车削示意图如图7.49所示。

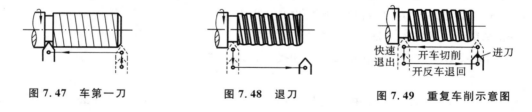

图7.47　车第一刀　　　　　图7.48　退刀　　　　　图7.49　重复车削示意图

◀ 7.4　车床操作安全规程 ▶

（1）任何人使用车床时，必须遵守车床操作安全规程，服从指导老师的安排。在实习地内禁止大声喧哗、嬉戏、追逐；禁止吸烟；禁止从事一些未经指导老师同意的工作；不得随意触摸、启动各种开关。

（2）要穿工作服，女生应戴安全帽，发辫应塞入帽内；车削时，切屑有甩出现象，操作者必须戴防护眼镜，以防切屑灼伤眼睛。

（3）装夹工件、装夹车刀、测量工件、变换转速，要停机进行。在车床主轴上装卸卡盘，一定要在停机后进行，不可以利用电动机的力量取下卡盘。工件和车刀必须装夹牢靠，防止工件和车刀飞出伤人。装刀时车刀刀头伸出长度应是刀杆厚度的1～1.5倍，车刀垫片的形状、尺寸应与车刀刀体的形状、尺寸一致,垫片应尽可能少而平。工件装夹好后,卡盘扳手必须取下。

(4)用顶尖装夹工件时,顶尖中心与主轴中心孔应完全一致,不能使用破损或歪斜的顶尖,装夹前应将顶尖、中心孔擦干净,尾座顶尖要顶牢。

(5)开车前,必须重新检查各手柄是否在正常位置、卡盘扳手是否取下。

(6)禁止把工具、夹具和工件放在车床床身和主轴变速箱上。

(7)操作时,身体和衣服不能靠近正在旋转的卡盘,应注意与卡盘保持一定的距离。

(8)换挡手柄变换的方法是左推右拉,推(或拉)不动不可以猛撞,用手转一下卡盘,使齿与齿槽对准即可合上。

(9)需要用砂布打磨工件表面时,应把车刀移到安全的位置,并注意不要让手和衣服接触工件表面。打磨内孔时不得用手指顶砂布,应使用木棍,同时车速不宜太快。

(10)切削时产生的带状切屑、螺旋状长切屑应使用钩子及时清除,严禁用手拉。

(11)车床开动后,务必做到"四不准"。

①不准在运转中改变主轴转速和进给量。

②初学者纵、横向自动走刀时,手不准离开自动手柄。

③纵向自动走刀时,刀架不准过于靠近卡盘;向右走刀时,刀架不准靠近尾架。

④开车后人不准离开机床。

(12)任何人在使用设备后,都应把刀具、工具、量具、材料等物品整理好,并做好设备日常清洁和设备维护工作。

(13)要保持工作环境的清洁,每天下班前 15 min 要清理工作场所,每天必须做好防火、防盗工作,检查门窗是否关好,相关设备和照明电源开关是否关好。

(14)任何人员违反上述规定,指导老师有权停止其操作。

思　考　题

1.车削工件时,工件和车刀的安装应注意哪些方面?

2.解释 CA6140 的含义。

3.普通车床的主要组成部分有哪些?

4.在车床上车一直径为 60 mm 的轴,现要一次进给将直径车至 52 mm。如果选用切削速度 $v_c=80$ m/min,求切削深度和车床主轴转速各是多少?

5.车刀由哪几部分组成?车刀有哪几个主要角度?它们各有什么作用?

6.车刀的刃磨要求和步骤是什么?

7.试述车端面、车外圆表面、车圆锥面的方法。

8.试述车削螺纹的步骤、三角形螺纹的车削方法、乱牙的产生原因及其预防方法。

模块 8

铣削、刨削和磨削

◀ **模块导入**

　　图 8.1 所示为常见的三种平面加工方法。铣床是一种用途广泛的机床,用铣刀加工各种平面和各种槽形表面;刨床主要加工各种平面和沟槽;磨床主要用于各种平面的精加工。

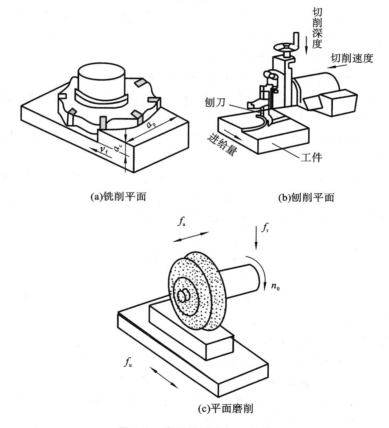

(a)铣削平面　　　　　　　　(b)刨削平面

(c)平面磨削

图 8.1　常见的平面加工方法

◀ **问题探讨**

　　1. 铣床、刨床、磨床各有哪些类型?

　　2. 铣削、刨削、磨削的加工范围各是什么?

　　3. 铣床、刨床、磨床等机床操作,要掌握的基本技能主要有哪些?

◀ **学习目标**

　　1. 了解铣削、刨削和磨削的加工范围和加工精度,熟悉铣床、刨床和磨床的主要部件及其作用,掌握铣床、刨床、磨床所用刀具和附件的结构、用途和安装调整方法。

2. 具备独立使用铣床、刨床和磨床等设备完成平面、沟槽加工的能力,掌握铣床、刨床与磨床等设备的基本操作方法。

◀ **职业能力目标**

通过本模块的学习,学生要能结合理论知识,独立完成刀具、工件的安装,能自主确定工艺参数,完成各类简单零件的加工。

◀ **课程思政目标**

通过本模块的学习,增强学生对铣、刨、磨加工的兴趣,并选取企业实际的产品零件实施项目化教学,将精益求精、孜孜不倦的工匠精神作为主线融入教学环节,提升学生的职业精神和社会责任感。

◀ 8.1 铣 削 ▶

8.1.1 铣削概述

铣削是在铣床上利用铣刀对工件进行切削加工的方法。铣削是平面加工的主要方法之一。铣削时,刀具作快速旋转运动(主运动),工件作缓慢直线运动(进给运动),如图 8.2 所示。铣削加工的精度一般为 IT9~IT7,表面粗糙度 Ra 一般为 6.3~1.6 μm。

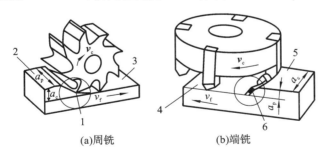

(a)周铣　　　　　　　　(b)端铣

图 8.2 铣削运动及铣削要素

1,6—加工表面;2,5—待加工表面;3,4—已加工表面

1. 铣削要素

1)铣削速度

铣削速度 v_c 即为铣刀最大直径处的线速度,单位为 m/s,可用下式计算:

$$v_c = \frac{\pi D n}{1\ 000 \times 60}$$

式中:D——铣刀直径(mm);

　　　n——铣刀转速(r/min)。

2)铣削进给量

铣削进给量有以下三种表示方式。

（1）进给速度 v_{f}(mm/min)。进给速度是指工件对铣刀每分钟的进给量。

（2）每周进给量 f(mm/r)。每周进给量是指铣刀每转一周,工件对铣刀的进给量。

（3）每齿进给量 a_{f}(mm/z)。每齿进给量是指铣刀每转过一个刀齿,工件对铣刀的进给量。

三者之间的关系为

$$v_{\mathrm{f}} = f \cdot n = a_{\mathrm{f}} \cdot z \cdot n$$

式中:z——刀齿数。

2. 铣削的加工范围

铣削通常在卧式铣床和立式铣床上进行,它的加工范围如图 8.3 所示。铣床不仅可以加工平面、斜面、竖直面、沟槽和成形面,还可以进行分度工作。有时,孔的钻、镗加工也可以在铣床上进行。

(a)圆柱铣刀铣平面　(b)三面刃铣刀铣直槽　(c)锯片铣刀切断　(d)成形铣刀铣螺旋槽

(e)模数铣刀铣齿轮　(f)角度铣刀铣角度　(g)端铣刀铣平面　(h)立铣刀铣直槽

(i)键槽铣刀铣键槽　(j)指状模数铣刀铣齿轮　(k)燕尾槽铣刀铣燕尾槽　(l)T形槽铣刀铣T形槽

图 8.3　铣削的加工范围

8.1.2　铣床

1. 万能卧式铣床

万能卧式铣床的主要特点是主轴与工作台台面平行,呈水平位置,工作台可以在水平面内左右扳转 45°。图 8.4 所示为 X6132 型万能卧式铣床。

X6132 型万能卧式铣床的型号中,"X"表示铣床,"6"表示卧式升降台铣床,"1"表示万能升降台铣床,"32"表示工作台宽度的 1/10(即工作台宽度为 320 mm)。

X6132 型万能卧式铣床的主要组成部分及其作用如下。

1）床身

床身用来固定和支承铣床上所有的部件,电动机、主轴及主轴变速箱等安装在床身的内部。

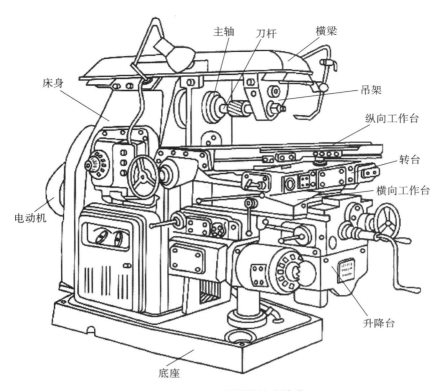

图 8.4　X6132 型万能卧式铣床

2）横梁

横梁的上面安装吊架，用来支承刀杆外伸的一端，以加强刀杆的刚度。横梁可沿床身的水平导轨移动，以调整伸出的长度。

3）主轴

主轴是空心轴，前端有 7∶24 的精密锥孔，用以安装铣刀刀杆并带动铣刀旋转。

4）纵向工作台

纵向工作台可以在转台的导轨上作纵向移动，以带动台面上的工件作纵向进给。

5）横向工作台

横向工作台位于升降台上面的水平导轨上，可以带动纵向工作台一起作横向进给。

6）转台

转台的作用是将纵向工作台在水平面内扳转一定的角度，以便铣削螺旋槽等。

7）升降台

升降台可以使整个工作台沿床身的垂直导轨上下移动，以调整工作台面到铣刀的距离，并作垂直进给。

2．立式铣床

图 8.5 所示为立式铣床。它与卧式铣床的主要区别是主轴与工作台台面相垂直。有时根据加工的需要，可以将立式铣床的主轴偏转一定的角度。在立式铣床上可以装上镶有硬质合金刀片的端铣刀进行高速铣削。

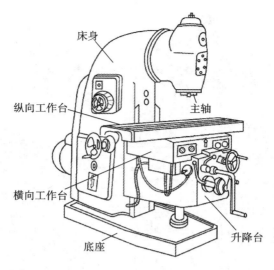

图 8.5　立式铣床

8.1.3　铣刀及其安装

铣刀是一种应用很广泛的多齿刀具。铣刀工作时与车刀不同,铣刀的每个刀齿在每转中只参加一次切削,其余大部分时间处于不工作状态,有利于冷却和散热。铣削时铣刀同时有几个刀齿参加工作,且无空行程,而且可采用较高的切削速度,故铣削加工生产率一般较高,工件表面粗糙度较小。

1. 铣刀

铣刀的种类有很多。铣刀按装夹方法不同可分为两大类,即带孔铣刀和带柄铣刀。带孔铣刀多用在卧式铣床上,带柄铣刀多用在立式铣床上。带柄铣刀又分为直柄铣刀和锥柄铣刀。

1)带孔铣刀

(1)圆柱铣刀。

圆柱铣刀如图 8.6 所示,常用于卧式铣床上,用于加工平面。圆柱铣刀刀齿分布在刀体的圆周表面上。就刀齿在圆柱表面分布的形式而言,圆柱铣刀又可分为直齿圆柱铣刀(见图 8.6(a))和螺旋齿圆柱铣刀(见图 8.6(b))。直齿圆柱铣刀工作时,每个刀齿的切削刃在其全部宽度上同时切入或脱离工件,造成切削力的变化,使加工过程不平稳,故直齿圆柱铣刀应用较少。

(2)圆盘铣刀。

圆盘铣刀如图 8.7 所示,一般用在卧式铣床上,用于加工沟槽、台阶和较窄的平面。圆盘铣刀切削刃分布在圆周表面和两侧面上,故又称三面刃铣刀。它的圆周切削刃担负主要切削工作,侧面切削刃只起修光作用。

(3)角铣刀。

角铣刀如图 8.8 所示。它具有各种不同的角度,用于加工各种角度的沟槽和斜面等。

(4)成形铣刀。

成形铣刀如图 8.9 所示,用来加工与切削刃对应的成形面,如凸圆弧、凹圆弧等。

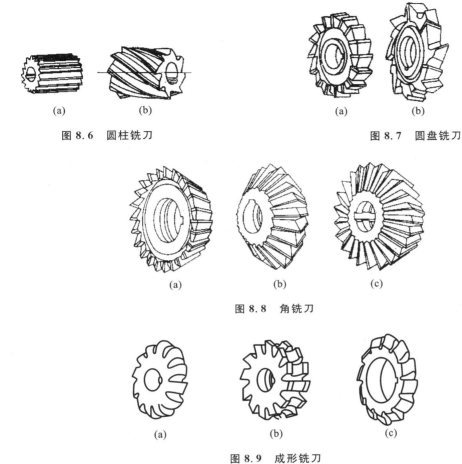

(a)　　　　(b)

图 8.6　圆柱铣刀

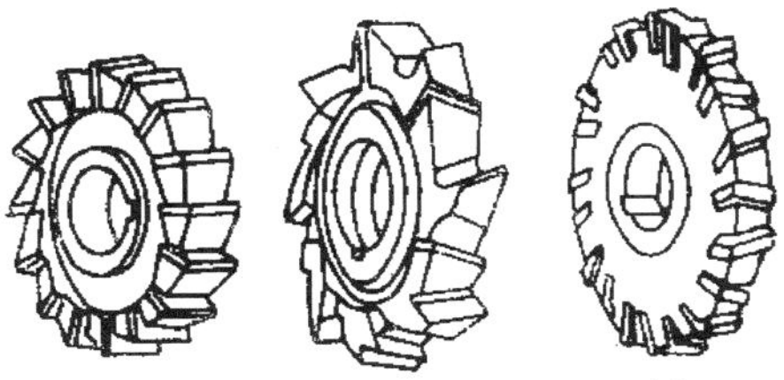

(a)　　　　(b)　　　　(c)

图 8.7　圆盘铣刀

(a)　　　　(b)　　　　(c)

图 8.8　角铣刀

(a)　　　　(b)　　　　(c)

图 8.9　成形铣刀

2）带柄铣刀

（1）立铣刀。

立铣刀如图 8.10 所示。它相当于一把带柄的圆柱铣刀,分布在圆柱表面上的切削刃起主要切削作用,分布在端面上的切削刃只起修光作用。立铣刀可分为直柄和锥柄两种,主要用于加工沟槽、小平面、台阶面及按靠模加工成形面。

图 8.10　立铣刀

（2）键槽铣刀和 T 形槽铣刀。

键槽铣刀如图 8.11 所示。键槽铣刀主要用来铣轴上的键槽。它的外形与立铣刀相似,不同的是它只有两个螺旋刀齿,端面切削刃延伸至中心,因此可作轴向进给,用于铣削两端不通的键槽。

T 形槽铣刀如图 8.12 所示。T 形槽铣刀相当一把带柄的三面刃铣刀,专门用来加工 T 形槽。

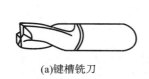

(a)键槽铣刀

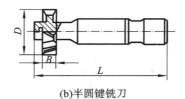

(b)半圆键铣刀

图 8.11　键槽铣刀

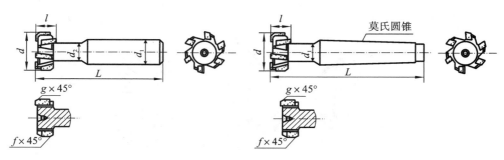

图 8.12　T 形槽铣刀

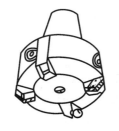

图 8.13　镶齿端铣刀

（3）镶齿端铣刀。

镶齿端铣刀如图 8.13 所示。它适用于在立式铣床或卧式铣床上加工平面。镶齿端铣刀一般是在刀体上装硬质合金刀片,故可进行高速铣削,提高工作效率。

2. 铣刀的安装

1）带孔铣刀的安装

带孔铣刀——圆盘铣刀在卧式铣床上的安装如图 8.14 所示。具体操作是将圆盘铣刀穿在刀杆上,用套筒定位,把刀杆插入主轴锥孔,使主轴上的端面键嵌入刀杆,拧紧拉杆,装上吊架,使刀杆的轴颈进入吊架轴承,最后拧紧螺母。

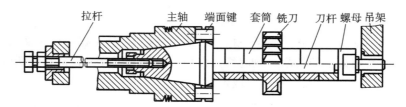

图 8.14　圆盘铣刀在卧式铣床上的安装

为了保证加工质量,在安装带孔铣刀时必须注意:带孔铣刀应尽可能靠近铣床主轴或吊架;刀杆垫圈的配合表面要擦干净,特别是垫圈和带孔铣刀的端面,拧紧刀杆螺母之前,必须装上吊架。

带孔铣刀中的端铣刀的安装如图 8.15 所示。具体操作是将带孔端铣刀套在刀杆上,拧紧螺钉,然后把刀杆的锥柄装在铣床主轴上。

2）带柄铣刀的安装

带柄铣刀有直柄铣刀和锥柄铣刀两种。

（1）直柄铣刀的安装。

　　直柄铣刀的直径小于或等于 20 mm,一般用弹簧夹头安装。弹簧夹头可直接或采用中间锥套装入主轴锥孔内,再用拉杆紧固。直柄铣刀的安装如图8.16 所示。

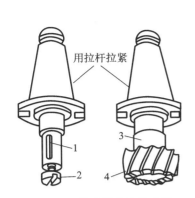

图 8.15　带孔端铣刀的安装

1—键;2—螺钉;3—垫套;4—铣刀

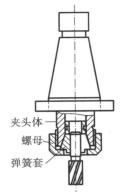

图 8.16　直柄铣刀的安装

(2)锥柄铣刀的安装。

　　若铣刀柄部的锥度与主轴锥孔的锥度相同,则锥柄铣刀可直接装入主轴锥孔内,如图8.17 所示;否则需要套上中间套筒安装,如图 8.18 所示。

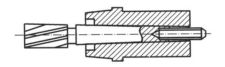

图 8.17　锥柄铣刀的直接安装

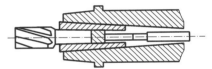

图 8.18　利用中间套筒安装锥柄铣刀

8.1.4　铣床的主要附件

　　铣床的主要附件有平口钳、回转工作台、分度头和万能铣头等。这里主要介绍常用的平口钳和分度头。

1. 平口钳

　　图 8.19 所示为带转台的平口钳。它主要由底座、钳身、固定钳口、活动钳口、钳口铁和螺杆组成。底座下镶有定位键,安装时将定位键放在工作台的 T 形槽内,即可在铣床上获得正确位置。松开钳身上的压紧螺母,钳身就可以扳转到所需要的位置。

　　工作时,工件安装在固定钳口和活动钳口之间,找正后夹紧。钳口铁需经过淬硬,钳口铁平面上的斜纹可防止工件滑动。平口钳主要用来安装小型较规则的零件,如板块类零件、盘套类零件、轴类零件和小型支架等。

　　用平口钳安装工件应注意下列事项。

　　(1)工件的被加工面应高出钳口,必要时可用平行垫铁垫高工件。

　　(2)为防止铣削时工件松动,需将比较平整的表面紧贴固定钳口和垫铁。工件与垫铁间不应有间隙,故需一边夹紧,一边用手锤轻击工件上部。对于已加工表面,应用铜棒进行敲击。

　　(3)夹紧后用手挪动工件下的垫铁,如有松动,说明工件与垫铁之间贴合不好,这时应该松开平口钳,重新夹紧。

（4）为保护钳口和工件已加工表面，往往在钳口与工件之间垫以软金属片。

（5）刚性不足的工件需要支实，以免工件在夹紧力的作用下变形。如图8.20所示框形工件的夹紧，中间采用可调螺栓撑实。

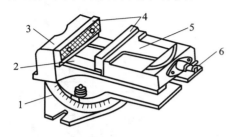

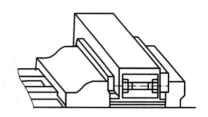

图8.19　带转台的平口钳

1—底座；2—钳身；3—固定钳口；
4—钳口铁；5—活动钳口；6—螺杆

图8.20　框形工件夹紧

2. 分度头

1）分度头的用途

铣削六方、齿轮、花键等工件时，要求工件在每铣过一个面或一个槽之后，转过一个角度，再铣下一个面或下一个槽等。这种转角工作称为分度。

分度头就是一种用来进行分度的装置。最常见的分度头是万能分度头。万能分度头可在水平位置、垂直位置和倾斜位置工作，如图8.21所示。万能分度头主轴的前端可安装三爪自定心卡盘，主轴的锥孔内可安放顶尖，用以安装工件。

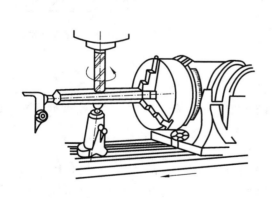

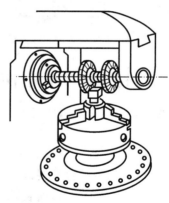

(a)在水平位置上安装工件

(b)在垂直位置上安装工件

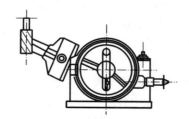

(c)在倾斜位置上安装工件

图8.21　用万能分度头安装工件

2）万能分度头的外形结构和传动系统

万能分度头的外形结构如图 8.22 所示。

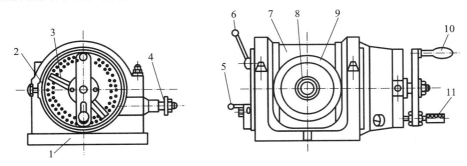

图 8.22 万能分度头的外形结构

1—基座;2—分度盘;3—分度叉;4—交换齿轮轴;5—蜗杆脱落手柄;
6—主轴锁紧手柄;7—回转体;8—主轴;9—刻度盘;10—分度手柄;11—定位销

万能分度头的基座上装有回转体,回转体内装有主轴。万能分度头的主轴可随回转体在垂直平面内扳动至水平位置、垂直位置或倾斜位置。分度时,摇动分度手柄,通过蜗杆蜗轮带动万能分度头主轴旋转即可。万能分度头的传动系统如图 8.23 所示。

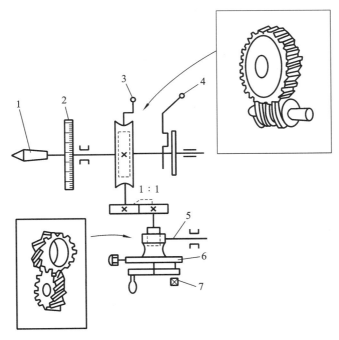

图 8.23 万能分度头的传动系统

1—主轴;2—刻度盘;3—蜗杆脱落手柄;4—主轴锁紧手柄;5—交换齿轮轴;6—分度盘;7—定位销

从图 8.23 中可知,当分度手柄转一圈时,通过一对传动比为 $1:1$ 的直齿轮传动,单头蜗杆也转一圈。由于蜗轮的齿数为 40,因此当蜗杆转一圈时,蜗轮带动主轴转过 $1/40$ 圈。若工件在整个圆周上的分度数目 Z 已知,则每分一个等分就要求主轴转 $1/Z$ 圈,这时分度手柄所需转的圈数 n 可由下列关系式推出:

$$n \times \frac{1}{1} \times \frac{1}{40} = \frac{1}{Z}$$

即

$$n = \frac{40}{Z}$$

式中：n——分度手柄转数；

　　2——工件等分数；

　　40——分度头定数。

3）分度方法

使用万能分度头进行分度的方法很多，有直接分度法、简单分度法、角度分度法和差动分度法等。这里仅介绍最常用的简单分度法。

利用公式 $n=40/Z$ 进行分度即是简单分度法。例如，铣齿数 $Z=35$ 的齿轮，每一次分齿时分度手柄的转数为

$$n = \frac{40}{Z} = \frac{40}{35} \text{ 圈} = 1\frac{1}{7} \text{ 圈}$$

这就是说，每分一齿，分度手柄需转过一整圈再继续多转 1/7 圈。

这 1/7 圈一般是通过分度盘来控制的。国产万能分度头一般备有两块分度盘。分度盘的两面各有 n 圈孔，各圈孔数均不相等，但同一孔圈的孔距是相等的。

第一块分度盘正面各圈孔数依次为 24、25、28、30、34、37，反面各圈孔数依次为 38、39、41、42、43。

第二块分度盘正面各圈孔数依次为 46、47、49、51、53、54，反面各圈孔数依次为 57、58、59、62、66。

简单分度时，分度盘固定不动。此时将分度手柄上的定位销拨出，调整到孔数为 7 的倍数的孔圈上，如分度手柄的定位销可插在孔数为 49 的孔圈上。此时分度手柄转过一整圈后，再沿孔数为 49 的孔圈转过 7 个孔距（$n = 1\frac{1}{7}$ 圈 $= 1\frac{7}{49}$ 圈）。

为了避免每次数孔的烦琐以及确保分度手柄转过的孔距数准确可靠，可调整分度盘上的分度叉 6、7 间的夹角，使之相当于欲分孔数的孔间距，这样依次进行分度时就可以准确无误。

8.1.5　铣削方法

在铣削工件时，根据铣刀旋转方向与工件进给方向的关系，铣削可分为顺铣和逆铣两种，如图 8.24 所示。

如图 8.24(a)所示，在铣削部位，铣刀的旋转方向和工件的进给方向相同，称为顺铣。

顺铣克服了逆铣的缺点，可明显地提高刀具的耐用度和加工表面的质量，且铣刀对工件产生一个向下压的分力，对工件的夹固有利。但顺铣时，水平分力 F_f 与进给方向相同，易造成铣削加工过程中的进给不均匀，致使机床振动甚至抖动，影响加工表面的质量，对刀具的耐用度不利，甚至会发生打坏刀具现象。这样就限制了顺铣在生产中的应用，目前生产中仍广泛地采用逆铣铣削平面。

如图 8.24(b)所示，在切削部位，铣刀的旋转方向和工件的进给方向相反，称为逆铣。逆铣时，刀齿的载荷是逐渐增加的，刀齿切入前有滑行现象，这样就加速了刀具的磨损，降低了工件的表面质量。另外，逆铣时铣刀对工件产生一个向上抬的分力，这对工件的夹固不利，还会

导致机床振动。

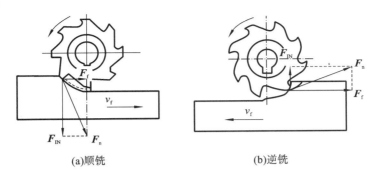

(a)顺铣   (b)逆铣

图 8.24 顺铣和逆铣

1. 铣平面

铣平面是铣削加工中最主要的工作之一。在卧式铣床或立式铣床上采用圆柱铣刀、三面刃盘铣刀、端铣刀和立铣刀都可以很方便地进行水平面、垂直面及台阶面的加工。平面铣削如图 8.25 所示。

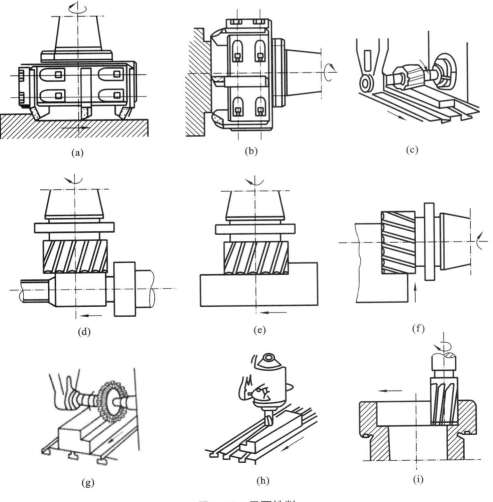

图 8.25 平面铣削

2. 铣沟槽

在铣床上可以加工键槽、直槽、角度槽、T形槽、V形槽、燕尾槽、螺旋槽等各种沟槽。这里仅介绍键槽、T形槽和螺旋槽的加工。

1）铣键槽

一般传动轴上都有键槽。键槽按结构特点可分为封闭式键槽和敞开式键槽两种。在轴上铣键槽时,常用平口钳、抱钳、V形铁或分度头装夹工件,如图8.26所示。

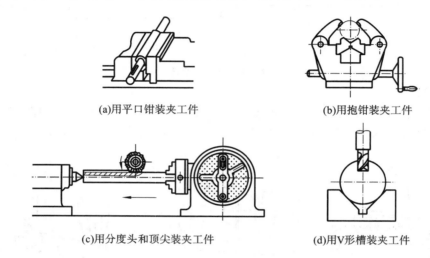

(a)用平口钳装夹工件   (b)用抱钳装夹工件

(c)用分度头和顶尖装夹工件   (d)用V形槽装夹工件

图8.26　铣键槽时工件的装夹

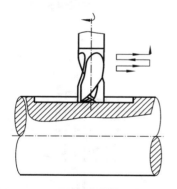

图8.27　用键槽铣刀铣封闭式键槽

（1）铣封闭式键槽一般在立式铣床上用键槽铣刀或立铣刀加工。

①用键槽铣刀加工时,首先按键槽宽度选取键槽铣刀,将铣刀中心对准轴的中心,然后一薄层一薄层地铣削,a_p为0.05~0.25 mm,直到符合要求为止。用键槽铣刀铣封闭式键槽如图8.27所示。

②用立铣刀加工时,由于立铣刀端面中央无切削刃,因此不能向下进刀。一般是在封闭式键槽两端圆弧处,用相同圆弧半径的钻头先钻一个落刀孔,然后用立铣刀铣键槽。

（2）铣敞开式键槽一般是在卧式铣床上用三面刃铣刀加工。

2）铣T形槽

T形槽应用较广,如铣床、刨床、钻床的工作台上都有T形槽。T形槽用来安装紧固螺栓,以便将夹具或工件紧固在工作台上。

铣T形槽一般在立式铣床上进行,通常分为三个步骤,如图8.28所示。

（1）用立铣刀铣出直槽。

（2）用T形槽铣刀铣削两侧横槽。

（3）当T形槽的槽口有倒角要求时,用倒角铣刀进行倒角。

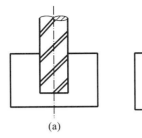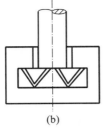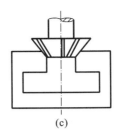

(a)　　　　　　　　　(b)　　　　　　　　　(c)

图 8.28　铣 T 形槽

3. 铣成形面

在铣床上一般可用成形铣刀铣削成形面,如图 8.29 所示。

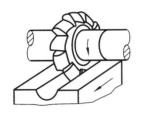

(a)用凸圆弧铣刀铣凹圆弧面　　　(b)用凹圆弧铣刀铣凸圆弧面　　　(c)用模数铣刀铣齿形

图 8.29　用成形铣刀铣成形面

也可以在工件上按要求进行划线,然后根据划线的轮廓通过手动进给来铣削出工件的成形面,如图 8.30 所示。

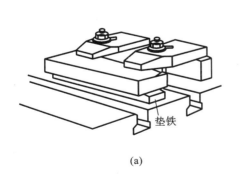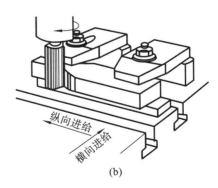

(a)　　　　　　　　　　　　　(b)

图 8.30　在立式铣床上通过手动进给铣成形面

为了减轻操作人员的劳动强度,简化操作人员的操作,提高加工精度,可在铣床上附加靠模装置来进行成形面的仿形铣削。

图 8.31 所示为采用靠模装置铣削连杆大头外形表面的一个实例。靠模 6 装在夹具体 5 上,工件 4 装在靠模 6 上的心轴之中。夹具体 5 能在底座上左右滑动,并靠重锤 1 使靠模 6 与滚轮 2 始终保持接触。铣削时,首先移动工作台,使铣刀 3 切入工件 4,然后通过手轮转动夹具体 5,使工件 4 作圆周进给运动,铣刀 3 就在工件上 4 铣出与靠模相同的曲线外形。

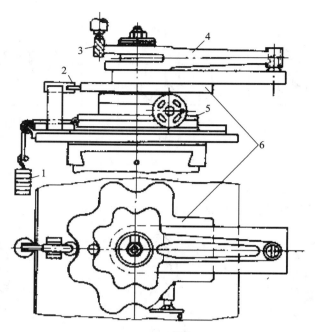

图 8.31 采用靠模装置铣削连杆大头外形表面

1—重锤;2—滚轮;3—铣刀;4—工件;5—夹具体;6—靠模

8.1.6 铣床操作安全规程

（1）铣削前检查刀具、工件装夹是否牢固、可靠,刀具运动方向和工作台进给方向是否正确。

（2）使用扳手时,用力方向应避开铣刀,以免扳手打滑时,造成工伤。

（3）开车时,不许用手摸铣刀、测量工件和清除切屑等;铣刀未完全停止前,不得用手制动,以免损伤手指。

（4）采用快速进给方式时,当工件快接近刀具时,必须事先停止快速进给。学生在进行实训时一般不采用快速进给方式。

（5）必须停车变速,变速后的手柄位置必须正确。

（6）清除切屑要用毛刷,不可用手抓,不可用嘴吹。操作时不要站立在切屑流出方向,以免切屑伤人。

◀ 8.2 刨   削 ▶

8.2.1 刨削概述和刨床

刨削是指在刨床上用刨刀对工件进行切削加工的一种方法。刨床分为牛头刨床、插床和龙门刨床三大类。刨削时,刨刀（或工件）的直线往复运动是主运动,工件（或刨刀）在垂直于主运动方向上的间歇移动是进给运动。图 8.32 所示为在牛头刨床和龙门刨床上刨削平面时的切削运动。

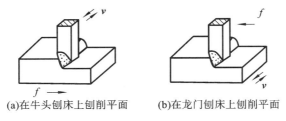

(a)在牛头刨床上刨削平面　　(b)在龙门刨床上刨削平面

图 8.32　在牛头刨床和龙门刨床上刨削平面时的刨削运动

1. 牛头刨床

图 8.33 所示为常用牛头刨床的外形和运动示意图。牛头刨床由床身、滑枕、刀架、工作台等主要部件组成。牛头刨床的主运动为刀架(滑枕)的直线往复运动,进给运动包括工作台的横向移动和刨刀的垂直(或斜向)运动。

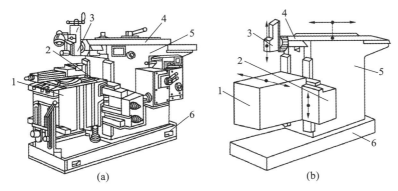

(a)　　　　　　　　　　(b)

图 8.33　常用牛头刨床的外形和运动示意图

1—工作台;2—横梁;3—刀架;4—滑枕;5—床身;6—底座

1)床身

床身用于支承刨床的各个部件。床身的顶部和前侧面分别有水平导轨和垂直导轨。滑枕连同刀架可沿水平导轨作直线往复运动(主运动);横梁连同工作台可沿垂直导轨实现升降。床身内部有变速机构和驱动滑枕的摆动导杆机构。

2)滑枕

滑枕的前端装有刀架,滑枕用来带动刨刀作直线往复运动,实现刨削。

3)刀架

刀架用来装夹刨刀和实现刨刀沿所需方向的移动。刀架与滑枕的连接部位有转盘,转盘可使刨刀按需要偏转一定角度。转盘上有导轨、摇动刀架手柄,刀架滑板连同刀座沿导轨移动,可实现刨刀的间隙进给(手动)或调整切削深度。刀架上的抬刀板在刨刀回程时抬起,以防止擦伤工件和减小刀具的磨损。

4)工作台

工作台用来安装工件,可沿横梁横向移动和与横梁一起沿床身垂直导轨升降,以便调整工件位置。在横向进给机构的驱动下,工作台可实现横向进给运动。横向进给机构采用曲柄摇杆机构,刀架每直线往复运动一次,连杆使带有棘爪的摇杆绕棘轮轴线摆一次,棘爪推动棘轮和与棘轮连接在一起的丝杠同时转动一定角度,从而完成工作台的横向进给运动。

2. 插床

图8.34所示为常用插床的外形和运动示意图。插削是指用插刀对工件进行切削加工的一种方法。插床也称立式刨床。工件插削加工在插床上进行。插床的结构原理和牛头刨床相似,插削和刨削方式相同,只是插削是在垂直方向上进行的。在插床上可以插削孔内键槽、方孔、多边形孔和花键孔等。

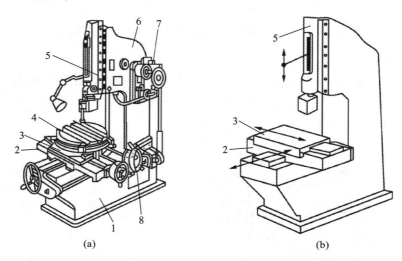

图8.34 常用插床的外形和运动示意图

1—床身;2—下滑座;3—上滑座;4—圆工作台;5—滑枕;6—立柱;7—变速箱;8—分度机构

3. 龙门刨床

图8.35所示为B2010A型龙门刨床外形图。龙门刨床是用来刨削大型零件的刨床。对于中小型零件,它可以一次装夹好几个,用几把刨刀同时刨削。龙门刨床因有一个龙门式的框架结构而得名。龙门刨床工作台的往复运动为主运动,刀架移动为进给运动。横梁上的刀架可在横梁导轨上作横向进给运动,以刨削工件的水平面;立柱上的侧刀架可沿立柱导轨作垂直进给运动,以刨削垂直面。刀架也可偏转一定角度,以刨削斜面。横梁可沿立柱导轨升降,以调整刀具和工件的相对位置。龙门刨床主要用于加工大型零件上的平面或沟槽,或者同时加工多个中型零件,尤其适用于狭长平面的加工。龙门刨床上的工件一般用压板螺栓压紧。龙门刨床上有一套复杂的电气设备和路线系统,工作台的运动可无级调速。

8.2.2 刨刀

刨刀属于单刃刀具,它的几何形状与车刀大致相同,几何参数与车刀相似。由于刨刀在切入工件时需要承受较大的冲击力,因此刀杆的截面积一般比较大。为了避免刨削时产生"扎刀"现象、造成工件报废,刨刀常制成图8.36(a)所示的弯颈形和图8.36(b)所示的直杆形两种形式。弯颈刨刀不易扎刀,用于精加工;直杆刨刀与弯颈刨刀相比容易扎刀,用于粗加工。

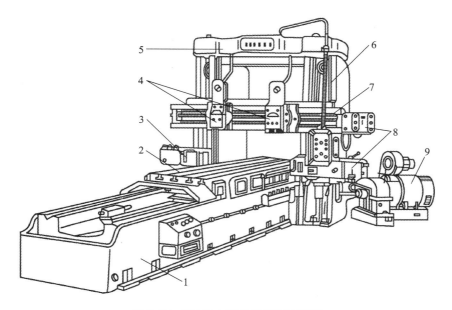

图 8.35　B2010A 型龙门刨床外形图

1—床身；2—工作台；3—侧刀架；4—垂直刀架；5—顶梁；6—立柱；7—横梁；8—进给箱；9—电动机

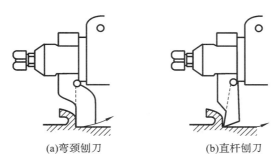

(a)弯颈刨刀　　　　　　　　　　(b)直杆刨刀

图 8.36　刨刀的结构形式

8.2.3　工件的装夹方法

刨床上工件的装夹方法有用平口钳装夹和用压板等装夹两种。

1. 用平口钳装夹

较小的工件可用固定在工作台上的平口钳装夹。平口钳在工作台上的位置应正确，必要时用百分表找正。用平口钳装夹工件时应注意，工件高出钳口或伸出钳口两端不宜太多，以保证夹紧可靠。刨削一般平面时，可按图 8.37(a)所示装夹工件；工件 A、B 面间有垂直度要求时，可按图 8.37(b)所示装夹工件；工件 C、D 面间有平行度要求时，可按图 8.37(c)所示装夹工件。

2. 用压板等装夹

对于较大的工件，可将其置于工作台上，用压板、螺栓、挡块等直接装夹，如图 8.38 所示。

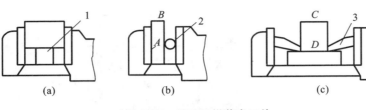

图 8.37　用平口钳装夹工件

1—平行垫铁;2—圆柱棒;3—斜口撑板

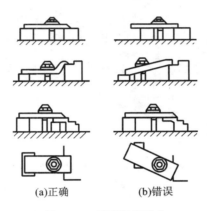

(a)正确　　　　(b)错误

图 8.38　用压板等装夹

8.2.4　常用刨削方法

刨削是平面加工的主要方法之一。在刨床上可以刨平面(水平面、垂直面和斜面)、沟槽(直槽、V 形槽、燕尾槽和 T 形槽)和曲面等。刨削工艺范围如图 8.39 所示。

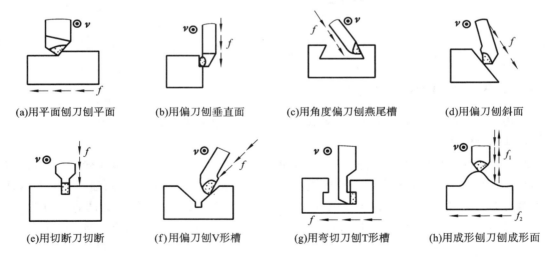

(a)用平面刨刀刨平面　　(b)用偏刀刨垂直面　　(c)用角度偏刀刨燕尾槽　　(d)用偏刀刨斜面

(e)用切断刀切断　　(f)用偏刀刨V形槽　　(g)用弯切刀刨T形槽　　(h)用成形刨刀刨成形面

图 8.39　刨削工艺范围

1. 刨平面

平面加工是刨削的主要工作内容之一。在刨床上可以刨平面。如图 8.39(a)所示,刨刀沿前后方向作往复主运动,工件自左至右作进给运动。

2. 刨垂直面

刨削垂直面时,摇动刀架手柄,使刀架滑板(刀具)作手动垂直进给运动,吃刀量通过工作台的横向移动控制。刨刀采用偏刀,如图 8.39(b)所示。为了保证加工平面的垂直度,加工前应将刀架转盘刻度对准零线。位置精度要求较高时,在刨削时应按需要微调纠正偏差。为了防止刨削时刀架碰撞工件,应将刀座偏转一个适当的角度。

3. 刨斜面

刨斜面有两种方法:一种是倾斜装夹工作,使工件的被加工斜面处于水平位置,用刨水平面的方法刨削;另一种是将刀架转盘旋转所需角度,摇动刀架手柄,使刀架滑板(刀具)作手动倾斜进给运动,如图 8.39(d)所示。

4. 刨 T 形槽

刨 T 形槽需用直槽刀、左右弯切刀和倒角刀,按划线依次刨直槽、两侧横槽和倒角。用弯切刀刨 T 形槽如图 8.39(g)所示。

5. 刨成形面

刨成形面有轨迹法和成形法两种方法。图 8.40 所示为用单切削刃刨刀采用轨迹法刨削成形面,图 8.41 所示为用成形刨刀切削成形面。

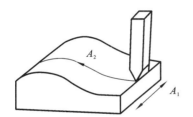

图 8.40　用单切削刃刨刀采用轨迹法刨削成形面

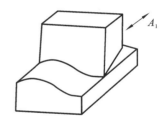

图 8.41　用成形刨除刀刨削成形面

8.2.5　刨削操作安全规程

1. 启动前准备

(1)工件必须夹牢在夹具或工作台上,装夹工件的压板不得长出工作台,在机床最大行程内不准站人。刀具不得伸出过长,应装夹牢靠。

(2)校正工件时,严禁用金属物猛敲或用刀架推顶工件。

(3)工件宽度超出单臂刨床加工宽度时,工件的重心对工作台重心的偏移量不应大于工作台宽度的四分之一。

(4)调整冲程时应使刀具不接触工件,用手柄摇动进行全行程试验,滑枕调整后应锁紧并随时取下手柄,以免落下伤人。

(5)龙门刨床的床面或工件伸出过长时,应设防护栏杆,防护栏杆内禁止通过行人或堆码物品。

(6)在龙门刨床上刨削大工件前,应先检查工件与龙门柱、刀架间的预留空隙,并检查工件高度限位器安装是否正确、牢固。

(7)龙门刨床的工作台台面和床面及刀架上禁止站人、存放工具和其他物品。操作人员不得跨越工件台面。

（8）作用于牛头刨床手柄上的力：工作台水平移动时，不应超过 80 N；工作台上下移动时，不应超过 100 N。

（9）装卸、翻转工件时，应注意避免锐边、毛刺割手。

2. 运转中的注意事项

（1）在刨削行程范围内，前后不得站人，不准将头、手伸到牛头前观察切削部分和刀具；刨床未停稳前，不准测量工件和清除切屑。

（2）吃刀量和进刀量要适当，进刀前应使刨刀缓慢地接近工件。

（3）刨床必须先运转后吃刀或进刀，在刨削过程中欲使刨床停止运转时，应先将刀具退离工件。

（4）运转速度稳定时，滑动轴承温升不应超过 60 ℃，滚动轴承温升不应超过 80 ℃。

（5）进行龙门刨床工作台行程调整时，必须停机，在最大行程情况下两端余量不得少于 0.45 m。

（6）经常检查刀具、工件的固定情况和刨床各部件的运转是否正常。

3. 停机注意事项

（1）工作中如发现滑枕升温过高、换向冲击有异响、行程振荡有异响或突然停车等不良状况，应立即切断电源，退出刀具，进行检查、调整、修理等。

（2）停机后，应使滑枕或工作台台面、刀架回到规定位置。

◀ **8.3 磨 削** ▶

8.3.1 磨削概述和磨床

1. 磨削概述

用磨具以较高线速度对工件表面进行切削加工的方法称为磨削。磨削是对机械零件进行精加工的主要方法之一。

1）磨削运动和磨削用量

图 8.42 所示为磨削外圆时的磨削运动和磨削用量。

（1）主运动和磨削速度（v_c）。

砂轮的旋转运动是主运动，砂轮外圆相对于工件的瞬时速度称为磨削速度。磨削速度可用下式计算：

$$v_c = \frac{\pi d n_1}{1\,000 \times 60}$$

式中：d——砂轮直径（mm）；

n_1——砂轮每分钟转速（r/min）。

（2）圆周进给运动和圆周进给速度（v_w）。

工件的旋转运动是圆周进给运动，工件外圆处相对于砂轮的瞬时速度称为圆周进给速度。圆周进给速度可用下式计算：

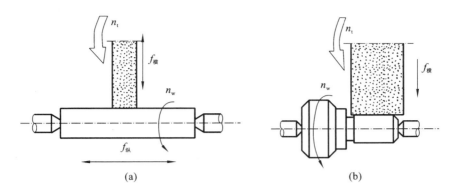

图 8.42 磨削外圆时的磨削运动和磨削用量

$$v_{w} = \frac{\pi d_{w} n_{w}}{1\,000 \times 60}$$

式中：d_{w}——工件磨削外圆直径（mm）；

n_{w}——工件每分钟转速（r/min）。

（3）纵向进给运动和纵向进给量（$f_{纵}$）。

工作台带动工件所作的直线往复运动是纵向进给运动。工件每转一转时砂轮在纵向进给运动方向上相对于工件的位移称为纵向进给量，用 $f_{纵}$ 表示，单位为 mm/r。

（4）横向进给运动和横向进给量（$f_{横}$）。

砂轮沿工件径向上的移动是横向进给运动，工作台每往复行程（或单行程）一次，砂轮相对工件径向上的移动距离称为横向进给量，用 $f_{横}$ 表示，单位是 mm/行程。横向进给量实际上是砂轮每次切入工件的深度（即背吃刀量），也可以用 a_{p} 表示，单位为 mm（意即每次磨削切入以毫米计的深度）。

2）磨削的特点

切削工具——磨具是各种类型的砂轮。砂轮由磨料、结合剂和空隙三个部分组成，如图 8.43 所示。砂轮是一种坚硬且多孔的物体，从图 8.43 中放大部分可见，砂轮表面细小的尖棱多角的磨料如同铣刀的切削刃一样，在砂轮的高速旋转下切入工件表面，从而实现磨削加工。从本质上说，磨削是多刀多刃的高速切削过程。

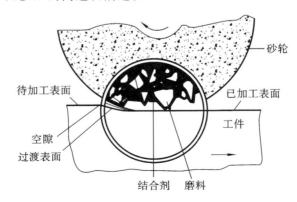

图 8.43 磨削原理和砂轮的组成

（1）砂轮中磨料的硬度很高。

砂轮可以用来加工高硬度的材料,如淬火钢、工具钢、硬质合金等。这些材料用金属刀具难以加工。

（2）磨削速度很高。

在磨削过程中,由于磨削速度很高,产生大量的切削热,以及砂轮本身的传热性很差,大量的热在短时间内传散不出去,因此在磨削区域产生高达 1 000 ℃ 的瞬时高温;同时,高热的磨屑在空气中发生氧化作用,产生火花。这样的高温会使工件材料的性能改变,容易产生烧伤现象,影响工件表面质量。为了减少摩擦和散热,降低磨削区的温度,及时冲走屑末,以保证工件表面质量,在磨削时需要使用大量的冷却液。

（3）可以获得高的加工精度和低的表面粗糙度。

砂轮中含有大量的磨料,在磨削过程中同时参加切削的磨料数极多,磨料的高硬度和良好的红硬性,保证了在高温下可顺利切削工件。磨料具有一定的脆性,磨削时会碎裂,更新露出新的锋利的磨料(这称为砂轮的自锐性),继续进行磨削。

凸出的砂轮磨料,多为具有负前角的微刃,这种微刃刃口的圆弧半径比一般车刀要小得多,可以切下一层极薄的金属,切削厚度可以小到几微米,这是实现精密加工的必备条件之一。

负前角微刃的磨削过程是一个切削、刻划和抛光的复杂的综合过程。砂轮中的一些突出的和比较锋利的磨料切入工件较深,切削厚度较厚,起到切削作用,如图 8.44(a)所示;突出高度较小的和比较钝的磨料切入工件不深,切不下切屑,只起刻划作用,如图 8.44(b)所示;更钝的和隐藏在其他磨料下面的磨料只稍微滑擦工件表面,起抛光作用,如图 8.44(c)所示。

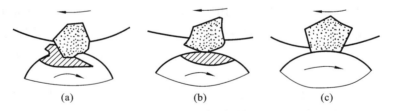

图 8.44　磨料的磨削过程

磨削所用的磨床比一般切削机床精度高,刚性和稳定性好,并且具有控制小切削深度的微量进给机构,从而保证了精密的加工。

以上种种因素使磨削加工的尺寸精度为 IT6、IT5 级,表面粗糙度 Ra 为 $0.8 \sim 0.1\ \mu m$。对于超精密磨削,精度可超过 IT5 级,表面粗糙度 Ra 可达 $0.02\ \mu m$。

3）磨削工艺范围

磨削可以加工零件的内外圆柱面、内外锥面、平面和成形面等。常见的磨削加工类型如图 8.45 所示。

2. 磨床

磨床种类很多,有外圆磨床、内圆磨床、平面磨床、齿轮磨床、螺纹磨床、导轨磨床、无心磨床、工具磨床等。常用的磨床有外圆磨床、内圆磨床和平面磨床。

1）外圆磨床

外圆磨床又分为普通外圆磨床和万能外圆磨床。普通外圆磨床可以磨削外圆柱面、端面和外圆锥面。除上述表面外,万能外圆磨床还可以磨削内圆柱面、内圆锥面。

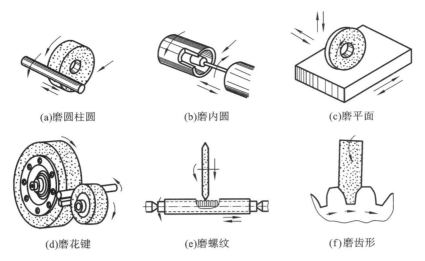

(a)磨圆柱圆　　　　(b)磨内圆　　　　(c)磨平面

(d)磨花键　　　　(e)磨螺纹　　　　(f)磨齿形

图 8.45　常见的磨削加工类型

外圆磨床主要由床身、工作台、头架、尾架、砂轮架、内圆磨头和砂轮等部分组成。图 8.46 所示为 M1432A 型万能外圆磨床。

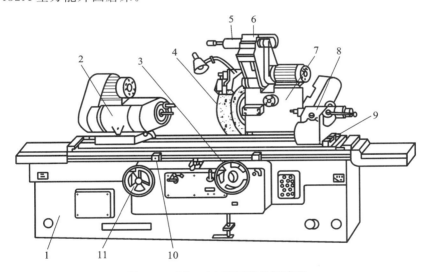

图 8.46　M1432A 型万能外圆磨床

1—床身；2—头架；3—横向进给手轮；4—砂轮；5—内圆磨具；
6—内圆磨头；7—砂轮架；8—尾座；9—工作台；10—挡铁；11—纵向进给手轮

2）内圆磨床

内圆磨床主要用来磨削内圆柱面、内圆锥面和端面等。图 8.47 所示为 M2110 型内圆磨床。它的头架可绕垂直轴转动一个角度，以便磨削锥孔；工作台由液压传动作往复运动；砂轮趋近和退出能自动变为快速，以提高生产率。

3）平面磨床

平面磨床主要用来磨削工件上的平面。图 8.48 所示卧轴矩台式平面磨床。它用砂轮的圆周面进行磨削。

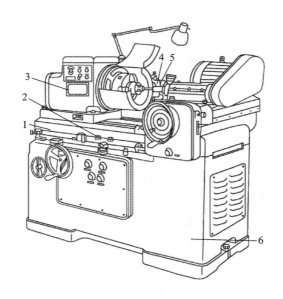

图 8.47 M2110 型内圆磨床

1—工作台；2—换向撞块；3—头架；4—砂轮；5—内圆磨具；6—床身

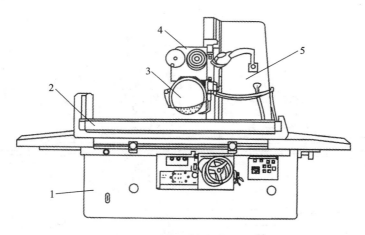

图 8.48 卧轴矩台式平面磨床

1—床身；2—工作台；3—砂轮架；4—滑座；5—立柱

工作台上装有电磁吸盘，用来装夹工件，工作台的纵向往复运动由液压传动来实现。磨头沿滑座板的水平导轨可作横向进给运动，这可由液压驱动或由手轮操纵。滑座可沿立柱的垂直导轨，以调整磨头的高低位置及完成垂直进给运动，垂直进给运动是通过转动垂直进给手轮来实现的。

8.3.2 砂轮

砂轮是磨削工具，是由许多细小而坚硬的磨料用结合剂黏结而成的多孔体。砂轮由磨料、结合剂和空隙组成，如图 8.49 所示。

1. 磨料

磨料是砂轮的主要原科,直接担负着切削工作。磨削时,磨料在高温工作条件下要经受剧烈的摩擦和挤压,所以磨料应具有很高的硬度、耐热性和一定的韧性。常用的磨料有三类,如表 8.1 所示。

(1) 氧化物类:主要成分是 Al_2O_3,韧性好,适用于磨削钢等塑性材料,包括棕刚玉(代号 A)、白刚玉(代号 WA)。

(2) 碳化物类:主要成分是碳化硅、碳化硼,硬度比氧化物类高,磨料锋利,导热性好,适用于磨削铸铁、青铜和硬质合金等脆性材料,包括黑色碳化硅(代号 C)、绿色碳化硅(代号 GC)。

(3) 高硬磨料类:包括金刚石和立方氮化硼两

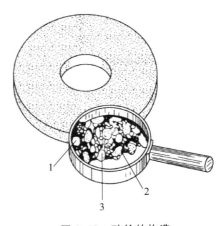

图 8.49　砂轮的构造
1—空隙(容屑与冷却);2—结合剂(黏结);
3—磨料(切削)

种。金刚石适用于加工硬质合金、石材、陶瓷、玛瑙和光学玻璃等硬脆材料。立方氮化硼的硬度仅次于金刚石,适合于加工各类淬火工具钢、磨具钢、不锈钢以及镍基合金和钴基合金等硬韧材料。

表 8.1　常用磨料

种　　类	名　　称	代　号	特　　性	用　　途
氧化物类	棕刚玉	A(GZ)	含 91%～96% 的氧化铝,呈棕色,硬度高,韧性好,价格便宜	磨削碳钢、合金钢、可锻铸铁、硬青铜等
	白刚玉	WA(GB)	含 97%～99% 的氧化铝,呈白色,比棕刚玉硬度高、韧性低,自锐性好,磨削时发热少	精磨淬火钢、高碳钢、高速钢及薄壁零件
碳化物类	黑色碳化硅	C(TH)	含 95% 以上的碳化硅,呈黑色或深蓝色,有光泽,硬度比白刚玉高,性脆而锋利,导热性和导电性良好	磨削铸铁、黄铜、铝、耐火材料及非金属材料
	绿色碳化硅	GC(TL)	含 97% 以上的碳化硅,呈绿色,硬度和脆性比黑色碳化硅更高,导热性和导电性好	磨削硬质合金、光学玻璃、宝石、玉石、陶瓷,珩磨发动机气缸套等
高硬磨料类	人造金刚石	D(JR)	无色透明或呈淡黄色、黄绿色、黑色,硬度高,比天然金刚石性脆,价格比其他磨料贵好多倍	磨削硬质合金、宝石等高硬度材料
	立方氮化硼	CBN(JLD)	具有立方体晶体结构,硬度略低于金刚石,强度较高,导热性能好	研磨、珩磨各种既硬又韧的淬火钢和高钼钢、高钒钢、高钴钢、不锈钢

注:括号内的代号是旧标准代号。

粒度是指磨料颗粒的大小,粒度号越大,磨料颗粒越小。粒度号以磨料所通过的筛网上每 25.4 mm 长度内的孔眼数表示。例如,70♯粒度的磨料是用每 25.4 mm 长度内有 70 个孔眼的筛网筛出来的。粗加工和磨软材料选用粒度号为 30♯～60♯ 的粗磨料。精加工和磨削脆性材料选用粒度号为 70♯～120♯ 的细磨料。

2. 结合剂

砂轮中，将磨料黏结成具有一定强度和形状的物质称为结合剂。砂轮的强度、抗冲击性、耐热度和耐腐蚀性能，主要取决于结合剂的性能。

常用的结合剂有陶瓷结合剂（代号 V）、树脂结合剂（代号 B）、橡胶结合剂（代号 R）和金属结合剂（代号 M）等。

砂轮的硬度是指砂轮工作时在磨削力的作用下磨料脱落的难易程度。磨料黏结越牢，越不易脱落，砂轮的硬度就越高；反之，砂轮的硬度越低。结合剂的强度应保证在磨削时砂轮能正常地自行变锐。砂轮的硬度取决于结合剂的结合能力和所占比例，与磨料的硬度无关。砂轮的硬度高，磨料不易脱落；砂轮的硬度低，砂轮的自锐性好。砂轮的硬度分 7 大级（超软、软、中软、中、中硬、硬、超硬）。常用砂轮的硬度等级如表 8.2 所示。

表 8.2　常用砂轮的硬度等级

硬度等级	大级	软			中软		中		中硬			硬	
	小级	软 1	软 2	软 3	中软 1	中软 2	中 1	中 2	中硬 1	中硬 2	中硬 3	硬 1	硬 2
代号		G (R1)	H (R2)	J (R3)	K (ZR1)	L (ZR2)	M (Z1)	N (Z2)	P (ZY1)	Q (ZY2)	R (ZY3)	S (Y1)	T (Y2)

注：括号内的代号是旧标准代号；超软、超硬未列入；表中 1,2,3 表示硬度递增的顺序。

砂轮硬度的选择原则是：磨削硬材，选软砂轮；磨削软材，选硬砂轮；磨削导热性差的材料，由于不易散热，选软砂轮以免工件烧伤；砂轮与工件接触面积大时，选较软的砂轮；成形磨、精磨时，选硬砂轮；粗磨时，选较软的砂轮。

3. 空隙

砂轮的空隙是指砂轮中除磨料和结合剂以外的部分，空隙使砂轮逐层崩碎脱落，从而获得满意的"自锐"效果。

4. 形状和尺寸

砂轮被制成各种不同的形状和尺寸，以供加工不同的零件时使用。砂轮的形状和尺寸可参阅国家标准。常用砂轮的形状、代号和主要用途如表 8.3 所示。

表 8.3　常用砂轮的形状、代号和主要用途

砂轮名称	简　图	代号	尺寸表示法	主　要　用　途
平形砂轮		P	P　$D \times H \times d$	用于磨外圆、磨内圆、磨平面和无心磨等
双面凹砂轮		PSA	PSA $D \times H \times d \text{-} 2 \text{-} d_1 \times t_1 \times t_2$	用于磨外圆、无心磨和刃磨刀具

续表

砂轮名称	简　图	代号	尺寸表示法	主要用途
双斜边砂轮		PSX	PSX　$D \times H \times d$	用于磨削齿轮和螺纹
筒形砂轮		N	N　$D \times H \times d$	用于立轴端磨平面
碟形砂轮		D	D　$D \times H \times d$	用于刃磨刀具前面
碗形砂轮		BW	BW　$D \times H \times d$	用于导轨磨和刃磨刀具

5. 砂轮的标记方法

按 GB/T 2484—2018 规定,砂轮的标记顺序如下:磨具名称、产品标准号、基本形状代号、圆周型面代号(若有)、尺寸(包括型面尺寸)、磨料牌号(可选性的)、磨料种类、磨料粒度、硬度等级、组织号(可选性的)、结合剂种类、最高工作速度。砂轮标记示例如图 8.50 所示。

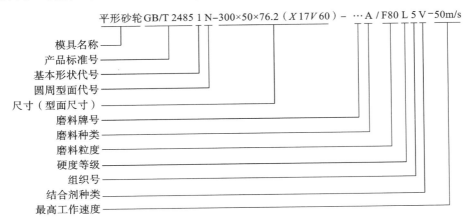

图 8.50　砂轮标记示例

6. 砂轮的检查、安装、平衡和修整

砂轮在高速下工作,因此安装前要通过外观检查和敲击产生的响声来检查砂轮有无裂纹,以防高速旋转时砂轮破裂。安装砂轮时,应将砂轮松紧合适地套在砂轮主轴上,并在砂轮和法兰盘之间垫上 1～2 mm 厚的弹性垫板(用皮革或耐油橡胶所制),如图 8.51 所示。

为了使砂轮工作平稳,一般直径大于 125 mm 的砂轮需进行静平衡检验,如图 8.52 所示。将砂轮装在心轴上,再放到平衡架的导轨上。如果不平衡,较重的部分总是转在下面,这时可移动法兰盘端面环形槽内的平衡块进行平衡,直到砂轮可以在导轨上任意位置都能静止。这种平衡称为静平衡。

砂轮工作一定时间以后,磨料逐渐变钝,砂轮工作表面空隙堵塞,这时需要对砂轮进行修整,如图 8.53 所示,去除已磨钝的磨料,以恢复砂轮的切削能力和外形精度。砂轮常用金刚石进行修整。修整砂轮时,要使用大量的冷却液,以避免金刚石因温度剧升而破裂。

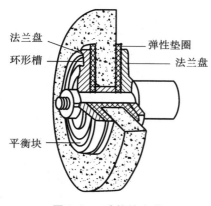

图 8.51　砂轮的安装

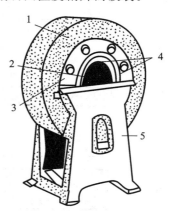

图 8.52　砂轮的静平衡检验
1—砂轮;2—心轴;3—法兰盘;
4—平衡块;5—平衡架

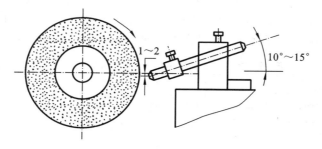

图 8.53　砂轮的修整

8.3.3　磨削加工

1. 外圆磨削

1) 工件的装夹

磨削轴类零件时常用顶尖装夹。在外圆磨床上用顶尖装夹工件如图 8.54(a)所示。外圆磨床所用的顶尖是不随工件一起转动的,这样可以提高加工精度,避免顶尖转动带来的误差。磨削短工件的外圆时,可用三爪自定心卡盘装夹工件,如图 8.54(b)所示,或用四爪单动卡盘装夹工件。用四爪单动卡盘安装工件时,要用百分表找正,如图 8.54(c)所示。盘套类空心工件常安装在心轴上进行外圆磨削。用锥度心轴装夹工件如图 8.54(d)所示。

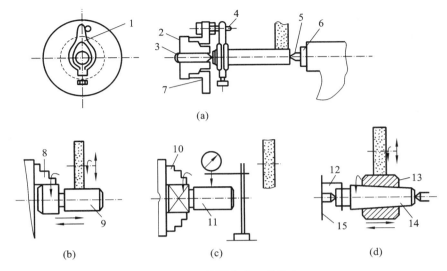

(a)

(b)　　　　　　(c)　　　　　　(d)

图 8.54　外圆磨床工件装夹

1,12—卡箍;2—头架主轴;3—前顶尖;4—拨杆;5—后顶尖;6—尾架套筒;

7,15—拨盘;8—三爪自定心卡盘;9,11,13—工件;10—四爪单动卡盘;14—心轴

2)磨削方法

磨削外圆常用的方法有纵磨法和横磨法两种。

(1)纵磨法如图 8.55 所示。磨削时,工件旋转(圆周进给),并与工作台一起作纵向往复运动(纵向进给),每当一次纵向行程(单行程或双行程)终了时,砂轮作一次横向进给运动(磨削深度)。采用纵磨法时,每次磨削深度很小,一般为 0.005～0.05 mm;磨削余量要在多次往复行程中磨去;当工件加工到接近最终尺寸时,采用几次无横向进给的光磨行程,直到磨削的火花消失为止,以提高工件的表面质量。这种方法在单件、小批生产以及精磨中得到广泛的应用。

(2)横磨法如图 8.56 所示。横磨法又称切入磨削法,磨削时工件无纵向进给运动,而砂轮以很慢的速度连续地向工件作横向进给运动,直到磨去全部余量为止。横磨法适用于在大批量生产中磨削长度较短的工件和阶梯轴的轴颈。

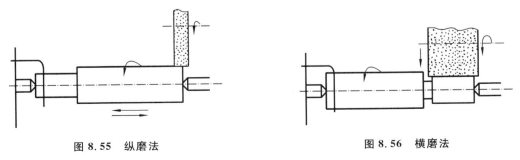

图 8.55　纵磨法　　　　　　　　**图 8.56　横磨法**

为了提高磨削质量和生产率,可对工件先采用横磨法分段粗磨,留下 0.1～0.3 mm 余量,

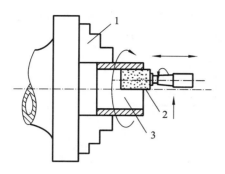

图 8.57　用三爪自定心卡盘装夹工件
1—三爪自定心卡盘;2—砂轮;3—工件

再用纵磨法磨削。通常称这种磨削方法叫作综合磨法。

2. 内圆磨削

1)工件的装夹

磨削内圆时,通常采用三爪自定心卡盘或四爪单动卡盘等夹具装夹工件。用三爪自定心卡盘装夹工件如图 8.57 所示。

2)磨削方法

内圆磨削时,砂轮的直径由于受到工件孔径的限制,一般较小,故砂轮磨损较快,需经常修整和更换。另外,内圆磨削时,由于砂轮轴直径较小,而悬伸长度又较大,刚度很差,因此磨削深度不能太大,这就降低了内圆磨削的生产率。

3. 圆锥面磨削

磨削圆锥面有以下几种方法。

1)转动工作台法

图 8.58、图 8.59 所示的转动工作台法适用于磨削锥度较小、锥面较长的工件。

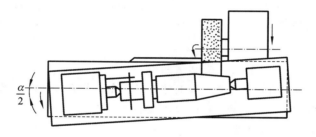

图 8.58　转动工作台磨削外圆锥面

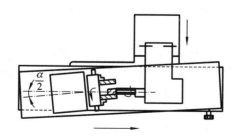

图 8.59　转动工作台磨削内圆锥面

2)转动头架法

图 8.60、图 8.61 所示的转动头架法适用于磨削锥度较大但长度较短的工件。在万能外圆磨床上用转动头架法,还可以磨削短的外圆锥面,如图 8.62 所示。

4. 平面磨削

1)工件的装夹

磨削中、小型工件的平面,常用电磁吸盘工作台吸住工件。电磁吸盘工作台的工作原理如

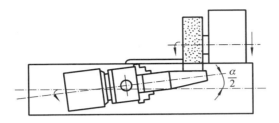

图 8.60 转动头架磨削外圆锥面(一)

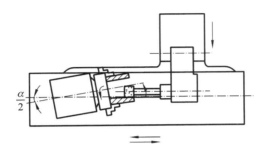

图 8.61 转动头架磨削内圆锥面

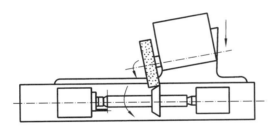

图 8.62 转动头架磨削外圆锥面(二)

图 8.63 所示。钢制吸盘体的中部凸起的芯体上绕有线圈。钢制盖板上面镶嵌有用绝缘层隔开的许多钢制条块。当线圈中通过直流电时,芯体被磁化,磁力线由芯体经过盖板→工件→盖板→钢制吸盘体→芯体而闭合(图中用虚线表示),工件被吸住。绝缘层由铅铜或巴氏合金等非磁性材料制成。它的作用是使绝大部分磁力线都能通过工件再回到钢制吸盘体,而不能通过钢制盖板直接回去,以保证工件被牢固地吸在电磁吸盘工作台上。

当磨削键、垫圈、薄壁套等尺寸小而壁较薄的零件时,由于零件与工作台接触面积小、吸力弱,容易被磨削力弹出去而造成事故,因此需在工件四周或两端用挡铁围住,以防工件移动,如图 8.64 所示。

2) 磨削方法

平面磨削的方法有两种:一种是用砂轮的圆周面磨削,如图 8.65(a)所示,叫作周磨法;另一种是用砂轮的端面磨削,如图 8.65(b)所示,叫作端磨法。

周磨法磨削平面,砂轮与工件的接触面积小,排屑和冷却条件好,工件发热变形小,所以能获得较高的加工质量,但磨削效率较低,适用于精磨。

端磨法的特点与周磨法相反。端磨时,由于砂轮轴伸出较短,刚度较好,能采用较大的磨削用量,因此端磨法磨削效率较高,但磨削精度较低,适用于粗磨。

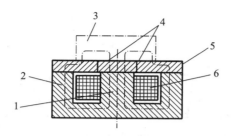

图 8.63　电磁吸盘工作台的工作原理
1—芯体;2—钢制吸盘体;3—工件;4—绝磁层;5—钢制盖板;6—线圈

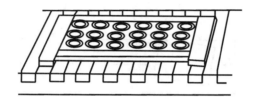

图 8.64　用挡铁围住工件

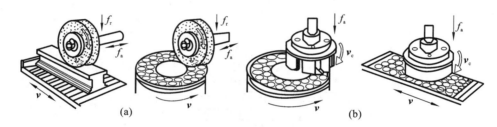

(a)　　　　　　　　　　　　　　　　(b)

图 8.65　平面磨削

8.3.4　磨削操作安全规程

（1）工作时要穿工作服或紧身的衣服,女同志要戴工作帽,发辫压入帽内,以防发生人身事故。

（2）砂轮是一种脆性物质,又在高速旋转下工作,如果使用不当,就会破裂飞出,造成严重的工伤事故,所以必须十分注意砂轮的安全使用（如正确地安装和紧固砂轮、不使用有裂纹的砂轮、工作时线速度不超过允许的安全线速度等）。砂轮是在高速旋转下工作的,禁止面对砂轮站立。

（3）为了防止砂轮破裂时碎片飞出伤人,各种磨床都装有防护罩。除特殊情况外,不得使用没有防护罩的磨床进行磨削。

（4）开车前必须调整好换向撞块的位置并将其紧固,以免由于撞块走动而使工作台行程过头,使砂轮碰撞夹头、卡盘或尾架,导致工件弹出或砂轮碎裂。

（5）开始磨削前,必须细心地检查工件的装夹是否正确、紧固是否可靠。

（6）磨削时必须在砂轮和工件开动后再吃刀,在砂轮退刀后再停车,否则容易挤碎砂轮和损坏机床,而且易使零件报废。

（7）测量工件或调整机床都应在磨床停车以后再进行,并不得在磨床开动时做清洁工作,以免被磨床转动部分卷入而造成事故。

(8) 一个零件加工结束后,必须将砂轮架横向进给手轮(外圆磨床)或垂直进给手轮(平面磨床)退出一圈,以免装好下一个零件再开车时,砂轮碰撞工件。

(9) 工作结束或完成一个段落时,应将磨床有关操纵手柄放在空挡位置上,以免再开车时部件突然运动而发生事故。

(10) 干磨磨床上必须装置吸尘设备,工作时应戴口罩,修整砂轮时最好戴上防护眼镜。

(11) 注意安全用电,不要使用罩壳损坏了的闸刀开关、按钮和插座等,不随便打开电气箱和乱动各种电气设备。工作中如果发现机床的接地装置有毛病、电线绝缘损坏、电气设备打火花或偶然感到轻微的触电时,应立即请电工进行检修。

(12) 注意防火,容易引起燃烧的油棉纱、油布、油纸等应集中放置在铁桶或铁箱中,不要乱丢烟头。

思 考 题

1. 万能卧式铣床主要由哪几个部件组成? 各部件的作用是什么?
2. 铣削时工件装夹有哪些方法? 需用哪些附件? 它们的主要作用各是什么?
3. 如何安装带柄铣刀和带孔铣刀?
4. 用铣床加工平面与用刨床加工平面各有什么特点?
5. 牛头刨床可加工的表面有哪几种?
6. 磨削加工精度为什么高? 磨削加工为什么不适合加工有色金属材料?
7. 常用磨削平面的方法有哪几种? 它们各有何优缺点?
8. 磨削外圆常用的方法有哪几种? 如何应用?

数控加工

◀ 模块导入

图 9.1 所示为回转体零件。它的数控加工工艺过程如下。

圆钢下料($\phi65\times135$)→正火热处理→粗车端面及外圆,平全长 130 mm,车夹头位 $\phi62\times$ 45,掉头粗车另一端外圆→调质处理→车小端车夹持位 $\phi32\times35$ 阶梯,左阶梯端面见光,粗车 $\phi56$ 球面外圆至 $\phi58\times83$(长),粗车 $\phi38_{-0.02}^{0}$ 处至 $\phi42\times42$(长),粗车 $\phi56$ 球面至 $\phi60.11$→掉头精车,三爪夹 $\phi32\times35$ 外圆,试切外圆及端面对刀,精车 $\phi58_{-0.03}^{0}$ 外圆、锥面及 $\phi42$ 外圆至尺寸,保证工序长度尺寸 54,并外圆倒角 $2\times45°$→掉头精车,三爪夹 $\phi58_{-0.03}^{0}$ 外圆,夹长 20 mm(垫铜片保护已加工表面),百分表校正 $\phi58_{-0.03}^{0}$ 外圆,精车球面左端面,车螺纹外径到 $\phi29.7$、螺纹尾部倒角 C2、$\phi26$ 退刀槽至 $\phi25.9$,保证阶梯面长度尺寸 35 ± 0.05,精车 $\phi38_{-0.02}^{0}$。

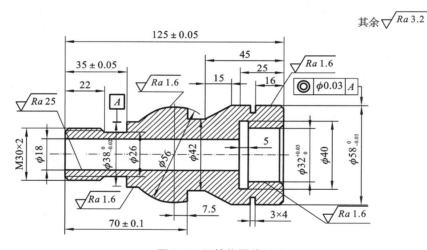

图 9.1 回转体零件(一)

◀ 问题探讨

1. 如何建立数控机床的坐标系和选择加工参数?

2. 数控机床的对刀与找正的方法有哪些?

3. 准备功能有哪些?辅助功能有哪些?各代码含义是什么?

◀ 学习目标

1. 了解数控加工的安全操作规程。

2. 掌握数控机床的基本操作和步骤,熟悉数控机床的操作面板和输入面板。

3. 熟练掌握数控切削加工中的基本操作技能。

4. 培养良好的职业道德。

◀ **职业能力目标**

通过本模块的学习,学生要能读懂零件图,编制和调整数控加工程序,使用仿真软件验证数控加工程序,并能使用通用夹具进行零件定位与装夹,自主进行数控车床的正确操作,独立完成零件的加工。

◀ **课程思政目标**

通过本模块的学习,培养学生追求真理、实事求是、积极探索与实践的科学精神,引导学生养成良好的自我学习和信息获取能力,提升学生的创新能力和交流、沟通、与人合作的能力。

◀ 9.1 数控车床编程与操作 ▶

数控机床加工就是利用数字化控制系统在机床上完成整个零件的加工的一种工艺手段。数控车床是一种自动化程度高、结构复杂的先进加工设备,也是企业生产常用的加工设备。与普通车床相比,数控车床具有加工精度高、加工灵活、通用性强、质量稳定等优点。熟练掌握数控机床的编程与操作是对每一位机械工程技术人员与操作者的一项基本要求。现以 CK6136 型数控车床为例讲解数控车床编程与操作。

9.1.1 数控车床的操作面板

CK6136 型数控车床的操作面板如图 9.2 所示。

图 9.2 CK6136 型数控车床的操作面板

1. 方式选择键

:用于直接通过操作面板输入数控加工程序和编辑数控加工程序。

:自动加工方式。

:手动数据输入。

:回参考点。

:手摇脉冲方式。

:手动方式,手动连续移动台面或者刀具。

方式选择的具体操作是,将光标置于按键上,单击鼠标左键。

2. 数控加工程序运行控制开关

：单程序段。

：机床锁住。

：辅助功能锁定。

：空运行。

：程序回零。

：手轮 X 轴选择。

：手轮 Z 轴选择。

3. 机床主轴手动控制开关

：手动开机床主轴正转。

：手动关机床主轴。

：手动开机床主轴反转。

4. 辅助功能键

：冷却液。

：润滑液。

：换刀具。

5. 手轮进给量控制按键

、、、：选择手动台面时每一步的距离,各按钮所代表的每一步的距离分别为 0.001 mm、0.01 mm、0.1 mm、1 mm。

选择手动台面时每一步的距离的具体操作是,置光标于按键上,单击鼠标左键。

6. 程序运行控制开关

、：循环停止。

、：循环启动。

：MST 选择停止。

7. 系统控制开关

、：控制系统的启/停。

8. 手动移动机床台面按钮

：移动轴,快速进给。

9. 升降速按键

：用于控制主轴升降速、快速进给升降速、进给升降速。

10. 紧急停止按钮

:紧急停车。

11. 手轮

:手轮。

9.1.2 GSK980T 数控系统的输入面板

GSK980T 数控系统的输入面板如图 9.3 所示。

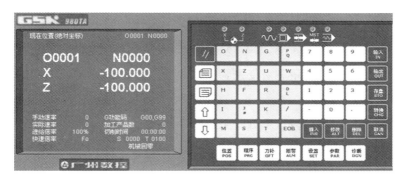

图 9.3 GSK980T 数控系统的输入面板

1. 按键介绍

1）数字键和字母键

数字键和字母键用于将数据输入输入区域（如图 9.4 所示），系统自动判别是取字母还是取数字。

```
程序                              O0001 N0000

N10G30U0W0T0101↵;
N20G50X0.Z0.M03S100↵;
N30G01Z-1.F100.M8↵;
N40G01X75.↵;
N50G71U2.R0.5↵;
N60G71P70Q140U0.4W0.2F0.4↵;
N70G0X30.Z1.↵;
N80G01Z-34.↵;
N90G01X38.↵;
N100G01Z-51.↵;

数字 G      54              S 0000 T 0100
                              机械回零
```

图 9.4 数据输入画面

2）编辑键

转换 CHG：用于位参数、位诊断含义显示方式的切换。

取消 CAN：用于消除输入键输入缓冲寄存器中的字符或符号。键输入缓冲寄存器的内容由 CRT 显示。例如，键输入缓冲寄存器的显示为"N001"时，按"取消"键，N001 被取消。

删除 DEL：用于程序的删除操作。

修改 ALT：用于程序的修改操作。

插入 INS：用于程序的插入操作。

3）页面切换键

位置 POS：按下此键，CRT 显示现在位置，共有"相对""绝对""总和""位置/程序"四页，通过翻页键转换。

程序 PRC：用于程序的显示、编辑等，共有"MDI/模""程序""目录/存储量"三页。

刀补 OFT：用于显示、设定补偿量和宏变量，共有"偏置""宏变量"两项。

报警 ALM：用于显示报警信息。

设置 SET：用于设置各种设置参数、参数开关及程序开关。

参数 PAR：用于显示、设定参数。

诊断 DGN：用于显示各种诊断数据。

4）翻页按钮

⬚：用于使 LCD 画面的页逆方向更换。

⬚：用于使 LCD 画面的页顺方向更换。

5）光标移动

⇧：用于使光标向上移动一个区分单位。

⇩：用于使光标向下移动一个区分单位。

6）复位键

//：用于解除报警，使 CNC 复位。

7）输入键

输入 IN：用于输入参数、补偿量等数据。

8）输出键

输出 OUT：用于从 RS-232 接口输出文件启动。

2．手动连续进给

（1）按下手动方式按键 ⬚，选择手动操作方式，这时液晶屏幕右下角显示"手动方式"。

（2）选择移动轴，使机床沿着所选择轴方向移动。

3．手轮进给

转动手摇脉冲发生器，可以使机床微量进给。

（1）按下手摇脉冲方式按键 ⬚，选择手轮/增量操作方式，这时液晶屏幕右下角显示"手轮、增量方式"。

（2）选择手轮运动轴：在手轮方式下，按下相应的按钮。

注：在手轮方式下，按键有效，所选手轮轴的地址［U］或［W］闪烁。

（3）转动手轮。

（4）选择移动量：按下"增量选择"键，选择移动增量，在屏幕左下角显示移动增量。

4. 手动辅助机能操作

1）手动换刀

⬡：在手动/手摇脉冲方式下按下此键，刀架旋转换下一把刀（参照机床厂家的说明书）。

2）主轴正转

↻：在手动/手摇脉冲方式下，按下此键，主轴正向转动启动。

3）主轴反转

↺：在手动/手摇脉冲方式下，按下此键，主轴反向转动启动。

4）主轴停止

○：在手动/手摇脉冲方式下，按下此键，主轴停止转动。

5）面板指示灯

⬢⬢：回零完成灯，返回参考点后，已返回参考点轴的指示灯亮，移出零点后灯灭。

：快速灯、单段灯、机床锁、辅助锁、空运行。

5. 运转方式

1）存储器运转

（1）把程序存入存储器中。

（2）选择要运行的程序。

（3）选择自动方式。

（4）按循环启动键。

▯▮：自动循环启动键。

▣：自动循环停止键。

按自动循环启动键后，开始执行程序。

2）MDI运转

从LCD/MDI面板上输入一个程序段的指令，并可以执行该程序段。

例如，输入"X10.5 Z200.5；"。

（1）选择MDI ▣。

（2）按"程序"键。

（3）按"翻页"键后，选择在左上方显示有"程序段值"的画面。程序段值画面如图 9.5 所示。

（4）键入"X10.5"。

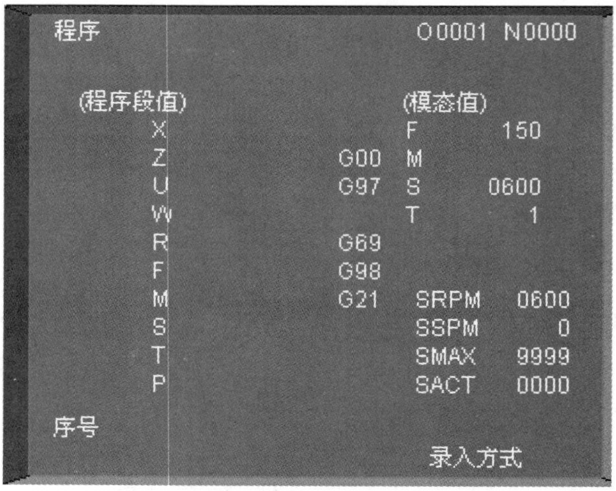

图 9.5　程序段值画面

（5）按"输入"键，"X10.5"输入被显示出来。按"输入"键以前，发现输入错误，可按"取消"键，再次输入"X"和正确的数值。如果按"输入"键后发现错误，再次输入正确的数值。

（6）键入"Z200.5"。

（7）按"输入"键，"Z200.5"输入显示出来。

（8）按自动循环启动键。

按自动循环启动键前，取消部分操作内容。取消 Z200.5 的方法如下。

①依次按"Z"键、"取消"键。

②按自动循环启动键。

6. 自动运转的启动

（1）选择自动方式。

（2）选择程序。

（3）按操作面板上的自动循环启动键。

7. 自动运转的停止

使自动运转停止的方法有两种，一种是用程序事先在要停止的地方输入停止命令，另一种是按操作面板上的键。

1）程序停（M00）

含有 M00 的程序段执行后，停止自动运转，与单程序段停止相同，模态信息全部被保存起来。用 CNC 启动，能再次开始自动运转。

2）程序结束（M30）

（1）表示主程序结束。

（2）停止自动运转，恢复到复位状态。

（3）返回到程序的起点。

3）进给保持

在自动运转中，按操作面板上的进给保持键可以使自动运转暂时停止。

[图] :进给保持键。

[图] :自动循环停止键。

按进给保持键后,机床呈下列状态。

(1) 机床在移动时,进给减速停止。

(2) 在执行暂停中休止暂停。

(3) 执行 M、S、T 的动作后,停止。

按自动循环启动键后,程序继续执行。

4) 复位

复位键为 [图] 。

用 LCD/MDI 上的复位键,使自动运转结束,恢复至复位状态。 如果在运动中进行复位,则机械减速停止。

8. 单程序段

当将单程序段开关 [图] 置于 ON 位置上时,单程序段灯亮,执行程序的一个程序段后停止。 如果再按自动循环启动键,则执行完下个程序段后停止。

9. 急停

按下急停按钮 [图] ,机床移动立即停止,并且所有的输出如主轴的转动、冷却液等也全部关闭。 急停解除后,所有的输出都需重新启动。

紧急停车时,电机的电源被切断。

在解除急停以前,要消除使机床异常的因素。

10. 超程

如果刀具进入了由参数规定的禁止区域(存储行程极限),则显示超程报警,刀具减速后停止。 此时手动把刀具向安全方向移动,按复位按钮,可解除报警。

11. 程序存储、编辑操作前的准备

在介绍程序的存储、编辑操作之前,有必要介绍一下操作前的准备。

(1) 把程序保护开关置于 ON 位置上。

(2) 操作方式设定为编辑方式。

(3) 按"程序"键后,显示程序,此时可编辑程序。

12. 选择一个数控加工程序

(1) 按 [程序 PRG] 键,显示程序画面。

(2) 按 [O] 。

(3) 键入要检索的程序号,如 [7] 。

(4) 按 [↓] ,找到后,O7 显示在屏幕右上角,NC 程序显示在屏幕上。

13. 删除一个数控加工程序

(1) 选择编辑方式。

(2) 按 [程序 PRG] ,显示程序画面。

(3) 按 [O] 。

（4）用键输入程序号，如 ^{7} 。

（5）按 DEL ，对应键入程序号的数控加工程序被删除。

14. 顺序号检索

顺序号检索通常是检索程序内的某一顺序号，一般用于从这个顺序号开始执行或者编辑程序。

检索存储器中存入程序号的步骤如下。

（1）把方式选择为自动或编辑方式。

（2）按 PRG ，显示程序画面。

（3）选择要检索顺序号的所在程序。

（4）按地址键。

（5）用键输入要检索的顺序号。

（6）按 ⇩ 。

（7）检索结束时，在 LCD 画面的右上部显示出已检索的顺序号。

15. 字的插入、修改、删除

存入存储器中程序的内容可以改变，具体操作如下。

（1）将方式选择为编辑方式。

（2）按"程序"键，显示程序画面。

（3）选择要编辑的程序。

（4）检索要编辑的字。

检索要编辑的字有以下两种方法。

①扫描（SCAN）的方法。

②检索字的方法。

（5）进行字的修改、插入、删除等编辑操作。

1）字的检索

（1）用扫描的方法。

一个字一个字地扫描；

①按 ⇩ 时，

此时，在画面上，光标一个字一个字地顺方向移动。也就是说，在被选择和地址下面显示出光标。

②按 ⇧ 时，

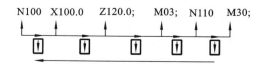

此时,在画面上,光标一个字一个字地反方向移动。也就是说,在被选择字的地址下面显示出光标。

③如果持续按⇩或者⇧,则会连续自动快速移动光标。

④按⊟,画面翻页,光标移至下页开头的字处。

⑤按⊟,画面翻到前一页,光标移至开头的字处。

⑥持续按⊟或⊟,则自动快速连续翻页。

(2)检索字的方法。

从光标现在位置开始,顺方向或反方向检索指定的字。

①用键输入地址 S。

②用键输入"0""2"。

注 1:如果只用键输入 S1,就不能检索 S02。

注 2:检索 S01 时,如果只是 S1 就不能检索,此时必须输入 S01。

③按⇩,开始检索。

如果检索完成了,光标显示在 S02 的下面。如果不是按⇩,而是按⇧,则向反方向检索。

(3)用地址检索的方法。

从现在位置开始,顺方向检索指定的地址。

①按地址键。

②按⇩。

检索完成后,光标显示在 M 的下面。如果不是按⇩,而是按⇧,则反方向检索。

(4)返回到程序开头的方法。

O0200; N100 X100.0 Z120.0;   S02; N110 M30;
　　↑程序开头　　　　　　　　↑光标现在位置

①方法 1。

按复位键 ▟ (选择编辑方式,选择程序画面),当返回到开头后,在 LCD 画面上从头开始显示程序的内容。

②方法 2。

检索程序号。

③方法 3。

a.选择自动方式或编辑方式。

b. 按 [程序 PRG] ,显示程序画面。

c. 按地址 O。

d. 按 [⇧] 。

2）字的插入

（1）检索或扫描到要插入的前一个字。

（2）用键输入要插入的地址,如输入"T"。

（3）用键输入"15"。

（4）按 [插入 INS] 。

3）字的变更

N100   X100.0   Z120.0   <u>T</u>15；   S02；   N110   M30；

↑
光标现在位置
要变更为M03时

（1）检索或扫描到要变更的字。

（2）输入要变更的地址,如输入"M"。

（3）用键输入数据。

（4）按 [修改 ALT] ,新键入的字就代替了当前光标所指的字。

例如输入"M03",按 ALT 键时,

N100   X100.0   Z120.0   <u>M</u>03；   S02；   N110   M30；

↑
光标现在位置
要变更的内容

4）字的删除

N100   X100.0   <u>Z</u>120.0   M03；   S02；   N110   M30；

↑
光标现在位置
要删除Z120.0

（1）检索或扫描到要删除的字。

（2）按 [删除 DEL] ,当前光标所指的字被删除。

N100   X100.0 <u>M</u>03；   S02；   N110   M30；

↑
光标现在位置
删除后

5）多个程序段的删除

从现在显示的字开始,删除到指定顺序号的程序段。

N100 X100.0 <u>M</u>03； S02； ……N2233 S02； N2300 M30；

↑   ↑
光标现在位置
要把此区域删除

（1）按地址键。

（2）用键输入顺序号"2233"。

（3）按 [删除 DEL] ,至 N2233 的程序段被删除,光标移到下个字的地址下面。

16. MDI 运行

（1）M03 输入,S500 输入,循环启动。

（2）G00 输入，X200 输入，Z300 输入，循环启动。

（3）T0303 输入，循环启动。

17. 手动方式

按下 [⟳]，让主轴正转，同时调节主轴倍率（按 [🔘]），以在一定范围内获得不同转速；按下

[○]，让主轴停止转动；按下 [⟲]，让主轴反转。

18. 程序录入与编辑

在程序界面，在编辑方式下，输入以下程序。

```
O0001
N10 G00   X100   Z100
N20 M03   S500
N30 T0101
N40 G00   X50   Z2
N50 G01   Z-40   F100
N60 X55
N70 G00   X100   Z100
N80 T0202
N90 G00   X49   Z2
N100 G01   Z-40   F80
N110 X55
N120 G00   X100   Z100
N130 T0100
N140 M05
N150 M30
```

19. 对 O0001 程序进行图形模拟

在图形界面（按两次"设置"键），翻页至图形模拟页面，按下 [⇄] 和 [⟷]，锁住机床轴和辅助功能，随后按下自动循环启动键 [▐▌]，观察刀具运行轨迹，并参照程序和当前坐标位置比较刀具运行路线。

◢◤ 9.2　典型零件的数控车削 ◢◤

9.2.1　简单成形面的加工实训

1. 实训内容

加工图 9.6 所示的回转件零件，毛坯外径为 φ50，材料为 45 号钢，编制数控加工程序。

2. 实训步骤

（1）分析零件图，选择定位基准和加工方法，确定走刀路线，选择刀具和装夹方法，确定切

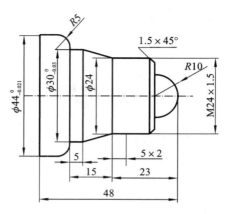

图 9.6 回转体零件(二)

削用量参数。

（2）编制数控加工程序卡。数控系统为 FANUC oi MATE-TC。

根据零件的加工工艺分析和所使用的数控车床的编程指令说明，编写数控加工程序，填写程序卡，如表 9.1 所示。

表 9.1 车削加工程序卡(一)

零件号	零件名称		编制日期	
程序号	O1006		编制人	
序号	程序内容		程序说明	
N010	G99 G40 G21；			
N020	T0101；		换 1 号刀(外圆粗车刀)	
N030	M03 S1000；		主轴正转,速度为 1 000 r/min	
N040	G00 X51.0 Z3.0 M08；		快速接近工件,冷却液开	
N050	G71 U2.0 R0.5；		粗切循环,吃刀量为 2 mm,退刀量为 0.5 mm	
N060	G71 P070 Q180 U0.6 W0.1 F0.5；		粗切循环,X 向精车余量为 0.6 mm,Z 向精车余量为 0.1 mm,进给量为 0.5 mm/r	
N070	G00 X0 S1500；		//ns 粗切循环第一段	
N080	G01 Z0 F0.1；		—	
N090	G03 X20.0 W−10.0 R10.0；		圆弧切削	
N100	G01 X21.0；		—	
N110	X24.0 W−1.5；		倒角	
N120	Z−23.0；		—	
N130	X29.985 W−10.0；		圆锥面切削	
N140	W−5.0；		—	
N150	X33.99；		—	
N160	G03 X43.99 W−5.0 R5.0；		圆弧切削	

序号	程序内容	程序说明
N170	G01 Z−49.0;	—
N180	X51.0;	//nf 粗切循环结束段
N190	G00 X100.0 Z100.0 M09;	快速退出,冷却液关
N200	T0202;	换 2 号刀(外圆精车刀)
N210	G00 X51.0 Z3.0 M08;	快速接近工件,冷却液开
N220	G70 P70 Q180;	精车循环
N230	G00 X100.0 Z100.0 M09;	快速退出,冷却液关
N240	T0303;	换 3 号刀(螺纹刀)
N250	M03 S450;	主轴正转,速度为 450 r/min
N260	G00 X26.0 Z−7.0 M08;	快速接近工件,冷却液开
N270	G92 X23.2 Z−23.0 F1.5;	螺纹切削第一刀,切深为 0.8 mm
N280	X22.6;	螺纹切削第二刀,切深为 0.6 mm
N290	X22.2;	螺纹切削第三刀,切深为 0.4 mm
N300	X22.04;	螺纹切削第四刀,切深为 0.16 mm
N310	G00 X100.0 Z100.0 M09;	快速退出,冷却液关
N320	T0404;	换 4 号刀(切断刀,刀宽 3 mm)
N330	G00 X52.0 Z−51.0 M08;	快速接近工件,冷却液开
N340	G75 R1.0;	退刀量为 1 mm
N350	G75 X−1.0 P5000 F0.3;	切断工件
N360	G00 X51.0;	快速退出
N370	G00 X100.0 Z100.0;	快速退回
N380	M05 M09;	主轴停,冷却液关
N390	M30;	程序结束

3. 注意事项

(1)工件装夹可靠。

(2)刀具装夹可靠。

(3)机床在试运行前必须进行图形模拟加工,以避免程序错误、刀具碰撞工件或卡盘。

(4)快速进刀和退刀时,一定要注意不要碰上工件和三爪自定心卡盘。

(5)加工零件过程中一定要提高警惕,将手放在急停按钮上,如果遇到紧急情况,迅速按下急停按钮,防止意外事故发生。

9.2.2 复杂成形面的加工实训

1. 实训内容

加工图 9.7 所示的回转体零件,毛坯尺寸为 $\phi40 \times 80$,材料为 45 号钢,编制数控加工程序。

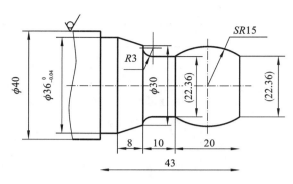

图 9.7 回转体零件（三）

2. 实训步骤

（1）分析零件图，选择定位基准和加工方法，确定走刀路线，选择刀具和装夹方法，确定切削用量参数。

（2）编制数控加工程序卡。数控系统为 FANUC oi MATE-TC。

根据零件的加工工艺分析和所使用的数控车床的编程指令说明，编写加工程序，填写程序卡，如表 9.2 所示。

表 9.2 车削加工程序卡（二）

零件号		零件名称		编制日期	
程序号		O1010		编制人	
序号	程序内容			程序说明	
N010	G99 G40 G21;				
N020	T0101;			换 1 号刀（外圆粗车刀）	
N030	M03 S1200;			主轴正转，速度为 1 200 r/min	
N040	G00 X41.0 Z5.0 M08;			快速接近工件，冷却液开	
N050	G73 U9.5 W5.0 R5;			（X、Z 向退刀量分别为 9.5 mm、5 mm，循环 5 次）	
N060	G73 P070 Q150 U0.6 W0.1 F0.5;			粗切循环，X 向精车余量为 0.6 mm，Z 向精车余量为 0.1 mm，进给量为 0.5 mm/r	
N070	G00 X22.36 Z1.0 S1500;			//ns 粗切循环第一段	
N080	G01 Z0 F0.1;			—	
N090	G03 X22.36 W−20.0 R15.0;			圆弧切削	
N100	G01 W−7.0;			—	
N110	G02 X28.36 W−3 R3.0;			圆弧切削	
N120	G01 X30.0;			—	
N130	X35.98 W−8.0;			圆锥面切削	
N140	W−5.0;			—	
N150	X41.0;			//nf 粗切循环结束段	

序号	程序内容	程序说明
N160	G00 X100.0 Z100.0 M09;	快速退出,冷却液关
N170	T0202;	换 2 号刀(外圆精车刀)
N180	G00 X41.0 Z5.0 M08;	快速接近工件,冷却液开
N190	G70 P70 Q150;	精车循环
N200	G00 X100.0 Z100.0;	快速退出
N210	M05 M09;	主轴停,冷却液关
N220	M30;	程序结束

3. 注意事项

(1)机床在试运行前必须进行图形模拟加工,避免程序错误、刀具碰撞工件或卡盘。

(2)快速进刀和退刀时,一定要注意不要碰上工件和三爪自定心卡盘。

(3)加工零件过程中一定要提高警惕,将手放在急停按钮上,如果遇到紧急情况,迅速按下急停按钮,防止意外事故发生。

9.2.3 综合练习

1. 实训内容

加工图 9.8 所示的回转体零件,毛坯尺寸为 φ30×108,材料为 45 号钢,编制数控加工程序。

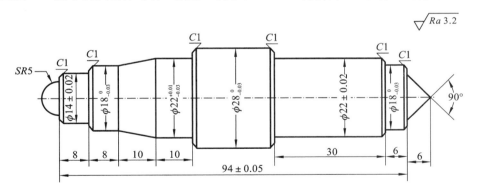

图 9.8 回转体零件(四)

2. 实训步骤

(1)分析零件图,选择定位基准和加工方法,确定走刀路线,选择刀具和装夹方法,确定切削用量参数。

(2)编制数控加工程序卡。数控系统为 FANUC oi MATE-TC。

根据零件的加工工艺分析和所使用的数控车床的编程指令说明,编写加工程序,填写程序卡。车削零件右端(至 φ28 圆柱面)数控加工程序卡如表 9.3 所示。车削零件左端(装夹 φ22 圆柱面)数控加工程序卡如表 9.4 所示。

表 9.3　车削零件右端(至 φ28 圆柱面)数控加工程序卡

零件号		零件名称		编制日期	
程序号		O1012		编制人	
序号	程序内容			程序说明	
N010	G99 G40 G21;			—	
N020	T0101;			换 1 号刀(外圆粗车刀)	
N030	M03 S1500;			主轴正转,速度为 1 500 r/min	
N040	G00 X31.0 Z3.0 M08;			快速接近工件,冷却液开	
N050	G71 U2.0 R0.5;			粗切循环,吃刀量为 2 mm,退刀量为 0.5 mm	
N060	G71 P070 Q190 U0.6 W0.1 F0.5;			粗切循环,X 向精车余量为 0.6 mm,Z 向精车余量为 0.1 mm,进给量为 0.5 mm/r	
N070	G00 X0 S2000;			//ns 粗切循环第一段	
N080	G01 Z0 F0.1;			—	
N090	X12. W−6.0;			切削圆锥面	
N100	X15.985;			切削端面	
N110	X17.985 W−1.0;			倒角	
N120	W−6.0;			切削 φ18 圆柱面	
N130	X20.0;			切削端面	
N140	X22.0 W−1.0;			倒角	
N150	Z−42.0;			切削 φ22 圆柱面	
N160	X25.985;			切削端面	
N170	X27.985 W−1.0;			倒角	
N180	G01 Z−66.0;			切削 φ28 圆柱面	
N190	X31.0;			//nf 粗切循环结束段	
N200	G00 X100.0 Z100.0 M09;			快速退出,冷却液关	
N210	T0202;			换 2 号刀(外圆精车刀)	
N220	G00 X31.0 Z3.0 M08;			快速接近工件,冷却液开	
N230	G70 P70 Q190;			精车循环	
N240	G00 X100.0 Z100.0;			快速退出	
N250	M05 M09;			主轴停,冷却液关	
N260	M30;			程序结束	

表 9.4 车削零件左端（装夹 $\phi22$ 圆柱面）数控加工程序卡

零件号		零件名称		编制日期	
程序号		O1013		编制人	
序号	程序内容			程序说明	
N010	G99 G40 G21；			—	
N020	T0101；			换 1 号刀（外圆粗车刀）	
N030	M03 S1500；			主轴正转，速度为 1 500 r/min	
N040	G00 X31.0 Z3.0 M08；			快速接近工件，冷却液开	
N050	G71 U2.0 R0.5；			粗切循环，吃刀量为 2 mm，退刀量为 0.5 mm	
N060	G71 P070 Q190 U0.6 W0.1 F0.5；			粗切循环，X 向精车余量为 0.6 mm，Z 向精车余量为 0.1 mm，进给量为 0.5 mm/r	
N070	G00 X0 S2000；			//ns 粗切循环第一段	
N080	G01 Z0 F0.1；			—	
N090	G03 X10.0 W−5.0 R5.0；			切削圆锥面	
N100	G01 X12.0；			切削端面	
N110	X14.0 W−1.0；			倒角	
N120	W−7.0；			切削 $\phi14$ 圆柱面	
N130	X15.985；			切削端面	
N140	X17.985 W−1.0；			倒角	
N150	W−7.0；			切削 $\phi18$ 圆柱面	
N160	X21.99 W−10.0；			切削锥面	
N170	W−10.0；			切削 $\phi18$ 圆柱面	
N180	G01 X25.985；			切削端面	
N190	X29.985 W−2.0；			//nf 粗切循环结束段	
N200	G00 X100.0 Z100.0 M09；			快速退出，冷却液关	
N210	T0202；			换 2 号刀（外圆精车刀）	
N220	G00 X31.0 Z3.0 M08；			快速接近工件，冷却液开	
N230	G70 P70 Q190；			精车循环	
N240	G00 X100.0 Z100.0；			快速退出	
N250	M05 M09；			主轴停，冷却关	
N260	M30；			程序结束	

3. 注意事项

1) 编程注意事项

（1）根据零件的特点，选择复合循环指令编程，简化程序。

（2）程序中的刀具起始位置要考虑到毛坯实际尺寸大小。

（3）在编写平端面程序时，注意 Z 向吃刀量。

2) 其他注意事项

（1）必须确认零件夹紧、程序正确后才能进行自动加工，严禁零件转动时测量、触摸零件。

（2）操作中出现零件跳动、打抖、异常声音等情况时，必须立即停车处理。

（3）加工零件过程中一定要提高警惕，将手放在急停按钮上，如果遇到紧急情况，迅速按下急停按钮，防止意外事故发生。

（4）采用课堂所讲述的精度控制方法进行精度控制。

◀ 9.3 数控铣削加工 ▶

9.3.1 数控铣床操作面板介绍

图 9.9 所示为 FANUC oi 数控系统 CRT/MDI 面板。

FANUC oi 数控系统面板由系统操作面板和机床控制面板两个部分组成。

1. 系统操作面板

系统操作面板包括 CRT 显示区、MDI 面板。

（1）CRT 显示区：位于整个机床面板的左上方，包括显示区和与屏幕相对应的功能软键，如图 9.10 所示。

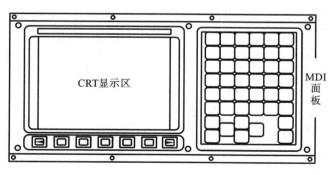

图 9.9 FANUC oi 数控系统 CRT/MDI 面板

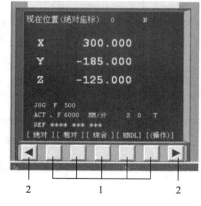

图 9.10 CRT 显示区

1—功能软键；2—扩展软键

（2）MDI 面板（编辑操作面板）：一般位于 CRT 显示区的右侧。MDI 面板如图 9.11 所示，主功能键及其功能说明如表 9.5 所示。

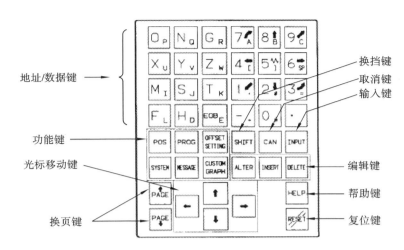

图 9.11　MDI 面板

表 9.5　FANUC oi 数控系统 MDI 面板上的主功能键及其功能说明

序号	按键符号	名　　称	功能说明
1	POS	位置 显示键	显示刀具的坐标位置
2	PROG	程序 显示键	在 EDIT 方式下显示存储器内的程序；在 MDI 方式下，输入和显示数据；在 AUTO 方式下，显示当前待加工或者正在加工的程序
3	OFFSET SETTING	参数设定/显示键	设定并显示刀具补偿值、工件坐标系已经及宏程序变量
4	SYSTEM	系统 显示键	设定并显示系统参数、显示自诊断功能数据等
5	MESSAGE	报警信息显示键	显示 NC 报警信息
6	CUSTOM GRAPH	图形显示键	显示刀具轨迹等图形
7	RESET	复位键	用于所有操作停止或解除报警、CNC 复位

序号	按键符号	名　称	功　能　说　明
8	HELP	帮助键	提供与系统相关的帮助信息
9	DELETE	删除键	在 EDIT 方式下，删除已输入的字及 CNC 中存在的程序
10	INPUT	输入键	输入加工参数等数值
11	CAN	取消键	清除输入缓冲器中的文字或者符号
12	INSERT	插入键	在 EDIT 方式下，在光标后输入字符
13	ALTER	替换键	在 EDIT 方式下，替换光标所在位置的字符
14	SHIFT	上档键	用于输入处在上档位置的字符
15	PAGE↑ PAGE↓	光标翻页键	向上或者向下翻页
16	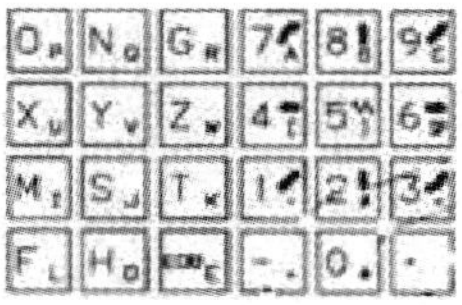 程序编辑键	程序编辑键	用于 NC 程序的输入
17	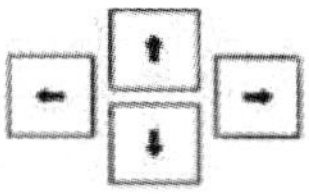 ← ↑ → ↓	光标移动键	用于改变光标在程序中的位置

2. 机床控制面板

采用 FANUC 数控系统的数控机床的控制面板示例如图 9.12 所示，控制面板上的按键和旋钮及其功能说明如表 9.6 所示。

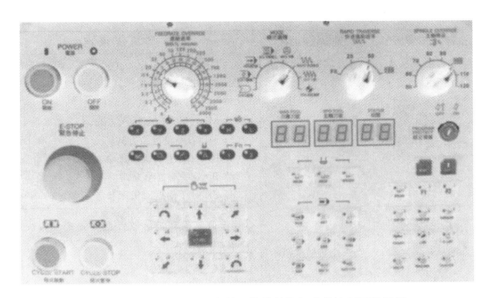

图 9.12 采用 FANUC 数控系统的数控机床的控制面板示例

表 9.6 采用 FANUC 数控系统的数控机床的控制面板上的按键和旋钮及其功能说明

序号	按键、旋钮符号	按键、旋钮名称	功 能 说 明
1	POWER	系统电源开关	按下左边绿色键,机床系统电源开; 按下右边红色键,机床系统电源关
2		急停 按键	在紧急情况下按下此按键,机床停止一切的运动
3	CYCLE START	循环启动键	在 MDI 或者 MEM 方式下,按下此键,机床自动执行当前程序
4	FEED HOLD	循环启动停止键	在 MDI 或者 MEM 方式下,按下此键,机床暂停程序自动运行,直接再一次按下循环启动键
5		进给倍率旋钮	以给定的 F 指令进给时,可在 0～150% 范围内修改进给率。在 JOG 方式下,也可用此旋钮改变 JOG 速率

序号	按键、旋钮符号	按键、旋钮名称	功 能 说 明
6		机床的工作方式 选择旋钮	(1) DNC:DNC 工作方式。 (2) EDIT:编辑方式。 (3) MEM:自动方式。 (4) MDI:手动数据输入方式。 (5) MPG:手轮进给方式。 (6) RAPID:手动快速进给方式。 (7) JOG:手动进给方式。 (8) ZRN:手动返回机床参考零点方式
7		快速倍率旋钮	用于调整手动进给或者自动方式下的快速进给速度:在 JOG 方式下,调整快速进给及返回参考点时的进给速度;在 MEM 方式下,调整 G00、G28、G30 指令进给速度
8		主轴倍率旋钮	在自动或者手动操作主轴时,转动此旋钮可以调整主轴的转速
9		轴进给 方向键	在 JOG 或者 RAPID 方式下,按下某一运动轴按键,被选择的轴会以进给倍率的速度移动;松开按键,则轴停止移动
10		主轴顺时针转按键	按下此键,主轴顺时针旋转
11		主轴逆时针转按键	按下此键,主轴逆时针旋转
12		机床锁定 开关键	在 MEM 方式下,此键处于 ON 位置(指示灯亮)时,系统连续执行程序,但机床所有的轴被锁定,无法移动

序号	按键、旋钮符号	按键、旋钮名称	功 能 说 明
13	B.D.T	程序跳段 开关键	在 MEM 方式下,此键处于 ON 位置(指示灯亮)时,程序中"/"的程序段被跳过执行:此键位于 OFF 位置(指示灯灭)时,完成执行程序中的所有程序段
14	Z.L.K	Z 轴锁定 开关键	在 MEM 方式下,此键位于 ON 位置(指示灯亮)时,机床 Z 轴被锁定
15	OPT	选择停止 开关键	在 MEM 方式下,此键位于 ON 位置(指示灯亮)时,程序中的 M01 有效;此键位于 OFF 位置(指示灯灭)时,程序中的 M01 无效
16	D.R.N	空运行 开关键	在 MEM 方式下,此键位于 ON 位置(指示灯亮)时,程序以快速方式运行;此键位于 OFF 位置(指示灯灭)时,程序以 F 所指定的进给速度运行
17	S.B.K	单段执行 开关键	在 MEM 方式下,此键位于 ON 位置(指示灯亮)时,每按一次循环启动键,机床执行一段程序后暂停;此键位于 OFF 位置(指示灯灭)时,每按一次循环启动键,机床连续执行程序段
18	M.ST.LK	辅助功能 开关键	在 MEM 方式下,此键位于 ON 位置(指示灯亮)时,机床辅助功能指令无效
19	AIR BLOW	空气冷气 开关键	按此键,可以控制空气冷气的打开或者关闭
20	COOLANT	冷却液 开关键	按此键,可以控制冷却液的打开或者关闭

序号	按键、旋钮符号	按键、旋钮名称	功　能　说　明
21		机床润滑键	按下此键,机床会自动加润滑油
22		机床照明开关键	此键位于 ON 位置时,打开机床的照明灯; 此键位于 OFF 位置时,关闭机床的照明灯

3. 数控铣床的回零及其主要作用

数控铣床的回零操作步骤:按回零键→按"Z＋"键→按"X＋"键、"Y＋"键→机床自动运行,直到"X 零点""Y 零点""Z 零点"指示灯都亮→回零完毕。

由于机床采用增量式测量系统,因此一旦机床断电后,数控系统就失去了对参考点坐标的记忆。当再次接通数控系统的电源后,操作者必须进行回零操作。回零的目的在于让各坐标轴回到一固定点上,即机床的零点,也叫机床的参考点。另外,机床在操作过程中遇到急停信号或超程报警信号,待故障排除后,恢复机床工作时,也必须回零。

数控机床回零的主要作用如下。机床坐标系是机床固有的坐标系,机床坐标系的原点称为机床原点或机床零点。在机床经过设计、制造和调整后,这个原点便被确定下来,它是固定的点。数控装置上电时并不知道机床零点。为了正确地在机床工作时建立机床坐标系,通常在每个坐标轴的移动范围内设置一个机床参考点(测量起点),机床启动时,通常要进行机动或手动回参考点,以建立机床坐标系。机床参考点可以与机床零点重合,也可以与机床零点不重合,通过参数指定机床参考点到机床零点的距离。机床回到了参考点位置,数控装置也就知道了该坐标轴的零点位置,找到所有坐标轴的参考点,数控系统就建立起了机床坐标系。

9.3.2　数控铣床常用的刀具

1. 数控铣床常用刀具的分类

1) 按刀具材料不同

数控铣床常用刀具分为以下几类。

(1) 高速钢刀具。

高速钢刀具曾经是切削工具的主流,随着数控机床等现代制造设备的广泛应用,大力开发了各种涂层和不涂层的高性能、高效率高速钢刀具。高速钢凭借其在强度、韧性、热硬性和工艺性等方面优良的综合性能,在切削某些难加工材料以及在复杂刀具,特别是切齿刀具、拉刀和立铣刀制造中仍占有较大的比重。

(2) 硬质合金刀具。

硬质合金是用高硬度、难熔的金属碳化物(WC、TiC 等)和金属黏结剂(Co、Ni 等)在高温条件下烧结而成的粉末冶金制品。硬质合金在常温下硬度为 89～93 HRA,在 760 ℃时为

77～85 HRA,在 800～1 000 ℃时硬质合金刀具还能进行切削,硬质合金刀具的使用寿命比高速钢刀具高几倍甚至几十倍。

（3）陶瓷刀具。

与硬质合金相比,陶瓷材料具有更高的硬度、红硬性和耐磨性。加工钢材时,陶瓷刀具的耐用度为硬质合金刀具的 10～20 倍,红硬性比硬质合金刀具高 2～6 倍,而且化学稳定性、抗氧化能力等也均优于硬质合金刀具。陶瓷材料的缺点是脆性大、横向断裂强度低、承受冲击载荷能力差,这也是近几十年来人们不断对其进行改进的地方。

陶瓷刀具材料可分为以下三大类。

①氧化铝基陶瓷:通常是在 Al_2O_3 基体材料中加入 TiC、WC、ZiC、TaC、ZrO_2 等成分,经热压制成复合陶瓷刀具,硬度可达 95 HRC。为了提高韧性,常在氧化铝基陶瓷中添加少量 Co、Ni 等金属。

②氮化硅基陶瓷。常用的氮化硅基陶瓷为 Si_3N_4 ＋ TiC ＋ Co 复合陶瓷,它的韧性高于氧化铝基陶瓷,硬度与氧化铝基陶瓷相当。

③氮化硅-氧化铝复合陶瓷。

（4）超硬刀具。

人造金刚石、立方氮化硼等具有高硬度的材料统称为超硬材料。超硬刀具主要是以金刚石和立方氮化硼为材料制作的刀具,其中以人造金刚石复合片（PCD）刀具及立方氮化硼复合片（PCBN）刀具占主导地位。许多切削加工概念,如绿色加工、以车代磨、以铣代磨、硬态加工、高速切削、干式切削等都因超硬刀具的应用而起,故超硬刀具已成为切削加工中不可缺少的重要刀具。

金刚石是世界上已知的最硬物质,并具有高导热性、高绝缘性、高化学稳定性、高温半导体特性等多种优良性能,可用于铝、铜等有色金属及其合金的精密加工,特别适合加工非金属硬脆材料。

2）按结构形式不同

数控铣床常用刀具可分为以下几类。

（1）整体式:将刀具和刀柄制成一体,如钻头、立铣刀等。

（2）镶嵌式:可分为焊接式和机夹式。

（3）减振式:当刀具的工作臂长与直径之比较大时,为了减少刀具的振动、提高加工精度,多采用此类刀具。

（4）内冷式:切削液通过刀体内部由喷孔喷射到刀具的切削刃部。

（5）特殊型式:如复合刀具、可逆攻螺纹刀具等。

2. 数控铣床用刀具的选择和应用

被加工零件的几何形状是选择刀具类型的主要依据。

（1）加工曲面类零件时,为了保证刀具切削刃与加工轮廓在切削点处相切,而避免切削刃与工件轮廓发生干涉,一般采用球头铣刀,粗加工用两刃球头铣刀,半精加工和精加工用四刃球头铣刀。球头铣刀示例如图 9.13 所示。

图 9.13　球头铣刀示例

（2）铣较大平面时，为了提高生产效率和降低加工表面的粗糙度，一般采用刀片镶嵌式盘形铣刀。刀片镶嵌式盘形铣刀示例如图 9.14 所示。

（3）铣小平面或台阶面时，一般采用通用铣刀。通用铣刀示例如图 9.15 所示。

图 9.14　刀片镶嵌式盘形铣刀示例

图 9.15　通用铣刀示例

（4）铣键槽时，为了保证槽的尺寸精度，一般采用两刃键槽铣刀。两刃键槽铣刀示例如图 9.16 所示。

图 9.16　两刃键槽铣刀示例

（5）孔加工时，可采用钻头、镗刀等孔加工类刀具。钻头示例如图 9.17 所示。

3. 刀具的安装

1）刀柄

数控铣床/加工中心上用的立铣刀和钻头大多采用弹簧夹套装夹方式安装在刀柄上，刀柄由主柄部、弹簧夹套、夹紧螺母组成。弹簧夹套如图 9.18 所示。

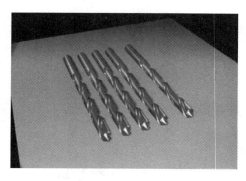

图 9.17　钻头示例

主柄部

夹紧螺母　　　弹簧夹套

图 9.18　刀柄

2）铣刀的装夹

铣刀的安装顺序如下。

（1）把弹簧夹套装置在夹紧螺母里。

（2）将刀具放进弹簧夹套里边。

（3）将前面做的刀具整体放到与主刀柄配合的位置上，并用扳手将夹紧螺母拧紧，使刀具夹紧。

(4) 将刀柄安装到机床的主轴上。在铣削加工过程中,有时可能出现立铣刀从刀夹中逐渐伸出,甚至完全掉落,致使工件报废的现象,这一般是由刀夹内孔与立铣刀刀柄外径之间存在油膜,造成夹紧力不足所致。立铣刀出厂时通常都涂有防锈油,如果切削时使用非水溶性切削油,弹簧夹套内孔也会附着一层雾状油膜,当刀柄和弹簧夹套上都存在油膜时,弹簧夹套很难牢固夹紧刀柄,在加工中立铣刀就容易松动掉落,所以在立铣刀装夹前,应先将立铣刀柄部和弹簧夹套内孔用清洗液清洗干净,擦干后再进行装夹。

当立铣刀的直径较大时,即使刀柄和刀夹都很清洁,还是可能发生掉刀事故,这时应选用带削平缺口的刀柄和相应的侧面锁紧方式。立铣刀夹紧后可能出现的另一问题是加工中立铣刀在刀夹端口处折断,其原因一般是刀夹使用时间过长,刀夹端口部已磨损成锥形。

9.3.3 数控铣床加工编程

刀具半径补偿有两种补偿方式,分别称为 B 型刀补和 C 型刀补。B 型刀补在工件轮廓的拐角处用圆弧过渡,这样在外拐角处,由于补偿过程中刀具切削刃始终与工件尖角接触,使工件上尖角变钝,在内拐角处会引起过切。C 型刀补采用了比较复杂的刀偏矢量计算的数学模型,彻底消除了 B 型刀补存在的不足。下面仅讨论 C 型刀补。

1. 指令格式

指令格式为

```
G17/G18/G19   G00/G01   G41/G42
```

G41:刀具半径左补偿。

G42:刀具半径右补偿。

刀具半径补偿仅能在规定的坐标平面内进行,使用平面选择指令 G17、G18 或 G19 可分别选择 XY 平面、ZX 平面或 YZ 平面为补偿平面。刀具半径补偿必须规定补偿号,由补偿号 L 存入刀具半径值,在执行上述指令时,刀具可自动左偏(G41)或右偏(G42)一个刀具半径补偿值。由于刀补的建立必须在包含运动的程序段中完成,因此在以上格式中也写入了 G00(或G01)。在程序结束前应取消刀具半径补偿。

2. 刀补过程

刀具补偿包括刀补建立、刀补执行和刀补取消这样三个阶段,其中刀补建立与刀补取消均应在非切削状态下进行。程序中含有 G41 或 G42 的程序段是建立刀补的程序段,含有 G40 的程序段是取消刀补的程序段,在执行刀补期间刀具始终处于偏置状态。为了在建立刀补和取消刀补时避免发生过切或撞刀现象,以及在刀补执行期间掌握刀具在运动段的拐角处的运动情况,有必要了解对刀补过程。

3. 刀具偏置矢量

刀具偏置矢量是二维矢量,其大小等于 D 代码所规定的偏置量,矢量方向的确定是根据各轴刀具进给情况在控制单元内自动完成的。通过刀具偏置矢量可计算出刀具中心偏离编程轨迹的实际轨迹。偏置计算在由 G17、G18 和 G19 确定的平面内进行,该平面称为偏置平面。

例如,在已经选择了 XY 平面时,仅对程序中(X、Y)或(I、J)计算偏置量,并计算偏置矢量。不在偏置平面内的轴的坐标值不受偏置的影响。在三轴联动控制中,投影到偏置平面上的刀具轨迹得到偏置补偿。

4. 刀补的建立与刀补的取消

建立刀补的程序段是进入切削加工前的一个辅助程序段,取消刀补的程序段是加工完成时要写入程序中的辅助程序段。做好刀补建立和刀补取消工作,有利于简捷、快速而又安全地使刀具进入切入位置和加工完了时退出刀具。刀补建立时的核心问题是刀具从何处下刀并进入工件加工的起始位置,刀补取消主要应考虑刀具沿何方向退离工件。系统操作说明书中讨论了各种可能遇到的情况,为了简化叙述,下面仅根据习惯的编程方法讨论刀补建立和刀补取消的问题。不使用这些方法一般也可以正确地完成刀补建立和刀补取消工作,但在特殊情况下可能出现过切或报警现象。

(1)使用 G00 或 G01 的运动方式均可完成刀补建立或刀补取消,事实上使用 G01 往往是出于安全的考虑。如果不把刀补的建立(包括刀补的取消)建立在加工时的 Z 轴高度上,而采取先建立刀补再下刀或先提刀再取消刀补的方法,则即使在 G00 的方式下建立(或取消)刀补也是安全的。

(2)为了便于计算坐标,可以按图 9.19 所示两种方式来建立刀补。图 9.19(a)所示为切线进入方式,图 9.19(b)所示为法线进入方式。取消刀补通常也采用切线或法线的方式。

(3)在不便于直接沿着工件的轮廓线切向切入和切向切出时,可再增加一个圆弧辅助程序段。例如采用铣圆法加工图 9.20 所示的内圆轮廓形状,编程时根据孔加工的余量大小和刀具尺寸等情况,取一个适当大小的圆弧,设半径为 r,并由此求出圆心点 A 的坐标和圆弧上 B、C、E 点的坐标。加工时先让刀具定位到大圆的圆心并下刀至孔深。若孔加工的编程轨迹为 $O{\rightarrow}A{\rightarrow}B{\rightarrow}C{\rightarrow}D{\rightarrow}C{\rightarrow}E{\rightarrow}A{\rightarrow}O$,并于 $A{-}B$ 段建立刀补,$A{-}E$ 段取消刀补,则实际加工的刀心运动轨迹为 $O{\rightarrow}A{\rightarrow}B'{\rightarrow}C'{\rightarrow}D'{\rightarrow}C'{\rightarrow}E'{\rightarrow}A{\rightarrow}O$,这样就能十分方便地实现切向切入和切向切出,使加工时不至于在内孔的 C 点处产生明显的刀痕。实际处理时,$\angle BAC$ 与 $\angle EAC$ 的值也可根据需要取 $30°$、$45°$ 或 $60°$,以减少空刀时间,但计算略烦琐。

对于外形轮廓的加工,若采用直线段实现切向切入和切向切出有困难,也可以采用这种增加辅助圆弧程序段的办法。

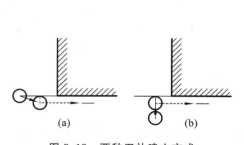

图 9.19　两种刀补建立方式

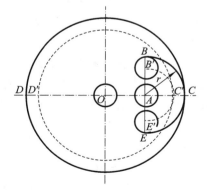

图 9.20　内圆轮廓的补偿

5. 执行 C 型刀补过程中的刀心运动轨迹

图 9.21 显示出了用 G42 编程时典型的 C 型刀补编程轨迹与刀心运动轨迹之间的几种关系,图 9.21(a)所示为 $\alpha{\geqslant}180°$ 时由直线段到直线段在拐角处的转接情况,刀具沿内侧运动至 S

点转到后一段加工,在拐角处不产生过切;图 9.21(b)为 90°≤α≤180°时由直线段到圆弧段的转接情况;图 9.21(c)为 1°≤α≤90°时由圆弧段到直线段在拐角处的转接情况。由图 9.21 不难看出,C 型刀补在拐角处一律采用直线转接的形式,通过伸长直线段或增加直线段的方法实现转接,这就避免了 B 型刀补采用圆弧转接带来的不足。使用 G41 时,刀具中心轨迹在编程轨迹的左侧,处理方法与上述一致。

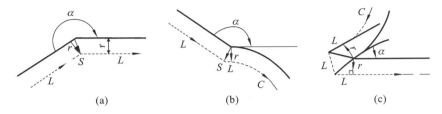

(a)　　　　　　　　　(b)　　　　　　　　　(c)

图 9.21　执行 C 型刀补过程中的刀心运动轨迹

6. 刀具半径补偿使用注意事项

(1) G41、G42、G40 不能和 G02、G03 一起在程序段中使用,只能与 G00 或 G01 一起使用,而且刀具必须移动。

(2) 在程序中用 G42 指令建立右刀补,铣削时对工件将产生逆铣效果,故 G42 指令常用于粗铣。用 G41 指令建立左刀补,铣削时对工件将产生顺铣效果,故 G41 指令常用于精铣。

(3) 在一般情况下,刀具半径补偿值应为正值,如果补偿值为负值,则 G41 和 G42 正好相互替换。通常在模具加工中利用这一特点,可用同一程序加工同一公称尺寸的内外两个型面。

(4) 在补偿状态下,铣刀的直线移动量及铣削内侧圆弧的半径值要大于或等于刀具半径,否则补偿时会产生干涉,系统在执行相应程序段时将会产生报告,并停止执行。

(5) 若程序中建立了刀具半径补偿,在加工完成后必须用 G40 指令将补偿状态取消,使铣刀的中心点回复到实际的坐标点上,即执行 G40 指令时,系统会将向左或向右的补偿值往相反的方向释放,这时铣刀会移动一铣刀半径值,所以最好在铣刀已远离工件后作用 G40 指令。

7. 刀具半径补偿的应用

(1) 编程时直接按工件轮廓尺寸编程。刀具直径因磨损、重磨或更换发生改变时,不必修改程序,只需改变半径补偿参数。

(2) 刀具半径补偿值不一定等于刀具半径值,同一加工程序、采用同一刀具可通过修改刀补的办法实现对工件轮廓的粗、精加工,同时也可通过修改半径补偿值获得所需要的尺寸精度。

9.3.4　数控铣削加工实例

1. 数控铣削加工实例(一)

数控铣削加工实例图如图 9.22 所示,试编制数控加工程序。已知立铣刀直径为 φ16 mm,半径补偿号为 D01。

数控加工程序如下。

```
O1000;                          (程序号)
G17 G90 G54 G00 X0 Y0 S500;     (②)
Z5.0 M03;                       (③)
```

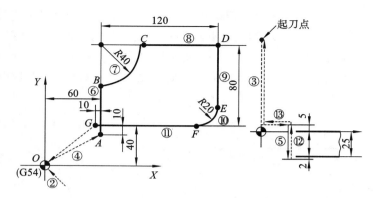

图 9.22 数控铣削加工实例图（一）

G41 G00 X60.0 Y30.0 D01；	（④ O→A）
G01 Z- 27.0 F2000；	（⑤）
Y80.0 F120；	（⑥ A→B）
G03 X100.0 Y120.0 R40.0；	（⑦ B→C）
G01 X180.0；	（⑧ C→D）
Y60,0；	（⑨ D→E）
G02 X160.0Y40.0R20,0；	（⑩ E→F）
G01 XS0.0；	（⑪ F→G）
G00 Z5.0；	（⑫）
G40 X0Y0 M05；	（G→O）
G91 G28 Z0；	（Z轴回参考点）
M30；	（程序结束）

2. 数控铣削加工实例（二）

数控铣削加工实例图如图 9.23 所示，现在需要加工该零件凸台外轮廓，已知毛坯的尺寸为 70×50×20，且其余各面已经加工，材料为 45 号钢，单件生产，试编制数控加工程序。

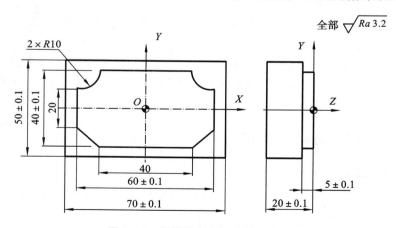

图 9.23 数控铣削加工实例图（二）

数控加工工艺卡如表 9.7 所示。

表 9.7 数控铣削加工实例(二)数控加工工艺卡

数控加工工艺卡					
加工材料	45 号钢		工件尺寸		70×50×20
使用设备	XK7132 型数控铣床		夹具名称		平口虎钳
加工内容	刀具号	主轴转速 /(r/min)	进给速度 /(m/min)	吃刀深度 /mm	侧吃刀量 /mm	备注
粗铣外轮廓	T01	500	120	4.8	—	—
精铣外轮廓	T02	600	90	5	0.3	—

1) 零件图分析

零件轮廓由直线和圆弧组成,尺寸精度约为 IT11 级,表面粗糙度全部为 Ra 3.2 μm,没有几何公差项目的要求,整体加工要求不高。

2) 工艺分析

(1) 加工方案的确定。

根据零件图加工要求,采用立铣刀粗铣→立铣刀精铣完成。

(2) 确定装夹方案。

该零件为单件生产,而且零件的外形为长方体,可选用平口虎钳装夹。采用平口虎钳装夹时,注意使零件高出钳口 8 mm 左右。

(3) 确定加工工艺。

(4) 进给路线的确定。

在数控加工中,刀具刀位点相对于工件运动的轨迹称为加工路线。为了保证表面质量,进给路线采用顺铣和圆弧进退刀方式,采用子程序对零件进行粗、精加工。该零件的进给路线如图 9.24 所示。

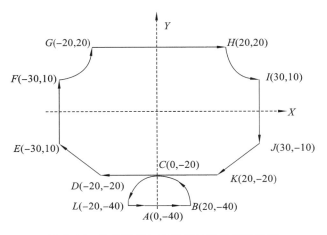

图 9.24 数控铣削加工实例(二)加工路线图

(5) 刀具及切削参数的确定。

刀具及切削参数的确定如表 9.8 所示。

表9.8　数控铣削加工实例(二)数控加工刀具卡

数控加工刀具卡片		工序号	程序编号	产品名称	零件名称	材料	零件图号
						45号钢	
序号	刀具号	刀具名称	刀具规格/mm		补偿值/mm		刀补号		备注

序号	刀具号	刀具名称	直径	长度	半径	长度	半径	长度	备注
1	T01	立铣刀(3齿)	φ16	实测	8.38	—	D01 D02	—	高速钢

3) 数控加工程序编制

(1) 工件坐标系的建立。

为了方便编程,工件坐标系建立在左右和前后对称中心线的交点上,Z轴零点在工件上表面。

(2) 基点坐标计算如图9.24所示。

(3) 编制数控加工程序,如表9.9和表9.10所示。

表9.9　数控铣削加工实例(二)数控加工主程序

程　序	说　明
O3001	主程序名
N10 G90 G54 G00 X0 Y−40	建立工件坐标系,快速进给至下刀位置A点
N20 M03 S500	启动主轴
N30 Z50 M08	主轴到达安全高度,同时打开冷却液
N40 Z10	接近工件
N50 G01 Z−4.8 F120	Z向下刀
N60 M98 P5011 D01	调用子程序粗加工零件轮廓,D01=8.3
N70 G00 Z50 M09	Z向抬刀并关闭冷却液
N80 M05	主轴停
N90 G91 G00 Y200	Y轴工作台前移,便于测量
N100 M00	程序暂停,进行测量
N110 G54 G90 G00 Y0	Y轴返回
N120 M03 S600	启动主轴
N130 Z50 M08	刀具到达安全高度并开启冷却液
N140 Z10	接近工件
N150 G01 Z−5 F90	Z向下刀
N160 M98 P5011 D02	调用子程序精加工零件轮廓,D02=8
N170 G00 Z50 M09	刀具到达安全高度,并关闭冷却液
N180 M05	主轴停
N190 M30	主程序结束

注:如四个角落有残留,可手动切除。

表 9.10 数控铣削加工实例(二)数控加工子程序

程　　序	说　　明
O3002	子程序名
N10 G41 G01 X20 D01(D02)	建立刀具半径补偿,A→B
N20 G03 X0 Y−20 R20	圆弧切向切入 B→C
N30 G01 X−20 Y−20	走直线 C→D
N40 X−30 Y−10	走直线 D→E
N50 Y10	走直线 E→F
N60 G03 X−20 Y20 R10	逆圆插补 F→G
N70 G01 X20	走直线 G→H
N80 G03 X30 Y10 R10	逆圆插补 H→I
N90 G01 Y−10	走直线 I→J
N100 X20 Y−20	走直线 J→K
N110 X0	走直线 K→C
N120 G03 X−20 Y−40 R20	圆弧切向切出 C→L
N130 G40 G00 X0	取消刀具半径补偿,L→A
N140 M99	子程序结束

4)程序校验

对程序进行检验,确保程序正确无误。

5)工件装夹及对刀操作

根据装夹方案装夹工件,并进行对刀操作。

6)在 MDI 方式下检验已测定的加工坐标系

在 MDI 方式下输入"G01 X0 Y0 Z10 F300 M03 S800;",然后按循环启动键检验对刀是否正确。

7)自动加工

完成上述工作后,即可正式加工零件了。

8)注意事项

(1)编程时,注意 Z 方向数值的正负号。

(2)认真计算圆弧连接点和各基点的坐标值,确保走刀正确。

(3)安全第一,必须在老师的指导下,严格按照数控铣床安全操作规程,有步骤地进行。

(4)首次模拟可按控制面板上的机床锁住按钮,将机床锁住,看图形模拟走刀轨迹是否正确,再解除机床锁住,进行刀具实际轨迹模拟。

思　考　题

1. 编程时如何处理尺寸公差?试举例说明。

2. 自动加工前,应进行哪些检查?

3. 使用 G02/G03 指令时，如何判断顺时针/逆时针方向？

4. 采用 G71 指令编写程序时应注意哪些问题？

5. 试用圆弧插补指令 R 或 I、K 分别编写程序。

6. 数控车床加工成形类零件时应注意哪些问题？

7. 采用 G73 指令编写程序时应注意哪些问题？

8. 分析 G71、G72、G73 指令适合加工的零件范围。

9. 数控车削加工轴类零件应注意哪些问题？

10. 数控铣床刀具半径补偿方法有哪些？指令 G40、G41、G42 各有什么不同？

11. 数控铣床刀具长度补偿方法有哪些？指令 G43、G44、G49 各有什么不同？

12. 数控铣削加工零件时应注意哪些问题？

模块 10

电火花加工技术

◀ **模块导入**

图 10.1 所示为一量具样板,它的加工精度直接影响着被检测对象的准确度,同时因它为一薄板零件,无法承受机械切削力,故采用无机械切削力的电火花加工技术制造。

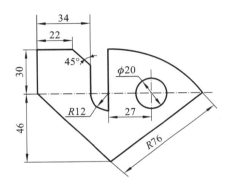

图 10.1 量具样板

◀ **问题探讨**

1. 电火花加工机床的类型有哪些?

2. 电火花加工机床的特点是什么? 应用于哪些方面?

◀ **学习目标**

1. 了解电火花加工的原理、特点和应用,了解计算机辅助加工的概念和加工过程,熟悉数控电火花线切割机床的组成和操作方法。

2. 练习简单图形的手工编程,熟练掌握 CAXA 线切割 V2 编程软件的绘图功能,了解精密电火花成形机床的操作,熟悉数控电火花线切割机床操作并加工创意图形。

◀ **职业能力目标**

通过本模块的学习,学生要能掌握电火花加工编制指令与编程方式、切入路线设计、切削轨迹设计、切出路线设计、加工程序设计,能自主完成简单零件的加工;尝试培养学生综合运用所学专业知识发掘有价值研究点的能力。

◀ **课程思政目标**

通过本模块的学习,学生要能了解我国制造业现状、面临的机遇和挑战,通过工匠的事迹激发学生的学习动力,引导学生向工匠看齐,把工匠的基因植入职业生涯。

223

◀ 10.1 电火花加工理论基础 ▶

10.1.1 电火花加工的概念、特点和发展概况

电火花加工技术是现代先进制造技术的一个重要组成部分,在现代模具制造业中具有重要作用。掌握先进的电火花线切割加工技术是机电专业,特别是模具专业人才适应飞速发展的先进制造技术环境的关键。

1. 电火花加工的概念

电火花加工是一种利用电能和热能进行加工的新工艺,俗称放电加工(electrical discharge machining,简称 EDM)。电火花加工与一般金属切削加工的区别在于,电火花加工时工具与工件并不接触,而是靠工具与工件间不断产生的脉冲性火花放电,利用放电时产生局部高温把金属材料逐步蚀除下来。由于在放电过程中有可见火花产生,因此称为电火花加工。

2. 电火花加工的特点

现在制造业的迅猛发展带动了新材料的不断涌现,高熔点、高硬度的材料层出不穷,采用传统的金属切削方法很难甚至无法对其进行加工,而电火花加工几乎与材料的力学性能(硬度、强度)无关,它突破了传统金属切削加工方法对刀具的限制。电火花加工本身所具有的特殊性决定了它具有以下特点。

1) 电火花加工的优点

(1) 适用于难切削材料的加工,如高硬度材料、热处理后的工件等的加工。

(2) 适用于特殊及复杂零件的加工,如微细零件、复杂模具型腔的加工。

(3) 由于电火花加工利用脉冲放电来蚀除金属材料,而脉冲电源的参数调节容易利用计算机数字控制方法进行控制,因此电火花加工易于实现数控加工。

(4) 能改善结构设计,如将镶拼模具结构改为用电火花加工的整体结构。

2) 电火花加工的局限性

(1) 通常只能对导电材料(如金属)进行加工,不能对塑料、陶瓷等非金属材料进行加工。

(2) 电火花加工速度慢,生产效率较低。因此,在安排工艺时尽可能采用一般金属切削加工方法加工零件,不能完全用金属切削加工方法加工的零件,应先采用金属切削加工方法对零件进行粗加工,然后利用电火花进行精加工,以提高生产效率。

(3) 加工过程中存在电极损耗。在利用电和热蚀除金属材料的同时,电极也存在损耗,且损耗常集中在尖角、边沿、底面位置,影响成形精度。另外,电火花加工常需制造多个电极来达到加工精度要求,提高了加工成本。

(4) 难以加工有棱角的工件。电火花加工的最小角部半径通常为 0.02~0.03 mm。

(5) 被加工工件表面存在变质层(融化层和热影响层)。对某些材料(如不锈钢)进行电火花加工后应对其加工表面进行处理。

(6) 电火花加工过程必须在工作液(如煤油)中进行,增加了加工的安全隐患。

3．电火花加工的发展概况

电火花加工中的电蚀现象早在 20 世纪初期就被人们发现了,如插头、开关的启闭所产生的火花对接触表面的损坏。但真正将电蚀现象运用到实际生产加工中的是苏联科学家拉扎连柯夫妇。1943 年,他们利用电蚀原理研制出世界上第一台实用的电火花加工装置,并在以后的推广应用中不断改进该装置,使电火花加工技术得到空前发展。如今,结合计算机技术的数控电火花加工设备的制造在国外已成为一个专门的行业,并且朝高精度、数控化和无人化方向发展。

我国在 20 世纪 50 年代初期开始研究电火花加工设备,并于 20 世纪 60 年代初期研制出第一台靠模仿形电火花线切割机床,随后研制出具有我国特色的高速(快)走丝电火花线切割机床。20 世纪 70—80 年代,我国电火花加工技术得到飞速发展,如今已涌现出一批具有较高水准的电火花加工设备生产厂家,数控技术、计算机自动编程技术在电火花加工中得到普遍应用,并逐步向国际标准靠拢。

10.1.2　电火花加工的基本原理、过程、影响因素和分类

1．电火花加工的基本原理

电火花加工基于工具电极和工件相互靠近并达到一定的放电间隙后,两者之间产生脉冲性火花放电,并伴随局部瞬时的高温使金属局部融化,甚至气化的电蚀现象来蚀除金属材料。

产生火花放电需具备一定的条件,如合适的放电间隙、一定的放电延续时间和工作在具有绝缘性能的液体介质中。图 10.2 所示为电火花加工原理图。

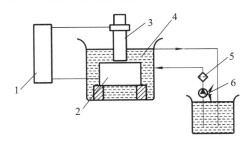

图 10.2　电火花加工原理图

1—脉冲电源;2—工件;3—工具电极;4—工作液;5—过滤器;6—工作液泵

工件 2 和工具电极 3 分别与脉冲电源 1 的两个输出端相连接,工件 2 和工具电极 3 之间的间隙由电火花加工机床的自动调节装置进行控制。当两者之间的间隙达到放电间隙时,便产生脉冲性火花放电,在最小间隙处工作液介质被击穿,产生局部瞬时高温,使工件和工具电极蚀除掉一小部分金属材料。脉冲放电结束后,经过一段脉冲间隔时间使工件液恢复绝缘,接着第二个脉冲电压又加到工件和工具电极上,形成第二次介质击穿,产生第二次金属蚀除。如此反复、连续不断地放电,使工具电极不断地向工件进给,最终把工具电极的形状复制到工件上,达到电火花加工的目的。

2．电火花加工的过程

电火花加工是一个非常复杂的过程。电火花加工的微观过程是热力、流体力、电场力、磁力、电化学等综合作用的结果。这一过程主要分为以下几个阶段。

1）极间介质的电离、击穿，并形成放电通道

自动调节装置控制工具电极向工件缓慢靠近，两极间形成的电场随着距离的减小逐步增大，当两电极间的距离达到合适的放电间隙（通常为几微米到几百微米）时，由于两电极微观表面的凹凸不平，两极间电场不均匀，在距离最近的两点间电场强度最大，工作液介质中的杂质（如金属微粒）和自由电子在强大电场的作用下，产生碰撞电离，形成带负电粒子和带正电的粒子，带电粒子达到一定数量后引起工作液介质电离、击穿，形成放电通道，粒子间高速向相反方向运动，形成碰撞产生大量热能，使通道中心温度升高到 10 000 ℃ 以上。高温热膨胀形成的高压（达数十兆帕）产生强烈的冲击波并向四周传播，同时伴随着热效应、光效应、声效应和电磁辐射，形成肉眼可见火花，火花向四处飞溅。

2）介质热分解，电极材料熔化

工具电极和工件间液体介质被电离、击穿，形成放电通道后，脉冲电源使通道间带负电的电子高速奔向正极、带正电的粒子高速奔向负极，粒子间相互碰撞，产生大量热能，使通道内达到很高的温度，将工作液汽化、热分解，同时使金属材料表面熔化甚至汽化，产生爆炸特性。

3）电极材料的抛出

放电通道间形成的高温、高压使汽化形成的气体体积不断向外膨胀，同时带着熔化、汽化了的金属材料抛向工作液中。

4）放电通道间介质的电离消除

一次脉冲放电结束后，间隔一段时间，使通道间介质的电离消除，使带电粒子恢复成中性粒子，等待下一次脉冲电压的开始，同时及时、有效地排出被蚀除下来的金属微粒、碳粒子、气泡等。因此，为了保证电火花加工的正常进行，在两次脉冲放电之间必须有足够的脉冲间隔时间。脉冲间隔时间的长短影响电火花加工质量和加工效率，应根据加工具体情况进行调节。

3．电火花加工的影响因素

电火花加工过程的复杂性决定了影响电火花加工过程的因素的多样性，研究并掌握电火花加工过程的影响因素对提高电火花加工质量、加工效率，降低工具电极损耗均具有极其重要的意义。

1）极性效应的影响

极性效应是指工具电极和工件所接脉冲电源正负极不同，使得彼此间电蚀量不同。在电火花加工中，把工件接脉冲电源正极的方法称正极性接线法，把工件接脉冲电源负极的方法称负极性接线法。

在实际加工中，接线方法常根据脉冲电压的宽窄来选择，当采用宽脉冲电压加工时，由于质量和惯性大的正离子有足够的加速空间，因此对负极表面的轰击破坏作用强，同时到达负极的正离子与负极表面的电子结合产生位能，故负极的蚀除速度大于正极的蚀除速度，这时应采用负极性接线法。负极性接线法常用于粗加工的场合。

当采用窄脉冲电压加工时，负离子对正极的轰击破坏作用远大于正离子对负极的轰击破坏作用，故正极的蚀除速度大于负极的蚀除速度，这时应采用正极性接线法。正极性接线法常用于精加工的场合。

2）电参数的影响

在电火花加工中，单个脉冲的电蚀量与单个脉冲能量、脉冲频率成正比，因此提高单个脉

冲能量和脉冲频率将提高电火花加工速度,但同时带来工件加工表面粗糙度的增加,因此应根据实际加工精度和表面粗糙度要求合理确定电参数。

3）金属材料热学物理性的影响

金属材料热学物理性包括熔点、沸点、热导率、熔化热、汽化热等。当脉冲放电能量相同时,金属材料的熔点、沸点、比热容、熔化热、汽化热越高,电蚀量越少、加工难度越大。另外,由于导热率大的金属传热快,它的电蚀量也小。

4）工作液的影响

电火花加工必须在具有一定绝缘性能的液体介质中进行。液体介质使两极间形成火花击穿,产生放电通道,在放电结束后迅速恢复两极间隙间的绝缘状态。工作液击穿对放电通道产生的压力帮助蚀除的金属材料抛出,同时工作液对工具电极和工件进行冷却。

工作液的介电性能好、密度和黏度大有利于压缩放电通道,使得蚀除金属材料的抛出效果好,但黏度大不利于金属材料的排出。粗加工时,可以采用介电性能好和黏度大的工作液,精加工时一般采用黏度小、渗透性好的介质(如煤油)作为工作液。

5）其他因素的影响

除了上述因素的影响外,影响电火花加工的因素还有工件加工深度、加工面积、型面的复杂程度等。

4. 电火花加工的分类

随着电火花加工技术的不断发展,电火花加工的分类方法在不停地变化,按工具电极和工件相对运动方式以及用途的不同,可将电火花加工分为以下几大类。

（1）电火花穿孔、成形加工。

（2）电火花线切割加工。

（3）电火花磨削加工。

（4）电火花回转加工。

（5）电火花高速小孔加工。

（6）电火花表面强化、刻字、刻图案。

10.2　电火花加工技术概述

10.2.1　电火花加工的基本知识

1. 电火花加工机床的结构、组成部分和作用

D7140 型电火花加工机床是典型的电火花加工设备,属中型、标准精度的单轴数控机床,它的外形如图 10.3 所示。

型号“D7140”的含义如下。

D:电加工机床(如果是数控电加工机床,则在“D”后加“K”)。

71:成形加工机床系列。

40:机床工作台宽度(以 cm 表示)。

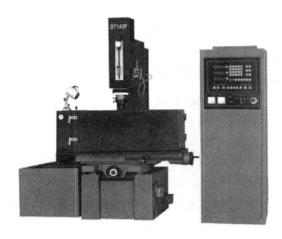

图 10.3　D7140 型电火花加工机床外形图

电火花加工机床的主要结构形式有立柱式、龙门式、滑枕式、台式和便携式等,其中最常用的是立柱式。D7140 型电火花加工机床属于立柱式电火花加工机床。

电火花加工机床主要由以下几个部分组成。

(1)主机:由床身、立柱、主轴头、工作台和润滑系统组成,主要用于支承工具电极和工件,保证它们之间的相对位置,并实现加工过程中稳定的进给运动。

(2)脉冲电源和伺服进给系统:由电源箱体、电源变压器、控制电路、功率输出电路和电气系统等组成,主要用于向工具电极和工件输出脉冲能量,进行稳定的放电加工,并且实现自动控制。

(3)工作液循环过滤系统:由储油箱、过滤泵、控制阀和各种管道等组成,主要由于向主机加工液槽提供足够的加工液,实现工具电极和工件的正常放电。

(4)附件:有可调节的工具电极夹头、平动头、永磁吸盘和光栅尺等,主要作用是装夹工具电极、压装工件、辅助主机实现各种加工功能。

2. 电火花加工机床电气控制柜(操作屏)的操作

(1)操作画面。

①状态显示视窗:显示执行状态,包含计时器、总节数、执行单节和 Z 轴设定值等。

②位置显示视窗:显示各轴位置。

③程式编辑视窗:用于程式编辑操作。

④信息视窗:显示加工状态和信息。

⑤功能键显示视窗:有 F1～F8 功能操作按键。

⑥输入视窗:显示输入值。

⑦EDM 参数显示视窗:用于 EDM 参数操作更改。

⑧加工深度视窗:以图示显示加工深度。

(2)手动放电操作:当操作者采用手动方式放电时,按下"F1"键。

手动放电操作步骤如下。

①键入加工深度的尺寸,按"ENTER"键。

②调整放电参数,按"F7"键。

③选择液面安全开关是否开启。灯亮时,液面安全开关取消。灯灭时,如果油槽内油面在指示高度上,按"放电"键即可开始加工,并且自动打开液面安全开关。若不浸油,灯亮才可加工。

④按"放电"键开始加工。

⑤当达到尺寸时,Z 轴会自动上升至安全预设高度,同时蜂鸣器报警。按"Z"键,可消除报警。

⑥欲修改 Z 轴深度值时,在停止放电的状态下,按"F1"键即可修改。

(3)自动程式执行:当使用者使用自动程式方式放电时,按下"F2"键。

自动放电和手动放电的不同之处在于,自动放电是按照程式编辑来执行的。执行自动放电前,要先按"F3"键进行程式编辑,规划加工程序。

此时可用游标选择预备执行的单节,往下执行。当程式执行时,由单节号码少的节数往节数大的单节执行,执行状态会显示于状态栏。在放电过程中,可通过"F7"键修改放电条件。

当达到尺寸时,Z 轴会自动上升至安全高度。

(4)程式编辑:在执行程式之前,操作者先要先规划放电程式,以供系统自动执行,为此可按"F3"键,然后使用程式编辑器编辑程式。编辑画面,有以下功能键。

①F1:插入单节。

②F2:删除单节。

③F3:EDM 参数加一。

④F4:EDM 参数减一。

⑤F5:存档。

可使用以上按键及数字键输入尺寸及参数。程式编辑器无节数的限制。

程式编辑步骤如下。

①使用上、下、左、右游标键移动游标至编辑栏位。

②如果是 Z 轴输入栏,需输入数字;如果是 EDM 参数,使用"F3"键与"F4"键更改参数。

③使用"F1"键插入所需单节,此时系统会将游标所在单节拷贝到下一单节。

④使用"F2"键删除不要的单节。

⑤编辑完成后,使用"F8"键跳出。

⑥欲存入目前所编辑的加工数,可按"F5"键存档。

(5)位置归零:当使用者要建立工作零点时,可使用"F4"键进行位置归零。

使用"F4"键进行位置归零,电流自动改为 0 A,Z 轴不抬刀,跳出后自动回复原设定值。

(6)设定位置:当使用者要建立工作点时,可使用"F5"键进行位置设定。

位置设定步骤如下。

①将游标移到归零轴向。

②按"F5"键进行位置设定。

③按数字键输入数据。

④按"ENTER"键确认。

(7)中心位置:按"F6"键建立中心位置。

中心位置建立操作方法如下。

①将游标移到欲找中心位置之轴向(只限 X、Y 轴)。

②寻找轴向两边位置。

③按"Y"键即可。按"N"键,取消中心位置建立。

(8) EDM 放电条件参数修改:当在放电过程中要修改 EDM 放电条件时,按"F7"键。EDM 调整步骤如下。

①使用上、下游标键将游标移动到需修改的条件处。

②使用左、右游标键增加或减小数值。

③所修改的条件会随时被送到放电系统。

④如果自动匹配功能打开,则调整 AP 时系统会自动匹配其他参数。

⑤按"F10"键可关闭自动匹配功能。

(9) 参数设定:按"F8"键。

3. 电火花加工的加工参数的设定

1) 各种电参数选择开关

(1) AP 低压电流选择(设定范围为 0～60 A)。

①设定值大,加工电流大,火花大,速度快,表面粗,间隙值大。

②设定值小,加工电流小,火花较小,速度慢,表面细,间隙较小。

(2) TA 放电时间调整(设定范围为 2～1 200 μs)。

①设定值大,表面粗,间隙大,电极消耗小。

②设定值大,表面粗,间隙大,电极消耗小。

(3) TB 放电休止时间调整(设定范围为 2～900 μs):休止幅设定 1～9。

加工电流相同时,设定值小、效率高,速度快,排渣不易;设定值大、效率低,速度慢,易排渣。

(4) 伺服敏感度调整(设定范围为 1～9)。

①设定值小,第二段速度快。

②设定值小,第二段速度慢,适用于精加工或小电极加工。

(5) 放电正面间隙电压调整(设定范围为 30～120 V)。

①设定值小,放电间隙电压低,效率较高,速度快,排渣不易。

②设定值大,放电间隙电压高,效率较低,速度慢,易排渣。

(6) 机头上升时间调整(设定范围为 1～15)。

①设定值小,上升排渣距离小,加工不浪费时间。

②设定值大,上升排渣距离大,加工费时。

(7) 机头下降时间调整(设定范围为 1～15)。

①设定值小,加工时间短,易排渣。

②设定值大,加工时间长,不易排渣。

(8) BP 高压电流选择开关(设定范围为 0～5)。

①设定值大,电流大,火花大,速度快,表面粗,间隙大。

②设定值小,电流小,火花小,速度慢,表面细,间隙小。

(9) 其他开关:极性选择、F1(大面积专用开关)、F2(深孔加工或侧面修细加工专用开关)。

2) 电火花加工参数调整的特点

(1) 脉宽(TA)越大,光洁度越差,但损耗越小,所以一般粗加工时选择 150～600 ms,精加工时选小值。

（2）脉间（TB）增大时电极损耗会增大，但有利于排渣。

（3）高压电流（BP）选择：一般加工时 BP 选为 0 A 或 2 A，在加工大面积或深孔时可适当加大高压电流，以利于排渣、防积碳。高压电流大，损耗会有所增加。

（4）低压电流（AP）选择：AP 是根据电极放电面积确定的，一般每平方厘米不超过 6 A。AP 选择过大，速度提高了，但会增加电极损耗。

（5）间隙电压（GP）选择：粗加工时选取小值，以利于提高加工效率；精加工时选最大值，以利于排渣。一般情况下 EDM 自动匹配间隙电压，然后根据加工条件做适当调整。

（6）SP（伺服敏感度）、DN↓（下降时间）、UP↑（抬头时间）一般由 EDM 自动匹配而定，在积碳较严重时，可以通过减少放电时间或增加抬头时间来解决积碳问题。

10.2.2 电火花加工步骤

（1）加工前先准备好工件和工具电极，然后按以下步骤操作。

①启动机床电源，进入系统。

②检查系统各部分是否正常，包括高频电压和水泵等的运行情况。

③安装工具电极并进行工具电极校正操作。

④装夹工件，根据工件厚度调整 Z 轴至适当的位置并锁紧。

⑤移动工具电极至加工区域，准备加工。

⑥根据图纸编制加工程序。

⑦开启工作液泵，调节喷嘴流量。

⑧运行加工程序，开始加工，调整加工参数。

（2）注意事项（安全与保养）。

①电火花加工机床的安全操作规程。

a.操作人员必须接受有关劳动保护、安全生产的基本知识和现场教育，熟悉电火花加工机床的安全操作规程。

b.操作人员应熟悉机床的结构、原理、性能和用途等方面的知识，按照工艺规程做好加工前的一切准备工作。

c.机床电气设备尽量保持清洁，防止受潮，否则可能降低机床的绝缘度而影响机床的正常工作。

d.放电加工过程中，不得用手接触工具电极，以免触电。

e.操作人员应坚守岗位，集中思想，细心观察机床的运转情况，发现问题及时处理。操作人员不在现场时，不得使电火花加工机床处在加工状态。

f.机床附近严禁烟火（吸烟），并配置适当的灭火器。若发生火灾，应立即切断电源，并用四氯化碳灭火器或二氧化碳灭火器灭火，防止事故扩大。

g.电火花加工操作车间内，必须具备抽油雾和烟气的排风换气装置，保证室内空气通风良好。

h.油箱要保证足够的循环油量，油温要控制在安全范围内。添加工作介质（煤油）时，不得混入汽油之类的易燃物，以免发生火灾。

i.加工过程中，工作液面必须高于工件 15 cm。若液面过低，加工电流较大，则容易引起火灾，因此操作人员必须经常检查液面是否合适。

j.加工完毕后，应立即切断电源，收拾工具，清扫现场。

②电火花加工机床的保养。

a.每天使用前请先拉手动注油器,以保证 Z 轴丝杆润滑,延长其寿命。

b.经常检查 X 轴、Y 轴的丝杆是否缺黄油。

c.经常擦拭机床,保持机床的清洁,延长机床的寿命。

d.经常检查工作液是否太脏,必要时更换过滤网或更换工作液,并清洗过滤器。

e.经常检查电源箱的电扇通风是否良好。风扇过滤网需每月清洗一次。

f.经常检查工作槽防漏橡胶(耐煤油方形条)是否腐蚀硬化,以确保安全,防止漏油。

g.工作完成后擦拭工作台,保持工作台清洁,这样下次使用时更方便。

◀ 10.3 电火花线切割加工 ▶

10.3.1 电火花线切割基础知识

1. 电火花线切割的加工原理

电火花线切割以移动着的细线状金属丝作为工具电极,并在金属丝与工件间通以脉冲电流,利用两极间脉冲放电的电蚀作用对工件进行切割加工。由于所采用的工具电极是一根像线一样很细、很长的金属丝(钼丝、铜丝等),因此称为电火花线切割。图10.4所示为电火花线切割的加工示意图。

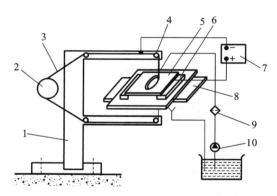

图10.4 电火花线切割的加工示意图
1—支架;2—储丝筒;3—电极丝;4—导轮;5—工件;
6—绝缘板;7—脉冲电源;8—工作台;9—过滤器;10—工作液泵

工件5通过绝缘板6固定在工作台8上,并与脉冲电源7的正极相连,电极丝3经导轮4穿过工件5上预先钻好的小孔,并与脉冲电源7的负极相连,电极丝3由储丝筒2带动作反复交替移动,工作液泵10将工作液经由过滤器9喷射到电极丝与工件的加工区内。当电极丝与工件之间的间隙合适时,两者间产生火花放电进而开始切割工件,两台步进电机控制工作台在水平面上沿 X、Y 两个坐标方向移动,并合成用户指定的曲线轨迹,从而最终将工件切割成指定的形状。

2. 电火花线切割机床的组成

电火花线切割机床主要由机床主体、脉冲电源和控制器三大部分组成。

1）机床主体

机床主体是电火花线切割机床的主要部分,由工作台、走丝机构、丝架、床身和工作液循环系统组成。

2）脉冲电源

脉冲电源的作用是将普通 50 Hz 的交流电转换成高频单向脉冲。

3）控制器

控制器是电火花线切割机床的重要组成部分,一般由输入线路、输出线路、主控器和运算器等组成。控制程序可通过键盘、磁盘输入。微机是控制器的核心部分,用于将有关加工指令转换为 X、Y 方向的信号输出。

3. 电火花线切割的特点

电火花线切割除具有电火花加工所具有的特点外,还具有以下特点。

（1）电火花线切割的工具电极为电极丝,电极丝为标准化部件,可以直接从市场中购买,因此电火花线切割不需要制造成形电极,减少了辅助生产的时间,同时节约了生产成本。

（2）由于电极丝非常细小,因此电火花线切割能加工窄逢、小孔和各种复杂形状的工件。

（3）电火花线切割一般采用正极性接线法,即工件接脉冲电源的正极、电极丝接脉冲电源的负极,所用的脉冲宽度较窄,而窄脉冲的加工精度较高,因此电火花线切割属于中、精加工范畴。

（4）采用长金属丝作工具电极,单位长度的电极丝损耗小,加工精度高。

（5）电火花线切割采用水基乳化液作为工作液而非煤油,因此电火花线切割安全程度高,同时加工成本降低。

4. 电火花线切割的分类和加工精度

电火花线切割按电极丝走丝速度分为高速（快）走丝和低速（慢）走丝两种。高速走丝的走丝速度为 7～11 m/s,加工精度为 0.01～0.02 mm,表面粗糙度达 Ra 1.6 μm。高速走丝是我国独有的电火花线切割方式。低速走丝的走丝速度一般低于 0.25 m/s,加工精度为 0.002～0.005 mm,表面粗糙度一般可达 Ra 1.25 μm。低速走丝是国外常采用的电火花线切割方式,也是国内电火花线切割的发展趋势。

5. 电火花线切割机床的型号

图 10.5 所示 DK7730 型数控电火花线切割机床外形图。型号"DK7730"的含义如下。

D:机床类别代号,表示电加工机床。

K:机床特征代号,表示数控机床。

7:组别代号,表示电火花加工机床。

7:型别代号,表示线切割机床。

30:基本参数代号,表示工作台横向行程为 300 mm。

6. 电火花线切割机床的主要技术指标

DK7730 型数控电火花线切割机床的主要技术指标如下。

（1）加工精度:≤0.015 mm。

（2）表面粗糙度:≤2.5 μm。

（3）工作台行程:360 mm×300 mm。

（4）最高生产率:≥80 mm²/min。

图 10.5 DK7730 型数控电火花线切割机床外形图

（5）储丝筒尺寸：φ150 mm×200 mm。

（6）电极丝（钼丝）直径：φ0.12 mm～φ0.18 mm。

（7）电极丝速度：11 m/s。

（8）切割锥度：3°～6°。

10.3.2　电火花线切割编程基础

1. 3B 代码程序格式

3B 代码程序格式是目前国产快速走丝数控电火花线切割机床采用最广泛的编程格式。3B 代码程序格式为"BXBYBJGZ"，各项的含义如下。

（1）B：分隔符，表示一段程序开始，并将 X、Y、J 的数值分隔开。

（2）X：X 轴坐标值，以 μm 为单位，μm 以下四舍五入。

（3）Y：Y 轴坐标值，以 μm 为单位，μm 以下四舍五入。

（4）J：记数长度，等于加工线段在选定坐标轴上的投影长度。

（5）G：记数方向，有 GX 和 GY 两种，表示计数长度 J 是取 X 轴上的投影还是取 Y 轴上的投影。

（6）Z：加工指令，直线、顺圆弧和逆圆弧各 4 种指令，共 12 种指令。

2. 斜线（直线）编程

电火花线切割加工直线编程图例如图 10.6 所示。在采用 3B 代码程序格式进行斜线（直线）编程时，格式"BXBYBJGZ"中各项的含义如下。

（1）X、Y：被加工直线段终点对起点的坐标值，但在编程中直线的 X、Y 值允许把它们同时放大或缩小相同的倍数，比值保证不变即可。

（2）J：记数长度，由线段终点的坐标值中较大的值来确定。

（3）G：计数方向，由线段终点的坐标值中较大的值来确定。当被加工直线段终点到两坐标轴距离相等（斜线正好在 45°分界线）时，则 I、III 象限应选取 GY，II、IV 象限应选取 GX。

(4) Z:加工指令,用 L 来表示,L 后面的数字表示该直线段所在的象限,如图 10.6(a)所示);当直线段与坐标轴重合时,规定在 X 轴正半轴上为 L1,在 Y 轴正半轴上为 L2,在 X 轴负半轴上为 L3,在 Y 轴负半轴上为 L4,如图 10.6(b)所示。

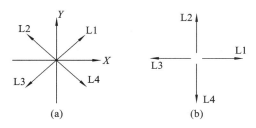

图 10.6　电火花线切割加工直线编程图例

3. 圆弧编程

电火花线切割加工圆弧编程图例如图 10.7 所示。在采用 3B 代码程序格式进行圆弧编程时,格式"BXBYBJGZ"中各项的含义如下。

(1) X、Y:圆或圆弧起点对圆心的坐标值。

(2) G:记数方向,由圆弧终点坐标值中较小的值来确定。

(3) J:记数长度,是圆弧在计数方向坐标轴上投影长度的总和。对于圆弧,它可能跨越几个象限,如图 10.7(a)所示,圆弧从 A 点加工到 B,终点 B 的 X 轴坐标值小于 Y 轴坐标值,故计数方向为 GY,J＝Jx1＋Jx2。

(4) Z:加工指令,由圆弧起点所在象限决定,用 SR 表示顺圆、NR 表示逆圆。其中顺圆有 4 种。第一象限:$0°<\alpha\leqslant90°$,取 SR1。第二象限:$90°<\alpha\leqslant180°$,取 SR2。第三象限:$180°<\alpha\leqslant270°$,取 SR3。第四象限:$270°<\alpha\leqslant360°$,取 SR4,如图 10.7(b)所示。逆圆有 4 种。第一象限:$0°\leqslant\alpha<90°$,取 NR1。第二象限:$90°\leqslant\alpha<180°$,取 NR2。第三象限:$180°\leqslant\alpha<270°$,取 NR3。第四象限:$270°\leqslant\alpha<360°$,取 NR4,如图 10.7(c)所示。

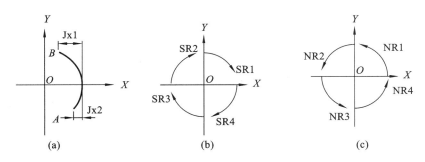

图 10.7　电火花线切割加工圆弧编程图例

4. 公差编程的尺寸计算和间隙补偿

1)公差编程的尺寸计算

加工零件时,有公差要求的零件加工后的实际尺寸大部分是在公差带的中值附近,因此对注有公差的尺寸,应采用中差尺寸编程。

$$编程尺寸＝中差尺寸＝公称尺寸＋(上极限偏差＋下极限偏差)/2$$

2）3B 代码编程中的补偿

数控电火花线切割机床的电极丝在实际加工中所走的加工轨迹并不是工件的外形轮廓，还应包含一个补偿量，因此，在进行电火花线切割加工编程时应将补偿量考虑在内，否则加工出来的工件达不到加工要求。电火花线切割加工的补偿量一般包括电极丝的半径和电极丝与工件间的放电间隙两个部分。加工有配合间隙要求的工件，还应包括工件间的配合间隙。

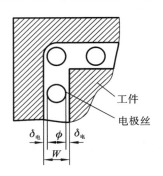

图 10.8 所示为电极丝的半径和放电间隙补偿量示意图，补偿量为

$$JB = W/2 = \pm(\phi/2 + \delta_{电})$$

式中：JB——补偿量。

ϕ——电极丝直径。

$\delta_{电}$—— 放电间隙，通常取 0.01 mm。

加工凸模时，补偿量 JB 取"＋"值，即电极丝中心轨迹应在所加工图形的外面；加工凹模时，JB 取"－"值，即电极丝中心轨迹应在所加工图形的里面。对于补偿量中的工件配合间隙补偿值，根据模具种类的不同所赋予的方式也不同。

图 10.8 电极丝的半径和放电间隙补偿量示意图

（1）加工冲孔模具（即冲孔后要求保证孔的尺寸）时，凸模尺寸由孔的尺寸确定，因此，配合间隙补偿值在凹模上扣除，即凸模补偿量 $JB = \phi/2 - \delta_{电}$，凹模补偿量 $JB = (\phi/2 + \delta_{电}) - \delta_{配}$。

（2）加工落料模（即冲后要求保证冲下的工件尺寸）时，凹模尺寸由工件的尺寸确定，因此，配合间隙补偿值在凸模上扣除，凸模补偿量 $JB = (\phi/2 + \delta_{电}) - \delta_{配}$，凹模补偿量 $JB = \phi/2 - \delta_{电}$。

5．自动编程

自动编程时，仅需绘制加工零件的几何图形，再将"HL"线切割编程控制系统提供的各种加工方法和电火花线切割加工参数，通过合理选择和配置赋予几何图形，由编程系统自动给出加工零件的电火花线切割加工数控加工程序。

1）"HL"线切割编程控制系统简介

"HL"线切割编程控制系统是目前国内较先进的电火花线切割机床控制系统，它的功能强大、可靠性高、抗干扰能力强、切割跟踪稳定。"HL"线切割编程控制系统的软件和接口电路全部集中在一块插卡上，结构紧凑、安装接线简单、维修方便。"HL"线切割编程控制系统对配置要求不高，不用硬盘、软盘也能运行。

2）"HL"线切割编程控制系统的主要功能（重点功能）

（1）一控多功能：可在一台计算机上同时控制四台机床切割不同的工件，可一边加工一边编程。

（2）锥度加工：可做一般锥度加工、变锥加工、上下异形面加工。

（3）模拟加工：可快速显示加工轨迹特别是锥度及上下异形面的上下面加工轨迹，并显示终点坐标结果。

（4）可对 AutoCAD 的 DXF 格式和 ISOG 格式做数据转换。

（5）断电保护：如果加工过程中突然断电，复电后，自动恢复各台机床的加工状态；系统内储存的文件可长期保留。

（6）实时显示加工图形进程，通过切换画面，可同时监视四台机床的加工状态，并显示相对坐标 X、Y、J 和绝对坐标 X、Y、U、V 等变化数值。

3）操作使用

"HL"线切割编程控制系统的操作使用包括文件调入、模拟切割、正式切割、格式转换、锥度切割及上下异形面切割等内容。

4）AUTOP 系统概述、操作

（1）AUTOP 系统概述。

AUTOP 系统是中文交互式图形电火花线切割加工自动编程软件，它采用鼠标器进行图形操作，支持全中文对话，用户不需要学习任何语言，只要能看懂零件图，就可以编出电火花线切割加工程序。AUTOP 系统将屏幕分成四个部分，即图形显示区、可变菜单区、固定菜单区、会话区。

（2）AUTOP 系统操作。

绘图与自动编程见"HL"线切割编程控制系统使用说明书。

10.3.3　电火花线切割机床操作和注意事项

1. 相关工艺知识

1）运行前的准备工作

（1）为了保证各部分运动灵活、轻便，减少零件磨损，机床上相对运动的表面之间都必须用润滑剂进行润滑。

（2）检查设备的电气连接，检查接插装点是否有松动现象、电源线是否有漏电现象。

（3）检查储丝筒送丝、导轮传动、工作台往复运动是否灵活。

（4）按要求配好工作液。

2）机床操作程序

（1）上、下线架距离的调整：根据工件厚薄调整好上、下线架的距离。

（2）手动安装钼丝：用手摇柄将储丝筒移至靠近身体的一端，把钼丝一端紧固在储丝筒上，从上到下经丝架导轮拉紧钼丝后，用手摇柄反向转动储丝筒，使钼丝紧密、均匀地缠绕在储丝筒上。当钼丝缠绕到储丝筒的另一端时，停止转动储丝筒并固定钼丝的另一端。

（3）手动调整运丝系统的行程挡块：用手摇柄转动储丝筒并调整行程开关挡块，使往复行程不能超过钼丝在储丝筒上缠绕的距离。最好在往复极限的基础上有 5～8 mm 宽的储丝量，这样储丝筒才能正常送丝而不断丝。

（4）工件安装：对夹具、工件、工作台需要做好清洁工作，紧固夹具，校正工件，最后夹紧工件。

（5）穿丝：如果工件上有预留孔，将此孔对准上、下线架的喷水孔，取下上、下线架的盖板，通过预留孔缠绕钼丝。钼丝一般使用钢针穿过喷水孔。

（6）紧丝：每次新安装完钼丝后或钼丝过松时，在加工前要紧丝。紧丝时，先操作控制柜，使储丝筒移至身体对面一侧，用左手握紧紧丝器，拉紧钼丝；启动储丝筒，把钼丝均匀反向移动到另一端后紧固钼丝，最后转动储丝筒，使缠绕的钼丝在行程开关的行程范围内。

3）机床的开关机顺序

（1）机床的开机顺序：按走丝按钮，使钼丝高速运转→按工作液泵按钮，使工作液顺利循环，并调整好工作液流量→按高频电源按钮,当工件与钼丝靠得很近时,能产生火花放电,切割工件。

(2)机床的关机顺序:按高频电源按钮→按工作液按钮→按走丝按钮。

4)JZ GD-8 脉冲电源的使用说明

(1)JZ GD-8 脉冲电源操作面板示意图如图 10.9、图 10.10 所示。

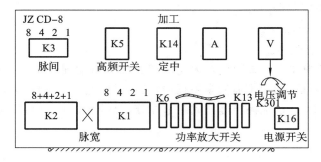

图 10.9　JZ GD-8 脉冲电源前面板示意图

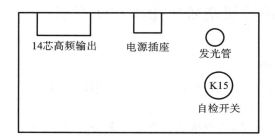

图 10.10　JZ GD-8 脉冲电源后面板示意图

(2)JZ GD-8 脉冲电源的操作方法。

①电源开关(K16)。

合上电源开关,指示灯亮,电压表指示高压直流电压值。

②电压选择开关(K301)。

通过电压选择开关选择加工电压为 60 V、70 V、80 V 或 90 V。

③脉冲宽度选择。

K1 是互锁按键开关,用于脉宽基数选择。按下"8"键、"4"键、"2"键、"1"键四键中的任一键,脉宽基数为该键值所示的数。例如,按下"4"键,脉宽基数为 4。K2 为四挡自锁倍率选择开关,倍率为所按键的和。例如,按下"4"键和"1"键,倍率为 5;"8"键、"4"键、"2"键、"1"键全部按下,倍率为 15。总的脉宽为 K1 和 K2 的乘积,单位是 μs。例如,K1 按下的是"4"键,K2 按下的是"4"键和"1"键,总的脉宽为 $4 \times (4+1) \ \mu s = 20 \ \mu s$。

④脉冲间隔选择。

脉冲间隔选择由另一自锁 8421 开关 K3 控制。

⑤功率管选择。

K6~K13 为功率放大开关,用户可根据不同的加工要求选择适当数量的功率。

⑥高频开关(K5)。

该开关是一个方形开关,处于弹出位置时切断高频输出(即高频关),处于按下位置时接通高频输出(即高频开)。

⑦加工/对中开关(K14)。

加工/对中开关用于可实现加工和对中操作。正常加工时,加工/对中开关处于在加工位置。

⑧自检开关(K15)。

K15 按下(至少有一个功率管合上)时,上方发光管亮表示高频输出基本正常。

5)电参数的选择和注意事项

(1)脉冲宽度(t_i)的选择。

①根据表面粗糙度 Ra 值要求选择:当 Ra 值要求小于或等于 1.25 μm 时,脉冲宽度一般取为 2~8 μs;当 Ra 值要求小于或等于 2.5 μm 且大于 1.25 μm 时,脉冲宽度一般取为 8~20 μs;当 Ra 值要求为 2.5~5 μm 时,脉冲宽度一般取为 20~40 μs。

②根据工件厚度选择脉冲宽度:当工件厚度在 10 mm 以内时,脉冲宽度应小于或等于 30 μs;当工件厚度为 1~2 mm 甚至更薄时,脉冲宽度应小于或等于 20 μs;当被加工零件只考虑加工速度,而其他工艺指标可忽略时,应选用较大的脉冲宽度,但最大不应超过 100 μs。

③脉冲宽度越宽,单个脉冲的能量越大,加工效率越高,但表面粗糙度值增大。

(2)脉冲间隔(t_0)的选择。

①由于厚度大的工件排屑困难,因此需要适当加大脉冲间隔时间,这样一方面可给排屑留一定的充裕时间,另一方面可少生成一些电蚀物,防止断丝,使得加工较稳定。

②脉冲间隔的大小取决于脉冲宽度,一般取 $t_0 = (4~8)t_i$。

(3)功放管个数选择。

功放管是并联使用的,功放管选择得越多,加工电流就越大,加工效率也就高一些。在同一脉冲宽度下,加工电流越大,表面粗糙度也就越差。为了保证加工的稳定性,加工工件厚度大时,投入的功放管应多一些。因为功放管较少时,单个脉冲能量较少,这样容易发生短路,无法稳定加工。如果只要求高速而表面粗糙度要求不高时,也可投入较多的功放管进行加工。

(4)加工电压选择。

可根据加工工件的要求,以及外界电源的情况,选择加工电压。加工电压一般取为 70~85 V。

(5)注意事项。

①在打开电源开关 K16 前,应检查 K1、K2 的按键位置,加工时不允许 K1、K2 处于悬空状态。

②加工过程中不允许随意改变电参数,包括电压、电流。若要改变电参数,应先关断 K5 脉冲电流输出控制开关或在运丝电极换向时改变。

③加工或输出短路时,出现电流表打表、蓝火花、烧钼丝等现象,这些现象一般是由功放管损坏导致的,可通过 K6~K13 开关找出损坏位置。

④加工过程中出现短路现象,原因可能是:脉冲参数选择不合理;采样变频跟踪不好;钼丝松紧不均匀;乳化液使用时间过长,排屑不好。

2. 生产实习图

指导老师根据实际情况(如实习人数、时间)指导学生设计零件加工图。

3. 生产实习步骤

（1）根据零件的形状和尺寸要求，编制电火花线切割加工数控加工程序。

（2）安装电极丝和工件，并将工件起切点位置移到电极丝附近。

（3）合上高频电源的电源开关，按要求选择好电参数。

（4）按下高频开关 K5，核定机床的走丝、工作液，手动移动工作台碰火花，使钼丝对准起切点位置。

（5）在控制器上按"F12"键锁进给，按"F10"键选择自动加工，按"F11"键开高频电源，开始切割。

（6）加工结束后，依次按脉冲电源按钮、工作液泵按钮、走丝按钮，最后关闭总电源。清洗工件，清洁机床。

4. 注意事项(电火花线切割机床安全操作规程)

（1）操作者必须熟悉电火花线切割机床的操作技术，开机前按机床润滑要求，对机床有关部位注油润滑。

（2）操作者必须熟悉电火花线切割加工工艺，恰当地选取加工参数，按规定操作顺序操作，防止造成断丝等故障。

（3）用手摇柄操作储丝筒应及时将手摇柄拔出，防止储丝筒转动时将手摇柄甩出伤人；装卸电极丝时，注意防止电极丝扎手，换下来的废丝要放在规定的容器内，防止混入电路和走丝系统中，造成电机短路、触电和断丝等事故；注意防止因储丝筒惯性造成断丝及传动件碰撞事故。为此，在停机时要在储丝筒刚换向后尽快按下停止按钮。

（4）在正式加工工件之前，应确认工件位置正确，防止碰撞丝架和因超程撞坏丝杆、螺母等传动部件。

（5）尽量消除工件残余应力，防止在切割过程中工件爆裂伤人，加工前安放好防护罩。

（6）机床附近不得放置易燃、易爆物品，防止工作液一时供应不上引起事故。

（7）在检修机床、机床电气元件、脉冲电源、控制系统时，应注意切断电源，防止触电或损坏电气元件。

（8）定期检查机床保护接地是否可靠，注意各部位是否漏电。合上加工电源后，不可用手或手持导电工具同时接触脉冲电源的两输出端（床身与工件），防止触电。

（9）禁止用湿手按开关、按钮或接触电气部分，防止工作液等导电物进入电气部分。一旦因电气元件短路造成火灾时，应首先切断电源，立即用四氯化碳灭火器灭火，不准用水灭火。

（10）停机时，应先停高频脉冲电源，后停工作液，让电极丝运行一段时间，并等储丝筒反向后再停走丝。工作结束后，关掉总电源，擦净工作台和夹具，并润滑机床。

10.3.4　典型零件电火花线切割加工编程

（1）图 10.1 所示零件的电火花线切割加工数控加工程序如下。

```
N 1: B  9900 B  0 B   9900 GX  L1;(切割起点为圆孔中心)
N 2: B  9900 B  0 B  39600 GY  NR1 ;
N 3: B  9900 B  0 B   9900 GX  L3 ;
N 4: D
```

N　5：B　83000 B　30000 B　83000 GX　L2；(空走到左上点左侧 10 mm 处)

N　6：D

N　7：B　9900 B　100 B　9900 GX　L1；

N　8：B　0 B　30141 B　30141 GY　L4；

N　9：B　45704 B　46059 B　46059 GY　L4；

N　10：B　430 B　0 B　430 GX　L1；

N　11：B　60604 B　46081 B　60604 GX　L1；

N　12：B　60638 B　45981 B　60738 GX　NR1；

N　13：B　0 B　30100 B　30100 GY　L4；

N　14：B　0 B　11900 B　11900 GY　L4；

N　15：B　100 B　11900 B　11900 GY　SR3；

N　16：B　0 B　18041 B　18041 GY　L2；

N　17：B　12058 B　12059 B　12059 GY　L2；

N　18：B　22142 B　0 B　22142 GX　L3；

N　19：B　9900 B　100 B　9900 GX　L3；

N　20：DD

（2）图 10.11 所示零件的电火花线切割加工数控加工程序如下。

N1：B　90 B　9900 B　9900 GY　L2；(外形切割,切割起点 A 点下方 10 mm 处)

N2：B　40180 B　0 B　40180 GX　L1；

N3：B　10016 B　90146 B　90146 GY　L1；

N4：B　30106 B　40046 B　60212 GX　NR1；

N5：B　10016 B　90146 B　90146 GY　L4；

N6：B　90 B　9900 B　9900 GY　L4；

N7：DD

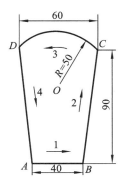

图 10.11　典型零件

思　考　题

1. 简述电火花成形加工原理及应用。

2. 简述电火花线切割加工原理及应用。

3. 电火花线切割加工技术的主要特点有哪些？

参考文献 CANKAOWENXIAN

[1] 郭术义.金工实习[M].北京:清华大学出版社,2011.

[2] 国家安全生产监督管理总局培训中心.金属焊接与切割作业 操作员培训考核教材[M].2版.北京:中国三峡出版社,2005.

[3] 人力资源和社会保障部教材办公室.焊工技能训练[M].4版.北京:中国劳动社会保障出版社,2014.

[4] 常万顺,李继高.金属工艺学[M].北京:清华大学出版社,2015.

[5] 胡大超,张学高.机械制造工程实训[M].上海:上海科学技术出版社,2004.

[6] 清华大学金属工艺学教研室编.金属工艺学实习教材[M].4版.北京:高等教育出版社,2011.

[7] 金禧德.金工实习[M].4版.北京:高等教育出版社,2014.

[8] 高莉莉,包玉花.机械制造技术[M].上海:上海交通大学出版社,2014.

[9] 张木青,于兆勤.机械制造工程训练[M].3版.广州:华南理工大学出版社,2010.

[10] 倪兆荣,张海筹.机械工程材料[M].2版.北京:科学出版社,2011.

[11] 吴国华.金属切削机床[M].2版.北京:机械工业出版社,2006.

[12] 王强.金工实习[M].北京:机械工业出版社,2012.

[13] 胡亚民,华林.锻造工艺过程及模具设计[M].北京:中国林业出版社;北京大学出版社,2006.

[14] 汪晓云.普通机床的零件加工[M].2版.北京:机械工业出版社,2010.

[15] 柯旭贵,张荣清.冲压工艺与模具设计[M].2版.北京:机械工业出版社,2017.

[16] 刘新,崔明铎.工程训练通识教程[M].北京:清华大学出版社,2011.

[17] 于爱兵.材料成形技术基础[M].北京:清华大学出版社,2010.